図解入門
How-nual
Visual Guide Book

よくわかる
最新 バイクの
基本と仕組み

バイクの最新技術を基礎から学ぶ

青木 タカオ 著

［第4版］

秀和システム

はじめに

　メーカーの開発室にいたわけでもなければ、メカニックの経験もない。工具を手にしてオートバイの整備に挑戦すれば、元通りに戻せなくなるか、余計なところまで壊してしまってプロショップに駆け込む──。そんな筆者が、このような書籍を執筆しては笑いものになるかもしれぬと危惧しましたが、そんな自分だからこそ、オートバイの構成をわかりやすく噛み砕いて説明できるのではないだろうかと思い立ち、執筆させていただいたのが本書です。

　オートバイに興味を持ちはじめた人、これからオートバイの購入を検討しているビギナーのみなさん、すでにオートバイライフを楽しんでいる人やリターンライダーの方々、年齢や性別を問わず幅広い人たちに手にしていただき、初版（2010年）から第2版（2014年）、第3版（2018年）と少しずつ内容を充実・刷新させ、ついに今回第4版となりました。

　今回の改訂では、これまで最新機種を紹介していたところに、そのカテゴリーのエポックメイキングな代表モデルを入れ、歴史も振り返られるようにしたほか、ますます進化する電子制御システムやEVなど最新テクノロジーの数々をふんだんに追加しています。

　新旧のオートバイに用いられるメカニズムを詳しく説明し、「なぜそうなるのか」という基本が把握できるよう初歩的なところから触れ、専門用語を知らない人でも読みやすく・わかりやすく、そして趣味で長い間オートバイに乗ってきた人にも「そういうことだったのか」と頷いていただける。そんな一冊に仕上がったのではないかと自負しております。

　本書が、読者のみなさんのオートバイへの関心をより高めるきっかけになり、素晴らしきオートバイライフのお手伝いができればと願います。そして、世界に誇る日本の二輪車業界の活性化にも繋がればと期待しております。

2022年6月
青木　タカオ

図解入門 How-nual

よくわかる
最新バイクの基本と仕組み
［第4版］

CONTENTS

第3章　オートバイのエンジン

第4章　エンジンを構成する各パート

第5章 エンジン冷却装置と周辺機器

第6章 エンジンの吸気 / 排気機構

第7章 電装関係

第8章 駆動機構

第9章 車体 / サスペンション

第10章 制動装置と車輪

第11章 電動バイク

第 1 章

車両各部の名称

　まずはオートバイを構成する各パーツの名称をおさらいしましょう。フレームを骨格に、エンジン、外装、サスペンション、操舵機構、そして2つのタイヤが備わります。操舵はフロントタイヤ側で行われ、ライダーは全身を使ってマシンが進む方向をコントロールします。エンジンはガソリンを燃料に駆動力を生み出し、クラッチやミッションを介して駆動輪であるリアタイヤへ伝わります。

たとえばクルマの車体重量は1500ccの普通乗用車クラスで1500kg程度。それに比べてオートバイは、1000ccのネイキッドスポーツで約220kg。加速性能などを考えると、車体が小さくて軽いオートバイの運動性能はとても高いと言えます。まずは各部の名称を見てみましょう。

▼カワサキ　Z900RS 50th Anniversary

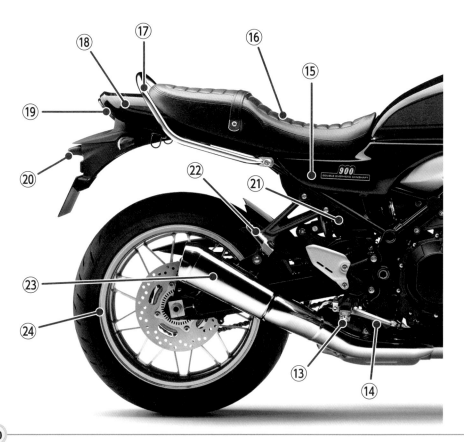

■オートバイ各部の名称■

①ヘッドライト
②メーター
③ハンドル（グリップ）
④ミラー
⑤ブレーキレバー
⑥ウインカー
⑦フロントフォーク
⑧フェンダー

⑨ブレーキディスク
⑩ブレーキキャリパー
⑪燃料タンク
⑫エンジン
⑬ステップ
⑭ブレーキペダル
⑮サイドカバー
⑯シート

⑰グラブバー
⑱シートカウル
⑲テールランプ
⑳ナンバー灯
㉑リヤサスペンション
㉒タンデムステップ
㉓マフラー
㉔ホイール

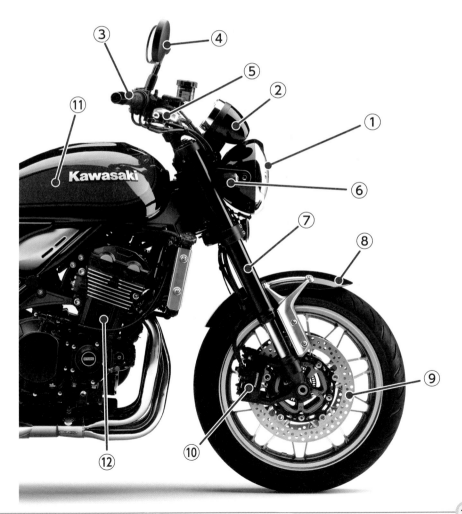

▼ヤマハ　YZF-R7

①ヘッドライト　　　　　　　　⑥センターカウル／サイドパネル
②ウインカー　　　　　　　　　⑦アンダーカウル
③アッパーカウル　　　　　　　⑧インナーカウル
④ミラー　　　　　　　　　　　⑨エアインテーク
⑤ウインドスクリーン　　　　　⑩タンクカバー

▲センタースタンド

▲サイドスタンド

⑪シフトペダル　　　　⑯リヤシート　　　　　　㉑チェーンガード
⑫バンクセンサー　　　⑰シートカウル　　　　　㉒ドライブチェーン
⑬ヒールガード　　　　⑱ライセンスホルダー　　㉓スプロケット
⑭ヘルメットホルダー　⑲スイングアーム　　　　㉔タイヤ
⑮フロントシート　　　⑳インナーフェンダー

エンジンおよび周辺各部の名称

エンジンは大まかにシリンダーヘッドとシリンダー、そしてクランクケースに分けられ、シリンダーより上を「腰上」、クランクケースを「腰下」などということもあります。スポーツモデルでは100psを越えるハイパワーユニットも珍しくありません。

■エンジン■

①シリンダーヘッド　　　④オイルパン
②シリンダー　　　　　　⑤エアファンネル
③クランクケース　　　　⑥フューエルインジェクション

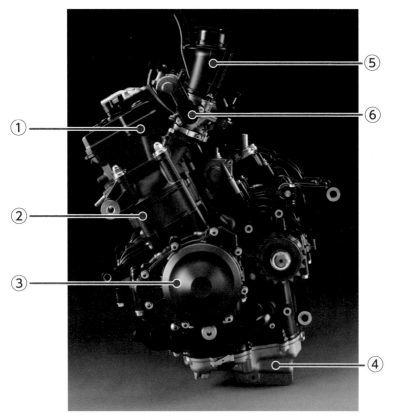

▲ヤマハ　YZF-R1

▼BMW S1000RR

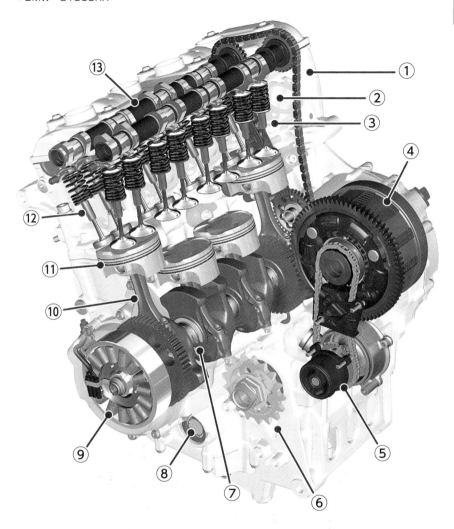

①カムチェーン
②バルブスプリング
③インテークバルブ
④クラッチ
⑤オイルポンプ
⑥ドライブスプロケット
⑦クランクシャフト
⑧エンジンオイル点検窓
⑨ AC ジェネレーター
⑩コンロッド
⑪ピストン
⑫エキゾーストバルブ
⑬カムシャフト

1-3 コクピット / メーター

屋根のないオートバイですから、雨天時には濡れてしまうメーターまわり。当然ながら防水機能を持っています。先進的なデジタルメーターもあれば、クラシカルなアナログテイストを演出するものまでさまざま。上級モデルのコクピットまわりは、豪華な仕様になっています。

2眼タイプ

レトロな雰囲気と先進の機能を合わせ持つカワサキZ900RSのメーターユニットは、アナログ式スピードメーターとタコメーターを採用した2眼タイプ。中央に液晶パネルを配し、ギヤポジションインジケーターやオドメーター、デュアルトリップメーター、燃料計のほか、航続可能距離や瞬間／平均燃費、水温、外気温、時計などを表示します。

エコノミカルライディングインジケーターは、燃料消費が少ない走行状態にあることを示すもの。また、ETC2.0車載器キットを標準装備することから、メーター内にインジケーターを備えました。

▼カワサキ　Z900RS

▼ヤマハ　SR400

オーソドックスなクローム
メッキ仕上げのボディに、ク
ラシカルなムードの白色の文
字 盤 を 配 置 し た ヤ マ ハ
SR400 のメーターまわり。
燃料残量警告灯を備えます。

単眼タイプ

アナログ速度計と液晶ディスプレイを組み合わせ、その右側に車両の状態
を表示するインジケーターを配置したホンダGB350/Sのコンパクトなメー
ター。

シンプルな単眼タイプながらギアポ
ジションや時刻、燃費など、さまざま
な情報をわかりやすく表示します。

▼ホンダ　GB350/S

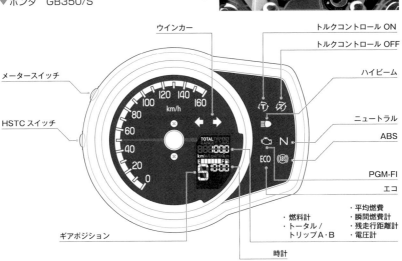

ウインカー

トルクコントロール ON

トルクコントロール OFF

メータースイッチ

ハイビーム

HSTC スイッチ

ニュートラル

ABS

PGM-FI

エコ

ギアポジション

・燃料計
・トータル /
トリップA・B

・平均燃費
・瞬間燃費計
・残走行距離計
・電圧計

時計

■ コクピットまわり

　ひとめでスズキ Hayabusa（ハヤブサ）とわかる優れた機能と、初代から受け継がれる 5 連メーターを採用。アナログ式のタコメーターとスピードメーターは大型で、洗練されたデザイン。可読性を上げるため、数字のサイズや太さを大きくした立体的なメーターの目盛りは、白色 LED バックライトで昼夜とも鮮明で高い視認性を確保しています。

　両端にはフューエルメーターと水温計を配置。中央のフルカラー液晶ディスプレイでは上に SDMS-α（スズキドライブモードセレクターアルファ）、中央にギヤポジション、左下、右下には運転アシストシステムのモードを選択して表示することができます。

　また、メイン画面をアクティブデータへ切り替えることにより、作動中の SDMS-αのモード、バンク角（ピークホールド機能付き）、前後ブレーキ圧、前後加速度、スロットル開度を表示。インフォメーションウィンドウには、オドメーター、トリップメーター 1/2、平均燃費計 1/2、累積時間 1/2、電圧計、瞬間燃費計、航続可能距離計を選択して表示することが可能です。

▼スズキ　HAYABUSA（北米仕様）

▼ヤマハ　TRACER9GT

ヤマハ TRACER9GT では、3.5 インチのフルカラー TFT を左右にダブルで採用しました。左のメインメーターは、回転数に応じて色が変化するデジタルバータコメーター、燃料計、平均燃費、水温計、外気温計、ギアポジションインジケーターなどの機能を搭載。また、ETC インジケーター表示機能も備えています。右側のメーターでは、各情報から 4 種を選び、拡大表示でより多くの情報表示が可能。良好な視認性を確保しました。

▼DUCATI ストリートファイター V4SP

5 インチの高解像度フルカラー液晶ディスプレイを採用し、シンプルで見やすいメーターとしたドゥカティ STREETFIGHTER V4SP。写真はストリート向けのロードモードで、サーキット向けのトラックモードも選べます。

スマートフォン・アプリとのリンク

　バイクメーカーもユーザー向けにスマートフォン向けアプリを無料提供し、バイクとのコネクテッド技術を進めています。「Kawasaki SPIN」は電話、マップ、音楽、カレンダー、連絡先の基本機能をアプリに備え、さらにサードパーティ製のアプリをダウンロードしてライブラリに追加し、車体の TFT カラー液晶スクリーン上で表示、操作することが可能です。

▼Ninja H2 SX

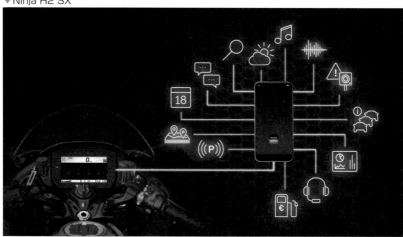

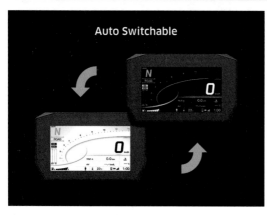

フルカラー TFT 液晶スクリーンは、TFT（薄膜トランジスタ）技術により、高い視認性を確保。背景色（黒または白）の選択機能を持ち、周囲の明るさに応じて自動調光する機能も備えています。

1-4 主要諸元と車体の寸法

カタログを開けば必ず載っているスペック「主要諸元」。一見そこには難しいことが書いてあるように見えますが、知ってしまえば理解するのはとても簡単です。まずは車体サイズの表記方法から見てみましょう。各部の寸法がわかれば、そのモデルの特性も読み取れます。

主要諸元

オートバイの購入を検討する際、多くの人がカタログやメーカーのホームページを見ると思いますが、いずれにも必ず**主要諸元**が載っています。これには車名・型式をはじめ、各部の寸法や搭載されるエンジンの種類、出力値、フレームや各機構の形式など、さまざまな情報が詰め込まれています。

車体各部の寸法を表す用語

主要諸元には「全長」「全幅」「全高」「軸間距離」「最低地上高」など、普段は耳にすることのない言葉がならんでいますが、これらはいずれも車体寸法を示す項目です。それがどの部分を示しているかは次ページの通りで、車体の大きさはもちろんのこと、そのモデルの大まかな特性も読み取ることができます。

例えば、軸間距離（**ホイールベース**）は長いほど直進安定性に優れ、短いほど旋回性に優れると考えられます。クイックなハンドリング特性で運動性能の高い「スーパースポーツ」では、ホンダ CBR1000RR-R FIREBLADE が 1460mm。ゆったりとクルージングを楽しむハーレーダビッドソンブレイクアウト 114 では 1695mm と、その差は 235mm もあります。

また、悪路走行を得意とするモデルは車体が路面と接触しないようストロークの長いサスペンションを前後に備え、「最低地上高」が高くなります。モトクロス競技専用車のカワサキ KX450F では、340mm もの長さが確保されているのに対し、舗装されたアスファルトを走ることを前提にした CBR1000RR では 115mm ほどしかありません。

▼ホンダ CBR1000RR-R FIREBLADE

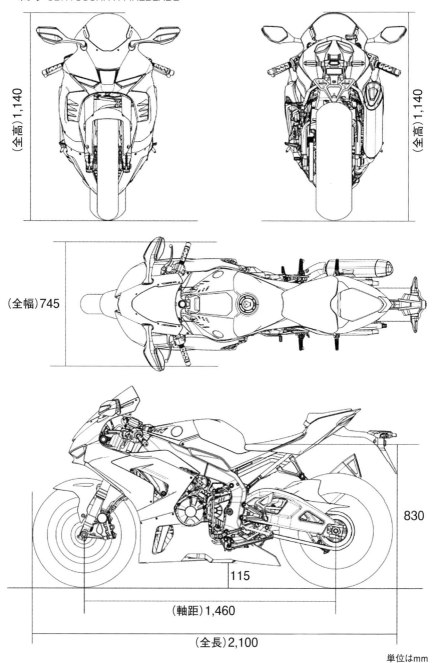

（全高）1,140

（全高）1,140

（全幅）745

830

115

（軸距）1,460

（全長）2,100

単位はmm

▼ハーレーダビッドソン ブレイクアウト 114

軸間距離（ホイールベース）1695mm

全長、全幅、全高、軸間距離

「全長」はタイヤを含む車体の最先端から最後尾まで、「全幅」は車体の最も幅の広い部分、「全高」は地面から車体のもっとも高い部分までの距離（ミラーは含みません）を示します。「軸間距離」（ホイールベース）は前輪の中心から後輪の中心までの長さのことで、単純に考えますと、軸間距離が短いほどクイックな旋回がしやすいといえるでしょう。

▼カワサキ KX450F

最低地上高：340mm

最低地上高、シート高、車両重量

地面から車体のもっとも低い部分までの長さが「最低地上高」です。「シート高」はその名の通りシートの高さ。座面のもっとも低いところから地上までの距離を示し、乗り手の足つき性の目安となります。「車両重量」はメーカーやモデルによって表示のしかたが若干異なる場合がありますが、オイルやガソリンを含む「装備重量」が国内メーカーでは一般的です。

1-5 パワーとトルク

カタログや雑誌に登場する諸元（スペック）ですが、最高出力や最大トルクを表すのに「100kW/9000rpm」あるいは「90Nm/8500rpm」などと書かれています。「kW」は仕事量、「Nm」は軸を回転させる力を示す数値の単位です。「rpm」はエンジンの回転数を表します。

パワーとトルクを表す単位

エンジン性能を表す指標として「最高出力」（パワー）あるいは「最大トルク」という言葉が使われますが、「**パワー**」と「**トルク**」とはどんな数値でしょう。

まず、パワーは仕事量を表し、蒸気機関を発明したイギリスのジェームズ・ワットが、標準的な馬1頭の仕事量を基準化したことに始まります。

そのとき定義したのが「1馬力＝75kg-m/s」。つまり、75kgの重さを1秒間に1m引き上げるために必要な力というわけです。現在では世界的単位の統一によって「kW」（キロワット）で表示されることが正式で「1kW=1.360ps」「1ps＝0.7355kW」となりますが、国内では「ps」がまだまだ使われています。

そして「トルク」とは軸を回転させる力を表し、たとえばレンチでボルトを締め付けるなら、「1kg-m」は1mの長さのレンチで1kgの力を加えたときの回転力となります。現在では「Nm」が正式な統一表記になっており「1Nm＝0.101971kg-m」「1kg-m＝9.80665Nm」となりますが、やはり国内では「1kg-m」がまだまだ使用されています。

カタログスペックでは「100kW/9000rpm」「90Nm/8500rpm」という具合に、パワーとトルクの最大値とその発生時のエンジン回転数（rpm）を表記しています。回転数が高ければ高回転型のスポーツエンジン、低ければ低中回転型のトルク重視のエンジン特性であることが分かります。

「rpm」とは1分間に何回転するか「回転毎分」を表す単位。エンジンの場合なら、1分間にクランクシャフトが何回まわるかを示しています。

■馬力（パワー）■

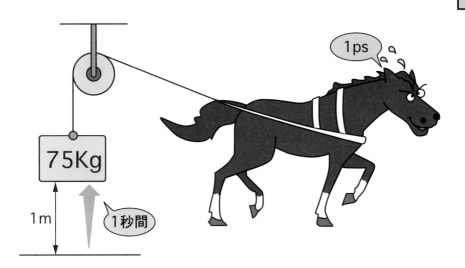

■トルク■

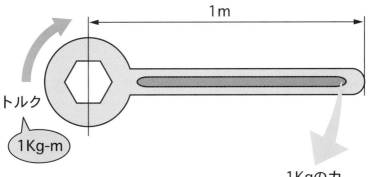

1kW = 1.3596ps（仏馬力）= 1.341HP（英馬力）
0.7355kW = 1ps（仏馬力）= 0.9863HP（英馬力）
0.7457kW = 1.01387ps（仏馬力）= 1HP（英馬力）
1Nm = 0.10197kg-m
9.80665Nm = 1kg-m

1969 年 ホンダ ドリーム CB750Four

　コストを度外視し、勝つために開発された世界グランプリを走るレーシングマシンでしかあり得なかった精密なマルチシリンダーエンジン。そんな夢の4気筒エンジンを、ホンダは"ナナハン"という大排気量市販モデルに採用した。1968年10月の東京モーターショーで初披露した「ドリームCB750Four」である。

　左右に2本ずつ誇らしげに出された4本マフラーに、他を圧倒する大柄な車格。キャブレターを4つすべてのシリンダーに装備し、ディスクブレーキもフロントに装備。先進技術が存分に注ぎ込まれ、市販車では未踏の領域に踏み込んだナナハンにオートバイファンの心は釘付けになった。

　これを機に日本メーカーは4ストローク4気筒エンジンをこぞって開発・販売。スポーツバイクのスタンダードが、あっという間に4気筒化されることになる。なお、量産体制に移行するまでの初期型のみ、クランクケースを砂型鋳造としている。

第**2**章

オートバイの種類

オートバイにはどんな種類があるのでしょうか。分類のしかたはさまざまで、ネイキッド、スーパースポーツ、ツアラー、オフロード、スクーター、あるいはロードレーサー、モトクロッサー、トライアラーなど、バイクのタイプや排気量によってカテゴリー分けされ、あらゆる呼び名で呼ばれています。タイプ別に分けられるカテゴリー、法律上の区分、バイクの主な分け方をご紹介いたしましょう。

法律上の区分と交通規制

道路交通法や道路運送車両法では排気量によるカテゴリー分けがされています。道路交通について規定した「道路交通法」による区分と、車両の技術基準について規定した「道路運送車両法」による区分があり、運転免許については道路交通法によって区分が行われています。

道路運送車両法と道路交通法による区分

道路運送車両法では、排気量 125cc 以下のものを「**原付**」とし、このうち 50cc 以下を「第 1 種」、51cc 〜 125cc を「第 2 種」と区分しています。さらに 126cc 〜 250cc は「**軽二輪**」、250cc を超えるものを「**小型自動二輪**」とし、小型自動二輪では四輪車と同じように車検制度を導入。新車時のみ 3 年、それ以降は 2 年間に 1 度の車両検査が必要となります。

また、運転免許制度は道路交通法によって 4 段階に分けられ、50cc の原付 1 種は「原付免許」、125cc までなら「普通二輪免許小型限定」、400cc までなら「普通二輪免許」、401cc 以上では「大型二輪免許」が必要となります。さらに、クラッチ操作の要らないスクータータイプのみ運転できる**オートマチック限定免許**も 2005 年 6 月より導入され、125cc までの「AT 小型限定普通二輪免許」、400cc までの「AT 限定普通二輪免許」、排気量無制限※の「AT 限定大型二輪免許」、以上 3 種類があります。取得年齢の条件は普通二輪免許以下は 16 歳から、大型二輪免許は 18 歳から取得でき、指定自動車教習所を卒業するか運転免許試験場で試験を受けて合格すれば免許が交付されます。原付免許は学科試験と実技講習のみで、実技試験はありません。

※ 2019 年 12 月 1 日の道路交通法改正まで「大型二輪 AT 限定免許」には排気量上限があり、650cc までしか運転することができなかった。

二輪車の交通規制（道路交通法による）

原付（50cc 以下）は 2 人乗りが禁止されています。2 人乗りが許されているのは 51cc 以上の「自動二輪車」で、2 人乗り用のシートやステップを備え、登録上も「乗車定員 2 名」と定められた車両に限ります。また、速度規制のない一般道路では、原付の最高速度は 30km/h、自動二輪車は四輪車と同じ 60km/h となっています。

■二輪車の法律上の区分■

排気量(cc)		～50	51～125	126～250	251～400	401～
道路交通法	車両の区分	原動機付自転車（原付）	普通自動二輪車（普通二輪）			大型自動二輪車（大型二輪）
			自動二輪車			
	免許の種類	原動機付自転車免許（原付免許）	小型限定	普通自動二輪車免許（普通二輪免許）		大型自動二輪車免許（大型二輪免許）
道路運送車両法		第一種原動機付自転車（原付第一種）	第二種原動機付自転車（原付第二種）	二輪の軽自動車（軽二輪）	二輪の小型自動車（小型二輪）	

（　）内は通称

■二輪車の交通規制■

乗車定員	1名	原付
	2名	自動二輪車(51cc以上)
積載量	30kg	原付
	60kg	自動二輪車(51cc以上)
一般道路（速度規制のない場合）	30km/h	原付
	60km/h	自動二輪車(51cc以上)
高速道路（速度規制のない場合）	100km/h※	125cc以下は通行不可
ヘルメット着用	同乗者を含め着用が必要	

道路交通法で定める原付（50cc以下）の乗車定員は1人までで、2人乗りは禁止です。制限速度も30km/hに規制され、荷物の積載は30kgまでとなります。「自動二輪車」（51cc以上）では2人乗りが可能で、荷物の積載は60kgまでとなります。ヘルメットの着用はいずれも義務で、2人乗りは二輪免許取得後1年以上経過する運転者のみ許されます。ただし、高速道路（自動車専用道路）では、20歳未満の運転者および二輪免許取得後3年未満の運転者は2人乗りができません。
※一部110km/h。

2-2 ネイキッド

エンジンやフレーム、ヘッドライトが剥き出しのオーソドックスなスタンダードスタイル。乗り手は走行風をまともに受けますが、それだけにバイクらしい風との一体感が感じられるカテゴリーです。なお、ビキニカウルやハーフカウルを装着したモデルも「ネイキッド」と呼ぶ場合があります。

ネイキッド

"Naked＝裸"つまりカウルを装着していない丸裸のバイクを示します。かつてはこれしかありませんでしたが、1980年代からレーシングマシンの先進的な空力特性を採り入れたカウル装着車が続々と登場。ノンカウル車（カウルを持たないモデル）を区別するため、80年代後半から「**ネイキッド**」の呼び名が広まりました。

80年代の**レーサーレプリカブーム**が終焉を迎えると、90年代には**ネイキッドブーム**が沸き起こります。その火付け役は1989年に登場したカワサキ・ゼファー（ZEPHYR）。オーソドックスな鉄パイプフレームに、見た目にも美しい空冷並列4気筒400ccエンジンを搭載。カウルを持たない伝統的な車体構成を踏襲した原点回帰的なそのスタイルは一躍人気となり「ネイキッド」という確固たるカテゴリーを築き上げることになりました。

防風効果を考えれば、カウルの装着がいたって有利であるものの、ネイキッドがいまなお注目されるのは、軽快な操作感や美しいフォルムに魅了されるファンが多いことを物語っています。

▼カワサキ・ゼファー（1989年）

シンプルな鉄のフレームに、美しい外観を持つ空冷4気筒400ccエンジンを搭載したカワサキ・ゼファーは1989年に登場し、瞬く間に人気の的となった。その後、750cc、1100ccも発売され、シリーズ化された。

2

▼ホンダ CB1100EX ファイナルエディション

シンプルなヘッドライト、パイプハンドル、存在感のある燃料タンク、昔ながらの2本サスペンション、鉄パイプフレーム、見た目にも美しいエンジンが魅力。カウルを持たないオーソドックスなスタイルです。

▼カワサキ ZRX1200DAEG ファイナルエディション（2016年）

ダブルクレードルフレームに水冷DOHC4バルブエンジンを搭載するZRX1200DAEG。日本人の体格に合わせたハンドル位置は、Uターン時など日常のライディングで高い操作性を発揮します。

クラシック

　かつての名車を彷彿させるクラシカルなスタイルが人気のカテゴリー。スペック上の数値を求めるのではなく、実用的な速度域でのエンジンフィーリングを重視しているため、扱いやすいモデルが多いのが特徴です。

▼ カワサキ メグロ K3

およそ1世紀も時代を遡る1924年より、大排気量で高性能、高品質を謳い、当時、日本のライダーたちから憧憬の念を集めたメグロが蘇りました。ベベルギアが際立つ、360度クランクシャフトを備えた空冷バーチカルツインエンジンはパワフルな性能と豊かな鼓動感、心躍るサウンドを奏でます。

▼ モトグッツィ V7 SPECIAL

縦置き V ツイン＋シャフトドライブの源流となった V7 Sport を蘇らせたネオ・クラシックスタイル。モトグッツィらしさが濃厚に感じられるデザインと乗り味が魅力です。

ストリートファイター

スーパースポーツやメガスポーツが、カウルを脱ぎ捨てたバージョンを「ス
トリートファイター」と呼ぶ場合があります。高速道路をハイスピードで巡
航できる強力なエンジンユニットを搭載しながらも、ネイキッドスタイルを
踏襲。その力強いフォルムやワイルドなイメージが最大の魅力です。

▼スズキ GSX-S1000

スーパースポーツ GSX-R1000 のエンジンと車体をストリート向けにチューニングし、高揚感
のある加速と軽快な走りが楽しめる GSX-S1000 は、電子制御システム S.I.R.S.（スズキ・イ
ンテリジェント・ライド・システム）も搭載。ヘッドライトを縦列配置するなど、アグレッシブ
かつ前衛的なデザインを採用しています。

▼DUCATI ストリートファイター V4SP

獰猛かつ美しいスタイリン
グの軽量な車体に、最高出
力 208PS を 発 生 す る
1103cc デスモセディチ・
ストラダーレ V4 エンジン
を搭載。SP はスポーツ・プ
ロダクションを意味し、サー
キットでの最高のパフォー
マンスを追求しています。

2-3 スーパースポーツ

その名の通り、スポーティに走ることが得意。サーキットで思い切りスロットルを開ければ、気分はレーシングライダー。そんなアグレッシブな走りを実現するため、ライダーのポジションはマシンに覆い被さるような前傾姿勢になっています。ルーツは 80 年代の「レーサーレプリカ」です。

■ レーサーレプリカ

　1980 年代半ば、フルカウルなどレーシングバイクが採用するサーキットを走るために開発された先進的な技術をそのまま一般公道向け機種に投入したモデルが続々登場しました。その火付け役となったのが、1983 年にスズキがリリースした RG250Γ（ガンマ）です。軽量かつ高剛性なアルミ角パイプフレーム（量産車初）に、最高出力 45ps を発揮する過激な 2 サイクルエンジンを搭載。当時の車両では一般的だったセンタースタンドも省略され、「**レーサーレプリカ**」というカテゴリーを定着させます。

　市販車をベースに改造範囲を限定するレース（プロダクションレース）では、ベース車両の性能が重要になってきます。そこで各メーカーでは、より高い戦闘力を持った限定モデル（**ホモロゲーションモデル**）を発売。1987 年のホンダ VFR750R（RC30）や 1989 年のヤマハ FZR750R（OW-01）などは、その過激な装備から"まんまレーサー"とファンに絶賛され、発売直後から人気を集めました。

▼スズキ RG250Γ（1983 年）

全長×全高×全幅
2050 × 1195 × 685（mm）
車両乾燥重量 131kg
水冷 2 ストローク並列 2 気筒
総排気量 247cc
最高出力 45ps/8500rpm
最大トルク 3.8kg-m/8000rpm
変速機形式 6 段リターン式

▼ホンダ NSR250R（1986 年）

1986 年に登場したホンダ NSR250R は、水冷 2 ストローク 90 度 V 型 2 気筒エンジン（総排気量 249cc）を搭載し、摩擦抵抗を低減した一軸クランクシャフトやコンピューター制御の可変排気孔バルブ機構など、当時最新技術を駆使し、クラス最軽量の 125kg（乾燥重量）を実現しました。

▼ホンダ VFR750R（1987 年）

全長×全高×全幅
2045 × 1100 × 700（mm）
車両乾燥重量 180kg
水冷 4 ストローク V 型 4 気筒
総排気量 748cc
最高出力 112ps ／ 11000rpm
最大トルク 7.4kg-m ／ 10500rpm
変速機形式 6 段リターン式
（最高出力、最大トルクは欧州仕様）

プロダクションレースのベース車両として発売されたホモロゲーションマシン VFR750R（RC30）。チタン製コンロッドやマグネシウム合金製シリンダーヘッドカバー、クイックリリース式のフロントフォーク、アルミ製フューエルタンクなど、ワークスレーサー RVF750 のコピーと呼ぶに相応しい充実の内容。1000 台限定販売だった国内仕様車は即売の大人気でした。

スーパースポーツ

　標準装備のままで、サーキットを走れるほどの高い旋回性や動力性能を持ち合わせたロードスポーツモデルは、1990年代から「**スーパースポーツ**」と呼ばれるようになりました。そのカテゴリーを確立させたのは、1992年に発売された「ホンダ CBR900RR ファイヤーブレード」でしょう。スポーツ性の高いモデルも**リッタークラス**（1000cc クラス）に存在していたものの、レーサーレプリカのような車体の軽さでサーキット走行も前提とした機種は CBR900RR が初めてでした。発売直後から海外市場で歓迎され、世界中でヒット。その後、各メーカーから次々とライバル機種が登場し、現在では 1000cc クラスと 600cc クラスが主流になっています。

▼ホンダ CBR900RR（1992年）

900cc もの大排気量エンジンを搭載しながら、乾燥車体重量は僅か 185kg。オーバー750cc は 200kg を超えるのが当たり前だった時代に、パワーウエイトレシオとハンドリングを武器にするというまったく新しいコンセプトを掲げ、1991年の東京モーターショーでデビューを飾りました。1992年、ヨーロッパで「Fire Blade」、北米にて「CBR900RR」として発売。大排気量スーパースポーツカテゴリーの在り方を一新し、後続車たちの手本となったモデルです。

▼ヤマハ YZF-R1（1998 年）

スーパースポーツを 1000cc 化した立役者。ホイールベースの約 4 割にも及ぶリアアームを
持つ車体設計は、まるでサーキットを走る GP レーサーのよう。エンジンの前後長を短くし、
ロングスイングアームを保ったままホイールベースを縮める手法は、現代のスーパースポーツモ
デルにおいても欠かせない手法になっています。

▼スズキ TL1000R（1998 年）

並列 4 気筒が有利と昨今のスーパースポーツでは考えられていますが、スリムで軽量な V 型 2
気筒エンジン搭載車も 90 年代後半から 2000 年代前半には存在しました。

▼アプリリア RSV V4 FACTORY（2010 年）

65 度 V4 エンジンの強力なパワーを電子制御スロットルでコントロールする「ライド・バイ・ワイヤー」を採用。オートバイ専用の IMU（イナーシャル・メジャーメント・ユニット＝車体が上下前後左右にどう動いているかを把握する計測装置）をいち早く搭載しました。

▼BMW HP4 RACE（2017 年）

モノコックフレームをはじめ、カウルやホイールをカーボンで製造。最高出力 215PS のエンジンを、乾燥重量 146kg という驚異的な軽さを実現した車体に搭載します。

▼ホンダ　CBR1000RR-R FIREBLADE SP（2020年）

MotoGPマシン「RC213V」と同一のシリンダー内径・行程とした新設計エンジンを搭載。高速領域において車体を路面に押し付ける方向に空力を発生させるウイングレットをカウル側面に設けることで、加速時の前輪浮き上がり抑制や減速時の車体姿勢の安定化を図っています。

▼DUCATI　パニガーレ V4S（2022年）

軽量でバランスの良い車体、強力なエンジン、人間工学に基づいたインターフェイス、高度な電子制御デバイスなどあらゆる部分に、MotoGPやスーパーバイク世界選手権を長年戦っているドゥカティコルセがサーキットで培ってきたノウハウとテクノロジーが宿っています。

2-4 ツアラー

ツーリング、すなわち旅する機能を重視したモデルを「ツアラー」といいます。旋回性や瞬発加速だけでなく、より高い風防機能や大型の燃料タンク、疲れにくいライディングポジションや2人乗りを前提とした装備などが、その特徴です。ナビやオーディオなど豪華装備を搭載します。

ハーレーダビッドソン・CVO ロードグライドリミテッドやホンダ・ゴールドウイング ツアー

　「長距離を快適に走る」という使命を持つツアラーは、ライダーの疲労度を軽減する大型のウインドシールドやカウルを装備し、長い航続距離を実現する大型の燃料タンクを搭載します。シートも疲れにくい形状や厚みが持たされ、2人乗りにも対応。荷物を収納する大型のパニアケースや積載性を考えたキャリアなどを備えます。

　その代表格は「**大陸横断ツアラー**」と謳われるハーレーダビッドソン・CVO ロードグライドリミテッドやホンダ・ゴールドウイング ツアーです。グリップヒーターやシートヒーターはもちろん、オーディオや大容量収納スペースを装備。ゴールドウイング ツアーにはエアバッグシステムも備わります。

▼ハーレーダビッドソン CVO ロードグライドリミテッド sive

心臓部となる空水冷エンジンは、ハーレーダビッドソン史上最大の1923cc「ミルウォーキーエイト117」。

▼ホンダ・ゴールドウイング ツアー（2021 年）

モーターサイクルとしては唯一となる水平対向 6 気筒 1833cc エンジンを搭載。「ツアー」「スポーツ」「エコノ」「レイン」の 4 種の走行状況にマッチしたシーン別ライドモードを採用し、出力特性と運動性能による「走る」「曲がる」「止まる」の最適なバランスを提供。パッセンジャーや荷物の有無に応じ、最適なリアサスペンション減衰特性をワンタッチで選択できる電動プリロードシステムも搭載します。

▼ホンダ GOLDWING TOUR（2018 年）

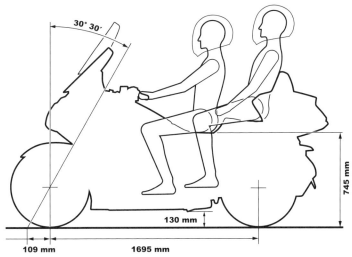

ゆとりある車体サイズと設計で、タンデムでの長距離ツーリングも得意とするビッグツアラー。2005 年 4 月の高速道路 2 人乗り解禁後、日本でも人気が高まっています。

スポーツツアラー

　スポーティな走りと上質な乗車感を両立させているのが「**スポーツツア
ラー**」です。低速から豊かで幅広く使えるトルクと高回転までスムーズに回
る基本特性を持つエンジンを、プロテクション効果も考慮された車体に搭載。
電子制御による先進的なライディングモードを採用し、より快適で安心感の
高い走行性能を確保しています。

　また、ATモードなど長距離巡航時にありがたいシステムも導入。パニア
ケースなどのオプションパーツもラインナップされています。

▼ホンダ NT1100

一連の変速操作を自動化し、スロットル操作など他の車体操作に集中することで、より確実に安
心感をもって走行できる「デュアル・クラッチ・トランスミッション（DCT）」を標準装備。アッ
プライトな乗車姿勢と高いアイポイントで得られる開放感に加え、シート各部の厚さを最適化す
ることで、長時間走行時の疲労軽減と高い快適性を実現しています。

▼スズキ GSX-S1000GT

出力特性を 3 つのモードから選択できる SDMS（スズキドライブモードセレクター）や、スズキ初となるスマートフォン連携機能付きの大画面フルカラー TFT 液晶メーターを採用し、日常での扱いやすさと長距離のツーリングにおける快適性や高い安定性を追求しています。

▼ヤマハ FJR1300AS

「タンデムライドで 10 日間・3000km の走行を快適に行える高次元な走行性を有する世界最高水準の欧州縦断ツアラー」という開発コンセプトのもと、クラッチ操作を電子制御化。

メガスポーツ

高いプロテクション効果を持ちながらスポーツ性も一線級。しかし「スーパースポーツ」あるいは「ツアラー」とは一線を画すモデルたちが、大排気量エンジンを搭載し、300km/h もの最高速度を誇る「メガスポーツ」たちです。「アルティメットスポーツ」と呼称することもあります。

メガスポーツ

　「スーパースポーツ」モデルが軽量コンパクト化し、サーキットでも通用する戦闘力に特化し続けるなか、ドイツ・アウトバーンなどを走るために超次元的な最高速度を持つ動力性能を備えたのが「**メガスポーツ**」です。

　その筆頭はスズキが 1998 年から販売しているハヤブサ 1300、そしてカワサキの ZZR1400（US モデル名：Ninja ZX-14）といった人気モデル。大柄な車体にライダーを猛烈な風圧から守るフルカウルを備え、メーカーが威信をかけて専用設計した大排気量エンジンを搭載。先進的なブレーキシステムや前後サスペンションが、ハイスピードレンジでの走りを実現させます。

　草分け的存在となったのは 1984 年に登場したカワサキの GPZ900R Ninja であり、1986 年に GPZ1000RX、1988 年に ZX-10、1990 年に ZZR1100 へと発展。1996 年にはホンダから CBR1100XX が登場し、世界最速の座を競ってきました。

▼ カワサキ GPZ900R Ninja（1984 年）

▼ ホンダ CBR1100XX BLACK BIRD

最高速度 240km/h 以上、ゼロヨン加速 10.976 秒という驚異的な動力性能で瞬く間に大人気モデルに。サイドカムチェーン方式の水冷エンジンを搭載。

1996 年、当時世界最高の 164ps ハイパワーユニットを搭載し、ホンダが世界最速の座をかけてリリース。空力特性を徹底追求したフルカウルを備える。

▼スズキ HAYABUSA（2021年）

1999年に初代モデル、2007年に2代目モデルを発売して以来、開発コンセプト「Ultimate Sport（究極のスポーツバイク）」のもと、高い空力特性を持つ独特のデザインや優れた走行性能を誇る。

▼カワサキ Ninja ZX-14R ABS（2012年）

カワサキ独自の設計コンセプトのもとに開発された軽量かつ高い剛性バランスを持つアルミモノコックフレームを採用。フロントブレーキにはラジアルマウントキャリパーを搭載し、強力で安定感のあるブレーキング性能を実現。

▼BMW K1300S（2009年）

シリンダーを55度前傾させた水冷並列4気筒エンジンは175psを発揮。軽量・高剛性のアルミ製フレームには、フロントに「デュオレバー」、リアに「テレレバー」というBMW独自のサスペンション機構を備えます。

ハイスピードツアラー / グランツーリスモ

　ロングツーリングのための快適性を追求したハイスピードツアラーたちも人気です。カワサキ Ninja H2 SX や BMW R1250RT は、ミリ波レーダーを使用した前方レーダーセンサーで走行車線上をスキャン。ライダーが設定した速度を維持しつつ、前走車との適切な車間距離を保つように車速を調整します。

▼カワサキ Ninja H2 SX

太さ、厚さ、曲りなど様々な種類の高張力鋼パイプを組み合わせたトレリスフレームに、強烈な加速力を発揮するスーパーチャージドエンジンを搭載。先行車と衝突する危険性がある場合に、インストゥルメントパネル上部の赤色 LED ランプが点滅してライダーに警告してくれます。

▼BMW R1200RT

BMW 伝統のフラットツインエンジンを搭載。BMW アクティブ・クルーズ・コントロールは前車との距離をレーダーで測定、状況に合わせて自動的に車間を調整します。

2-6 クルーザー

絶対的な性能だけを追い求めるのではなく、オートバイならではのフィーリングを楽しみながらゆったりと走ることを目的としたカテゴリーです。伝統的なスタイルを堅守し続けるハーレーダビッドソンを筆頭に、国内外からあらゆるモデルが登場しています。

クルーザー / アメリカン

　低中速トルクを重視した伝統的なVツインエンジンを搭載するハーレーダビッドソンは、大きく傾斜した（寝かせた）フロントフォークや乗車するライダーの姿勢が前傾しないゆったりとしたポジション、"ロー＆ロング"（長いホイールベース、低い最低地上高）の車体が特徴的です。真っ直ぐ続く道を快適に走れるよう考案されてつくり出された、そのアメリカ育ちのスタイルは日本では「アメリカン」と総称されることがありますが、英語圏では「クルーザー」と呼ばれる場合が多いです。

　そのアメリカンスタイルは、日本メーカーをはじめ、欧州ブランドでも採り入れられ、排気量も大小さまざま。高級感漂うクロームメッキを施したクラシックテイストや、オリジナリティ溢れるカスタムテイストが受け入れられ、人気のカテゴリーを形成しています。

　ハイスピードを競うようなスポーツ走行は不得手なものの、馬に乗る姿勢に例えられ「ホースバックスタイル」とも呼ばれ、自由に旅するライダーの憧れの象徴とも言えます。また、各社カスタムパーツを豊富にラインナップし、個性溢れる自分だけのバイクに仕上げる楽しみを提供しています。

▼XVS400C ドラッグスタークラシック

上質な走行フィーリングと
ストリートファッションに
溶け込むスタイルが人気。

▼ ホンダ レブル 250

フューエルタンク
アイコニックスタイル 11L

シート
高さ 690mm

ヘッドライト・ステー
Φ135mm ガラスレンズ・アルミダイキャスト

フロントフォーク
Φ41mm ワイドスパン

フロントホイール・タイヤ
ワイド&ファット 130/90-16

エンジン
単気筒 249cc

スピードメーター
Φ100mmネガティブ LCD

フレームボディー
ナローシェイプ

リアフェンダー
スチールプレス加工

リアフレーム
アルミダイキャスト

マフラー
Φ120mm 2室構造 ブラックアウト

リアホイール・タイヤ
ワイド&ファット 150/80-16

従来のクルーザースタイルとは
一線を画す、自由な発想でカス
タマイズを想起させる新スタイ
ル。若者に大人気です。

■ ハイパフォーマンスクルーザー

　ゆったりと走ることを持ち味としてきたクルーザーですが、エンジンをハイパワー化し、足まわりを強化。ダイナミックかつアグレッシブなライディングを実現する新ジャンルがハイパフォーマンスクルーザーです。

　高速走行も快適なフェアリングを身にまといつつ、コーナリング性能を重視し、ラゲッジケースやマフラーの取り付け位置を上げて車体のバンク角を確保。人気が高まり、アメリカではサーキットでレースが開催されるほど熱気を帯びています。

▼ ハーレーダビッドソン ローライダー ST

倒立式フロントフォークやモノショックサスペンションで足まわりを強化した車体に、排気量1923cc の空冷 V ツインエンジンを搭載します。

▼ ハーレーダビッドソン ロードグライド ST

フレームマウントのシャークノーズフェアリングを装備。バガーカスタムとも呼ばれ、アメリカでは KING OF BAGGER という新たなレースも開催中です。

デュアルパーパス

未舗装路も走れるよう開発されたのがオフロードモデルですが、公道走行が可能な機種は舗装路での走行性能を無視していません。スリムな車体に大きな衝撃を吸収するストロークの長いサスペンションを備え、タイヤも凸凹なブロックパターンを採用するのがデュアルパーパスです。

デュアルパーパス

　舗装路だけでなく、オフロードも走れる公道向けモデルを「**デュアルパーパス**」と呼びます。125 〜 250cc の単気筒モデルを主流とし、1990 年代初頭までは各メーカーが 2 ストローク /4 ストロークそれぞれを排気量ごとにラインナップさせていましたが、現在のカタログではその姿は少なくなり、オフロードを楽しむステージも限りある状況になっています。

　また、ラリーレイドを戦うマシンなどをモチーフにした 401cc を超えるビッグオフローダーもあり、2 気筒エンジンを搭載する機種もあります。エンジンガードや大きなガソリンタンクなど、あらゆる路面状況下でも音を上げないアドベンチャーモデルも海外で人気を集めています。

▼ホンダ CRF250L ＜ S ＞

■ モタード

　フロント21インチのオフロードバイクに、17インチのオンロード用タイヤ（現在ではモタード専用タイヤが用意されている）を履かせ、アスファルト上での走行も考えたカスタムが発祥のルーツでした。アメリカで「**スーパーバイカーズ**」として生まれ、ヨーロッパでは「**スーパーモタード**」として人気のカテゴリーに発展しています。

▼ハスクバーナ 701SUPERMOTO

軽量なスーパーモタードスタイルの車体に、ロードタイヤを履いた前後17インチの足まわりをセット。排気量692ccの水冷単気筒エンジンを搭載する過激なマシンです。

■ スクランブラー

　かつて、登場初期のオフロード車は、地面との接触を避けるようマフラーをアップタイプにし、凸凹のあるブロックタイヤを装着しただけのものでした。

　そのスタイルは現在でも復刻されています。

▼ホンダ CL72（1962年）

アドベンチャー

　未舗装路を走れる装備を持ちながら、オンロードではそのゆとりある大排気量エンジンを活かして、高速道路さえもツアラーモデルのようにスピーディかつ快適に走れる万能マシンが、ヨーロッパ各国で人気となっている「**アドベンチャー**」です。

　「**クロスカントリー**」あるいは「**アルプスローダー**」とも言われ、国内外の各メーカーからあらゆるモデルがラインナップされていますが、そのなかでもオフロードを強く意識したものと、よりオンロード寄りのモデルが混在し、それぞれが個性をアピールしています。

　その先駆けは、なんといっても BMW の GS シリーズでしょう。1980年に水平対向2気筒エンジンを搭載した R80G/S として誕生すると、その人気から 90 年代には単気筒モデル、2000 年代には並列2気筒モデルにも「GS」を名乗る機種が追加されていきます。

　しかし、フラッグシップには初代から一貫して、ボクサーツインと呼ばれる BMW 伝統の水平対向2気筒エンジンを装備。88 年に R80GS と R100GS の2本立てとなると、94 年には新生フラットツインを積む R1100GS へと1本化。さらに 99 年には6速化した R1150GS、そして 2004 年に R1200GS として生まれ変わり、その後 DOHC 化、水冷化するなど進化と熟成を繰り返し、2019 年にはエンジンを約 50cc 拡大しました。

▼BMW R1250GS Edition 40Years GS（2021 年）

▼ ホンダ　アフリカツイン（1988 年）

世界一過酷なラリーといわれるパリ・ダカールラリーで、1986 年から 3 年連続優勝（二輪車部門）の偉業を成し遂げたワークスマシンで得た技術をフィードバックし開発したのが、初代アフリカツインでした。

▼ ヤマハ テネレ 700

1 台で世界中どこにでも行ける。そんな夢を叶えるアドベンチャーバイクとして「オンロード：オフロード＝ 1：9」と、オフロード性能を重視し開発されました。

2-8 スクーター

手軽に乗れるシティコミューターとして人気のあるスクーター。クラッチ操作の要らないオートマチック機構、足をフロアに載せて乗る乗車姿勢、容量の多い収納スペース、外装で覆われた車体などが最大の特徴です。250クラスを中心に、カスタムベースとしても人気を集めます。

スクーター

乗り降りしやすいアンダーボーンフレームを採用し、ライダーの両足をフロアに載せるような乗車姿勢を形成。2つのプーリーとそれを結ぶベルトの摩擦力を利用する無段変速機構「**CVT**」(Continuously Variable Transmission) を搭載し、クラッチやシフトチェンジの操作を不要としました。左手のレバーはクラッチではなく、ブレーキというのが一般的です。

エンジンなど内部機構がボディカバーで覆われた車体は、気軽に乗れる**シティコミューター**として人気が高く、日本では1980年代初めに50ccを中心としたスクーターブームにより、広く普及しました。

通常のオートバイと大きく異なるのは、エンジン、トランスミッション、そして後輪への伝達装置をスイングアームと一体にした「**ユニットスイング機構**」を採用していることです。

▼ホンダ PCX/160

シート下のラゲッジボックスは30Lの容量を確保し、日常のさまざまな荷物を収納可能。シートを開閉途中の位置で固定できるストッパー機能を採用し、荷物を出し入れしやすくしています。

▼ ホンダ PCX

軽快なハンドリングと日常での取り回しやすさを追求した新設計フレームに、出力向上とさらなる低燃費を実現した水冷 4 バルブ 124cc 単気筒エンジン「eSP+（イーエスピープラス）」を搭載。

▼ ヤマハ シグナス グリファス

デザインコンセプトは "Glaring Predator"。動物が獲物を捕らえる瞬間のアグレッシブさがテーマです。フロントからリアにかけて張りのある曲面でつなげ、野生動物の肉体のような機能美を連想させます。

2-9 レーサー

公道走行を目的としたものではなく、レースなど競技が行われる専用コースを走ることを目的として開発・製造された専用マシンもメーカーは市販しています。移動手段としてではなく、スポーツや競技のためのスペシャルマシンたちには、各社の最先端技術が投入されます。

ロードレーサー

サーキットを走行するために生み出された専用マシンです。250ccで92〜93psを発揮するパワフルなエンジンを、清流効果の高いフルカウルなど最先端技術をふんだんに盛り込んだシャーシに搭載します。

▼ヤマハ TZ250（2008年）

ロードレース参加者のために受注限定販売していたTZシリーズ。軽量な車体に93psものハイパワーを発揮する2ストロークエンジンを搭載。

▼カワサキ Ninja ZX-10R レース専用モデル（2022年）

一体型ウイングレット装備のカウルが優れた空力性能とダウンフォースを生み出します。

■ モトクロッサー

　ジャンプやフープスといった人工的なセクションが設けられた専用コースを周回するのがモトクロスレースですが、その競技用車両が**モトクロッサー**です。軽量・コンパクトな車体に、瞬発力の高いエンジンを搭載。2ストロークエンジンが有利とされてきましたが、ヤマハは1998年に4ストマシンを登場させ、その常識を打ち破ります。2000年代以降はライバル勢も4スト化し、最新モデルの一部ではバッテリーの小型軽量化に伴い、セルスターターを標準装備。始動性を飛躍的に向上しています。

▼ヤマハ YZ400F（1998年）

▼ホンダ CRF250R（2022年）

エンジンはDOHCの特性である高回転域の伸びはそのままに、より低回転域の力強さに焦点をあてて開発。フレームは旋回性の高さと安定性を高次元で両立しました。

エンデューロレーサー

　レギュレーションはレースによってさまざまですが、自然の地形を利用したオープンフィールドを一定時間内で走破し、順位を競い合うのがエンデューロレース（クロスカントリー）です。専用マシンは夜間走行も考慮し、ヘッドライトなど灯火類も装備します。

▼KTM 350 EXC-F FACTORY EDITION（2022年）

トラクション感覚をつかみやすい4ストローク DOHC シングルエンジンを、2ストロークモデルに並ぶほどの軽いシャシーに搭載。長丁場のタフなレースに対応します。

トライアラー

　設定された難セクションを、いかに足をつかずにオートバイで走り抜けるかという競技がトライアルです。選手はスタンディングのままで走るため、競技車両にシートはなく、燃料タンクも極少容量。極限まで軽量化が図られています。

▼ホンダ RTL260F

オールアルミツインチューブフレームに SOHC4 ストローク 4 バルブエンジンを搭載。キックを踏むと同時に大容量 AC ジェネレーターが FI システムと点火系統に電源を供給。エンジン始動後に、ラジエターファンなどにも電力が渡されます。

▼ヤマハ TYS250F

ダートトラックレーサー

　フルフラットなオーバルコースを左回りに周回するレースがダートトラック（フラットトラックレース）です。リアタイヤを横滑りさせながらコーナリングし、フロントブレーキは装備しません。アメリカで盛んに行われ、ハーレーダビッドソンは古くからワークス参戦し続けています。

▼ハーレーダビッドソン XR750

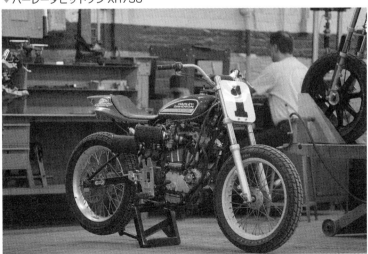

2-10 ビジネスバイク

スポーツ走行を楽しんだり、ツーリングに出掛けるなど、趣味性の強いオートバイですが、ビジネスのために特化した装備を持つモデルも存在します。身近なところでは新聞や郵便配達のバイク、そして白バイなどが挙げられます。教習車仕様もメーカーから供給されています。

配達用バイク

小回りが効くオートバイは、昔から郵便や新聞の配達など業務用に広く使われてきました。「お蕎麦屋さんの出前の方にも楽に運転できるバイク」を目指し、ホンダが 1958 年に発売したホンダ・スーパーカブは、**自動遠心クラッチ**を採用し、クラッチ操作を省くことに成功。運転しやすいことに加え、低燃費や耐久性の高さが認められ、これまで延べ 160 カ国以上で販売されロングセラーに。2017 年には生産累計台数 1 億台を達成しました。

▼ホンダ スーパーカブ 110 プロ（2020 年）

積載性に優れた大型のフロントバスケットとリアキャリアを標準装備したビジネスモデル、ホンダ・スーパーカブ 110 プロ。

▼ホンダ・ジャイロキャノピー（2017 年）

営業車やデリバリーに使われることの多い屋根付き三輪バイク、ホンダ・ジャイロキャノピー。重たい荷物をリアの荷台に積載することができます。

働くバイク

　警察では交通機動隊の白バイや交番・駐在所の警邏バイク、さらに自衛隊や消防署、道路管理会社のパトロール車などにもオートバイが使われ、四輪自動車にはない機能性が大きな武器となっています。

▼ヨーロッパのポリス向けに販売されるBMW R1200RT 警察・警護隊向け仕様車。

◀女性白バイ隊「クイーンスターズ」。マラソンの先導やイベント開催時のデモ走行など、広報活動にも積極的に参加しています。

AT限定二輪免許教習用のシルバーウイング＜400＞（教習車仕様）。車体への転倒ダメージを低減するバンパーをフロントおよびリアの左右に装備しています。

第2次大戦中、アメリカ合衆国軍事用として使われていた1941年製ハーレーダビッドソンXA750。今日のVツインではなく、水平対向2気筒エンジンが採用されているのが興味深いところです。

屋根もなくタイヤも 2 つしかないオートバイ
どこがそんなに楽しいの？

　オートバイの専門誌で原稿を書かせてもらい生計を立てているボクは、仕事でも
オートバイ、そして休みの日もツーリングやレースといった具合にオートバイ三昧
の日々を送っている。そんなボクを見て「どこがそんなに楽しいの？」と不思議が
る人も少なくない。

　たしかに屋根もエアコンもないオートバイでは、雨が降ればズブ濡れになるし、
夏は全身を強い陽射しが襲い、冬には感覚を失い痛みさえ感じるほどの寒さに震え
なければならない。転倒すれば怪我もするし、渋滞にはまれば顔は真っ黒だ。

　けれども人工物に囲まれた現代人の暮らしの中では、味わえないものがオートバ
イに乗っていると感じることができる。それは人間の本能が求める「自然」である。

　都会を抜け出しツーリングに出掛ければ、山の匂いや海の匂いに五感が刺激され
ることはもちろんだが、都会を走っていたって街の呼吸を生き物のように感じ取れ
たり、季節の移り変わりが肌を通して楽しめ、夏の夕立にだって容赦なく浴びれる。

　地下鉄やエアコンの効いたクルマの中では決して味わえない、そんな身近な自然
に意図もせず知らず知らずのうちに接している。そう、都会に住んでいたって、自
然をリアルに感じられるのだ。もちろんボクはオートバイに乗るのに、そんな理屈
など考えたことは今まで一度もなかったが、改めてその魅力を見つめ直し、こうし
て書いていると、またオートバイでどこかへ出掛けたくなってきた。

PHOTO：磯部孝夫

第 3 章

オートバイのエンジン

　オートバイに使われているエンジンは四輪自動車と同じように、ガソリンをシリンダー内で燃焼させ、そのとき生じたエネルギーでピストンをシリンダーという筒の中で往復運動させる「レシプロエンジン」が使われています。そして現行機種のほとんどが「4ストロークエンジン」を採用していることから、ここでは4ストロークエンジンからその基本構造を説明いたしましょう。

3-1 エンジンの基本

オートバイの心臓部ともいえるエンジン。これには四輪自動車と同じように、往復運動（レシプロ運動）を回転運動にかえてエネルギーを生み出す「レシプロエンジン」が採用されています。まずはレシプロエンジンの基本構成について説明しましょう。

■ レシプロエンジン

レシプロとは往復運動を意味する英語の Reciprocating を略したもの。シリンダーという筒の中に空気とガソリンの混合気を入れ、これをピストンで圧縮した後に点火・燃焼させ、熱エネルギーを発生。燃焼ガスが熱で膨張する際にピストンを押し、そのとき生じた力でピストンを往復運動させて動力として取り出します。

そしてオートバイには、ピストンがシリンダー内を4ストローク（2往復）して一連の作業を完了する「**4ストロークエンジン**」と、ピストンが2ストローク（1往復）で1行程を完了する「**2ストロークエンジン**」が使われていますが、現行機種の多くでは排ガスをよりクリーンにしやすく燃費的にも優れる4ストロークエンジンが主流になっています。

排気量や気筒数（シリンダー数）、シリンダーの配列やバルブ方式などさまざまですが、いずれにせよその基本構造は**キャブレター**（気化器）または**フューエルインジェクション**（燃料噴射機）から、大気にガソリンを霧状にして混ぜ合わせた混合気を燃焼室に取り込み、それをピストンで圧縮し電気火花(スパークプラグ)で点火・燃焼させます。そのとき生じた膨張エネルギーでピストンが押し下げられ、コンロッドによって連結されたクランクが回転運動をするというものです。

混合気が燃焼したときの圧力を受けて、ピストンはシリンダーの中で往復運動を繰り返しますが、シリンダー内に混合気を吸い込んだり燃焼後のガスを排出する役割も担っています。これは注射器と同じ原理で、ピストンが引き戻されれば負圧が生じ吸気、ピストンを押し上げれば正圧がかかりガスを排出します。

■4ストロークエンジンの基本構成■

4ストロークエンジンの場合は、混合気の吸気口と排気口にそれぞれ弁（バルブ）を設け、「吸気」「圧縮」「燃焼・膨張」「排気」の4行程に合わせてバルブを開閉します。

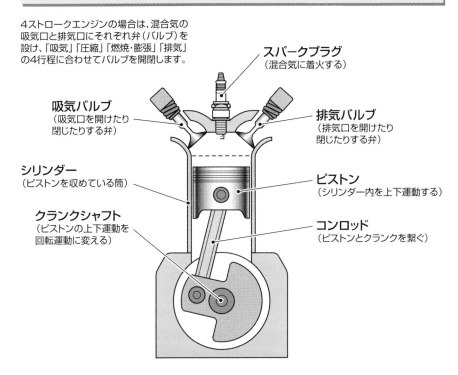

スパークプラグ
（混合気に着火する）

吸気バルブ
（吸気口を開けたり閉じたりする弁）

排気バルブ
（排気口を開けたり閉じたりする弁）

シリンダー
（ピストンを収めている筒）

ピストン
（シリンダー内を上下運動する）

クランクシャフト
（ピストンの上下運動を回転運動に変える）

コンロッド
（ピストンとクランクを繋ぐ）

■負圧と正圧の原理■

シリンダー内に効率よく混合気が吸い込めるのは、大気とシリンダー内に圧力の差（負圧）が生じているからです。注射器を例にして考えてみましょう。

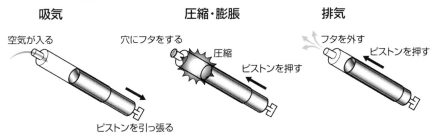

吸気

空気が入る

ピストンを引っ張る

針の穴を開いた状態で注射器のピストンを引っ張ると、空気が吸入される。負圧。
（吸気バルブが開いて、燃焼室に混合機が吸い込まれる状態）

圧縮・膨脹

穴にフタをする

圧縮

ピストンを押す

針の穴を塞いだままピストンを押し込むと注射器内の空気は圧縮され膨張し、ピストンを押し返す。
（バルブが閉じ、ピストンが上昇した状態）

排気

フタを外す

ピストンを押す

塞いでいた針の穴を開放すれば、穴から空気が勢いよく排出される。正圧。
（排気バルブが開き、燃焼ガスが排出される状態）

3-2 4ストロークエンジン

「吸入」「圧縮」「燃焼・膨張」「排気」の4行程の間にピストンは2回上下（4ストローク）し、燃焼・膨張を1回行うエンジンが「4ストロークエンジン」です。ピストンとクランクシャフトはコンロッドで繋がっています。そのしくみから、まずは見てみましょう。

4ストロークエンジン（4サイクルエンジン）

　ピストンが4ストローク（2往復）して、1つの作動サイクルを完了するエンジンを「4ストロークエンジン」あるいは「4サイクルエンジン」といいます。68〜69ページのイラストのように、①吸入→②圧縮→③燃焼・膨張→④排気の4行程をピストンが2往復する間に完了し、その間にクランクは2回転します。すなわち各行程でクランクは半回転ずつし、2回転するごとに1回の燃焼（爆発）が起きるのです。

　吸気口には**吸気バルブ**（インテークバルブ）、排気口には**排気バルブ**（エキゾーストバルブ）がそれぞれあり、吸気バルブは①のとき、排気バルブは④のときだけ開き、混合気と燃焼ガスの吸気／排気を行います。

　シリンダーヘッドには③のとき混合気へ着火するスパークプラグが備えられ、内部にはシリンダーの内径より僅かに小さい円筒型のピストンが収められています。ピストンは混合気の燃焼による膨張エネルギーを受け、もっとも高い位置である**上死点**から、もっとも低い**下死点**の間を高速で往復運動を続けます。そして、直線的なピストンの動きを回転運動に変えるのが**コンロッド**と**クランクシャフト**の役割です。

サイクルのスピードは？

　ピストンはシリンダー内を高速で往復運動を続けますが、そのスピードは凄まじく、例えば3000rpmでは1分間にクランクが3000回まわりますので、ピストンも3000回ほど往復しています。エンジン内部で行われているクランクの回転運動やバルブの開閉は、凄まじい速さで行われています。

オートバイのエンジン

■ピストンとクランクシャフト■

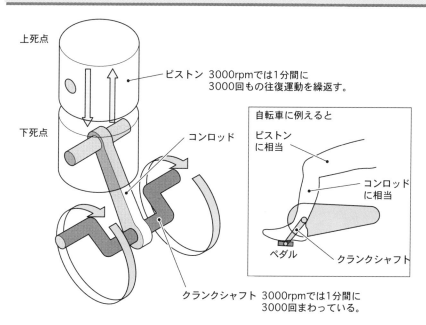

上死点

ピストン　3000rpmでは1分間に
3000回もの往復運動を繰返す。

下死点

コンロッド

自転車に例えると

ピストン
に相当

コンロッド
に相当

ペダル

クランクシャフト

クランクシャフト　3000rpmでは1分間に
3000回まわっている。

■4サイクルエンジンの内部■

▼カワサキ ZX10R

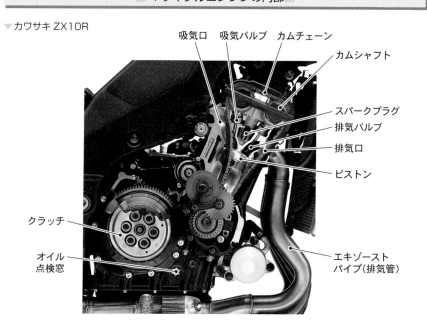

吸気口　吸気バルブ　カムチェーン

カムシャフト

スパークプラグ

排気バルブ

排気口

ピストン

クラッチ

オイル
点検窓

エキゾースト
パイプ（排気管）

4サイクルエンジンの4行程

①吸気行程

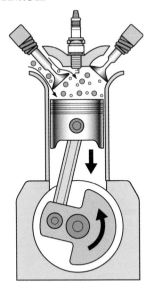

　上死点から下死点に向かってピストンが移動するとき吸気バルブが開き、混合気が燃焼室に流れ込みます。ピストンの下降によってシリンダー内の気圧が低くなり、吸気口からガソリンと空気の混合気が吸い込まれます。

④排気行程

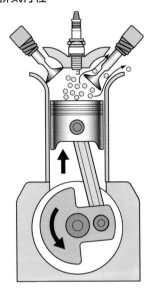

　押し下げられたピストンが下死点に到達する直前に排気バルブが開き、そしてピストンは下死点から上死点へと押し上げられます。ピストンの上昇に伴いシリンダー内にある燃焼ガスが押し出され、排気口から外へ排出されます。

②圧縮行程

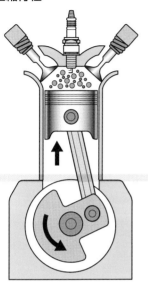

ピストンが下死点から上死点へ上昇に転じると、吸気バルブ・排気バルブいずれのバルブも閉じられ、ピストンによって混合気が圧縮されます。この圧縮により混合気は温度が上昇し、燃焼しやすい状態になります。

3

オートバイのエンジン

③燃焼・膨張行程

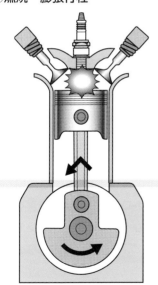

圧縮された混合気は、ピストンが上死点付近に位置している間にスパークプラグによって着火され、瞬時に燃焼されます。これによって生じた燃焼（膨張）エネルギーでピストンを押し戻し、クランクシャフトを回します。

3-3 排気量とボア・ストローク

エンジンの大きさの目安となるのが排気量。オートバイのエンジンでは
50cc～2000cc程度のものが一般的です。また、ピストンの直径をボア、
ピストンが往復運動するときの長さをストロークといい、その比率をボア・
ストローク比といいます。

排気量

　一般的にエンジンの大きさは排気量で表されます。これはシリンダー内で
ピストンが動く空間「**行程容積**」（気筒容積）とシリンダーの数をかけ合わ
せた総量で、その容積は「cc」または「ml」（あるいは cu.inch.）で表します。
　行程容積＝ピストン断面積×ピストンの片道行程（ストローク）ですので、
シリンダーの内径（ボア）とストロークが分かっていれば、円柱の容積を計
算する方法で求めることができます。

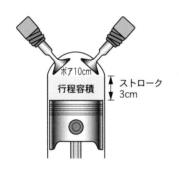

円柱の容積＝半径×半径×3.14×高さ
行程容積＝5×5×3.14×3＝235

これにシリンダーの数をかけるので
　単気筒の場合は　　約235cc
　2気筒の場合は　　約471cc
　4気筒の場合は　　約940cc

ボア・ストローク比

　ボアはピストンの直径、ストロークはピストンが上下動するときの長さを
示し、ボア径とストロークの比率を「**ボア・ストローク比**」といいます。そ
してボアがストロークよりも大きいものを「ショートストロークエンジン」、
ボアよりもストロークが長いエンジンを「ロングストロークエンジン」、等
しい場合を「スクエアストローク」と呼びます。

　これはエンジンの特性に大きく影響し、ロングストロークではピストンの動く距離が長くなると同時に往復運動するスピードも比較的遅くなるので、粘りのあるトルクを発揮する低回転重視の出力特性に、ショートストロークではピストンの動く距離が短くなるのでピストンが動くスピードも速くなるため、高回転型のハイパワーエンジンになります。

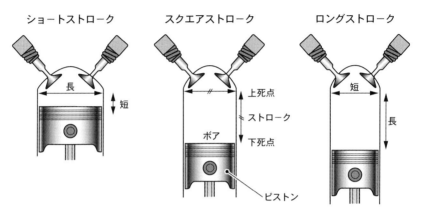

圧縮比

　「**圧縮比**」とは、シリンダー内に吸い込んだ混合気をどのくらい圧縮するかの比率で「(気筒容積＋燃焼室容積) ÷燃焼室容積」で計算した値を示します。圧縮比を上げるほど燃焼効率が上がり大きなパワーを発生しますが、圧縮比を上げ過ぎると混合気の温度上昇により異常燃焼(スパークプラグの点火に関わらず混合気が自己着火してしまう)が起きてしまいます。これを「**ノッキング**」または「**デトネーション**」といい、燃焼室で異常な圧力波が起き、キンキンという鋭い金属音を出し、ピストンなどに支障をきたします。

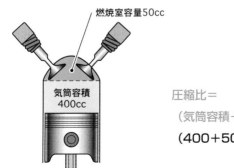

圧縮比＝

(気筒容積＋燃焼室容積) ÷燃焼室容積

(400＋50) ÷50

=9　　　　圧縮比は9

3-4 DOHC

シリンダーヘッドの上にある2本のカムシャフトが、吸気バルブ/排気バルブの作動をそれぞれ受け持つのがDOHC（Double Over Head Camshaft）エンジンです。1960年代後半の登場当時は2バルブが主流でしたが、70年代後半からより高性能化を求め4バルブ化されました。

DOHC

　シリンダーヘッドに吸気バルブと排気バルブ、それぞれ専用のカムシャフトを配置したのが「**DOHC**」（ダブル・オーバーヘッド・カムシャフト）です。

　DOHCにはカムがバルブを直接押す「**直動式**」（直打式）と、アームを介する「**ロッカーアーム式**」がありますが、直動式は単純な構造がゆえに駆動ロスが少なく、高回転エンジンに最適とされています。

　一方、ロッカーアーム式は**バルブリフト量**（カムによって押し開かれるバルブの移動量）が変更できたり、シリンダーヘッドを小さくできるなど、それぞれにメリットがあります。

▼BMW S1000RR

DOHC の基本構造

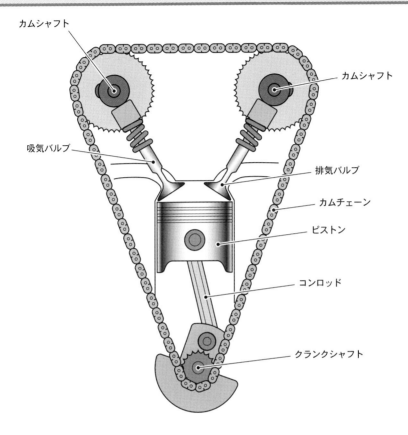

カムシャフト

カムシャフト

吸気バルブ

排気バルブ

カムチェーン

ピストン

コンロッド

クランクシャフト

3

オートバイのエンジン

直動式

エンジンが高回転になってもバルブの
開閉タイミングを正確にコントロール
できる直動式は、スーパースポーツに
も採用されます。

ロッカーアーム式

ロッカー
アーム

カムがバルブを押す量とバルブ
リフト量（バルブが燃焼室に突
き出す量）を、調整しやすいメ
リットがあります。

3-5 OHC

シリンダーヘッドの上にある1本のカムシャフトが、ロッカーアームを介して吸気バルブ／排気バルブ両方の作動を受け持つのがOHC（Over Head Camshaft）エンジンです。DOHCに比べて部品点数が少なく、シリンダーヘッドをコンパクトに設計することができます。

OHC/SOHC

吸気バルブと排気バルブ、それぞれの開閉を行うカム山が、1本のカムシャフトにまとめられているのが「**OHC**」（オーバーヘッド・カムシャフト）です。カムシャフトを2本備える「DOHC」と区別するために「**SOHC**」（シングル・オーバーヘッド・カムシャフト）とも呼ばれます。

クランクシャフトの回転は「**カムチェーン**」あるいは「**カムギアトレーン**」を介してカムシャフトに伝わる。クランクシャフトが2回転する間に、カムシャフトは1回転し、ロッカーアームを介して吸・排気バルブをそれぞれ最適なタイミングで開けるというしくみです。

▼ホンダ XR650

1本のカムシャフトで吸気バルブと排気バルブの両方を駆動するホンダ XR650 の SOHC4 バルブエンジン。

■ OHC の基本構造

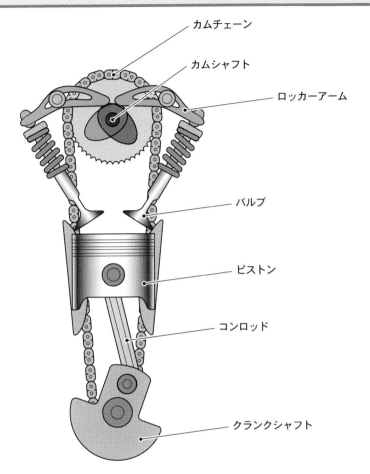

カムチェーン

カムシャフト

ロッカーアーム

バルブ

ピストン

コンロッド

クランクシャフト

■ OHC エンジンのメリット

　シリンダーの下にカムシャフトを備える OHV に比べ、SOHC ではバルブ
との距離を大幅に短縮。プッシュロッドを不要にするなど、部品点数を大幅
に低減。シリンダーヘッドをコンパクトにつくれ、軽量化も図れます。

　吸・排気効率の向上を図った 3 バルブや 4 バルブのエンジンも存在。四
輪車では少なくなりましたが、オートバイではまだまだ多くの SOHC エン
ジンが健在です。

3-6 OHV

バルブを駆動するシステムを総称して「バルブ機構」といいますが、そのシステムは新しい順に「DOHC」「OHC」「OHV」となります。もっともオーソドックスなOHV（Over Head Valve）は、プッシュロッドがロッカーアームを介してバルブを動かします。

OHV

　その名の通りシリンダーヘッドの上にバルブが設けられているのが「**OHV**」（オーバーヘッド・バルブ）です。OHC（DOHC）でもバルブはシリンダーヘッドの上にありますが、OHVが登場する前に一般的だった「**SV**」（サイドバルブ）では、バルブがシリンダーの横に配置されていたので、それらと区別するために命名されたことに由来しています。

　カムシャフトはシリンダーの側面にあり、カムの回転を受けて**プッシュロッド**が上下に往復運動を繰り返します。その先に接続されたロッカーアームが、バルブを押すという単純な構造です。

　高回転エンジンにするには長いプッシュロッドは歪みや剛性、重さがネックとなりますので、現代のスーパースポーツモデルへの採用はされていません。しかし、ゆったりと乗るフィーリングが好ましいハーレーダビッドソンなど大排気量クルーザーでは今なお健在です。

SV

　OHVが登場するまではSV（**Side Valve**）が多用されていました。クランクシャフトの横にあるカムシャフトが直接バルブを押すというシンプルな構造ですが、燃焼室が歪な形になりバルブも長く重いため、現在ではほとんど使用されていないシステムです。しかし、スペインのガスガスが2007年に発表した最新式のトライアルマシンに採用するなど、現代でも僅かに生き残っています。また、SVのビンテージバイクを愛用するフリークたちも、世界中に数多く存在しています。

■ OHV の基本構造 ■

ロッカーアーム

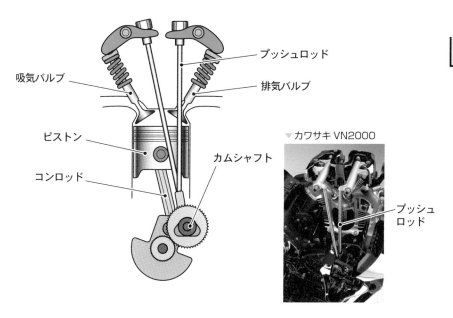

プッシュロッド

吸気バルブ

排気バルブ

ピストン

カムシャフト

コンロッド

▼カワサキ VN2000

プッシュ
ロッド

■ SV の基本構造 ■

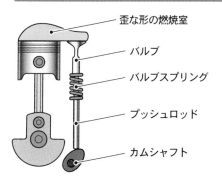

歪な形の燃焼室

バルブ

バルブスプリング

プッシュロッド

カムシャフト

1929 年に登場したハーレーダビッドソン
のサイドバルブエンジンは、シリンダーヘッ
ドの形状が平らだったことから「フラット
ヘッド」と呼ばれた。

構造がシンプルで丈夫であるものの、燃焼室が
横長で広いため圧縮比を十分に上げることがで
きないサイドバルブエンジン。国産バイクの
SV エンジンとなると、1950 年代の「陸王」
の時代まで遡ることになります。

3-7 さまざまなシリンダー配列

高回転ハイパワー化を実現する多気筒エンジン。そのシリンダーレイアウト（気筒配列）には、さまざまなものが存在します。「並列」または「直列」と呼ばれる横一列にシリンダーが並ぶレイアウトはもっとも一般的ですが、「V型」や「水平対向式」も古くから使われています。

多気筒化のメリット

　ピストンが往復運動を繰り返す筒のことを「**シリンダー**」といい、日本語では「**気筒**」と呼びます。オートバイではシリンダーを1つしか持たないベーシックな単気筒エンジンをはじめ、おもに4気筒や2気筒が広く採用され、さらに3気筒や6気筒、MotoGPを走るレーシングマシンには5気筒エンジンも使われていました。

　シリンダーを増やす（多気筒化の）メリットは、各気筒の燃焼・膨張行程で発生したエネルギーを、ほかのシリンダーの吸気・圧縮・排気行程に生かせることです。

　また、同じ排気量のままシリンダー数を4つに増やせば、単純計算で1つのシリンダーは1/4の大きさで済むことになります。たとえば総排気量400ccなら1気筒あたり100ccになり、燃焼室の容積が小さくなった分、燃焼効率も向上します。

　当然、ピストンも1/4の大きさで済むわけですから、その往復運動もスピードアップし、より高回転でパワフルなエンジンとなるのです。

多気筒エンジンのシリンダーレイアウト

　多気筒エンジンのシリンダー配列にはさまざまなものがあります。「**並列**」または「**直列**」と呼ばれる各シリンダーが横一列に並んだものをはじめ、V字型にシリンダーを配置した「**V型**」もよく見られるレイアウトです。

　また、進行方向に対しクランクを横に向けるか縦に配置するかでも区別され「**クランク横置き**」または「**クランク縦置き**」などと呼ばれます。

■単気筒と多気筒

単気筒
400cc

4気筒

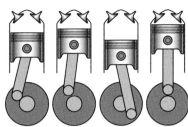

100cc　100cc　100cc　100cc

単純に考えると......
燃焼室やピストンなど1/4の大きさで

メリットは 燃焼効率の向上により
高回転ハイパワー化

■さまざまなシリンダーレイアウト

単気筒
（シングル）

並列2気筒
（パラレルツイン）

並列4気筒
（インラインフォー）

V型2気筒
（Vツイン）

水平対向式2気筒
（ボクサーツイン/フラットツイン）

スクエア4

単気筒（シングル）エンジン

部品点数が少ないことから軽くてスリム。小排気量モデルにうってつけのエンジンです。燃費も良く、50cc のビジネスバイクの場合、カタログ値では 110km/r という高燃費を達成。また、4 バルブ化された高性能エンジンもオフロードマシンなどで数多くつくられています。

シングルエンジンならではのフィーリング

　マルチエンジン（多気筒エンジン）のような高回転ハイパワーは求められませんが、軽量・コンパクトで車体の操作性や取り回しの良さに優れています。燃費も良く、製造コストも安価。小排気量モデルは、4 ストローク /2 ストロークを問わず、そのほとんどに単気筒エンジンが採用されています。

　そして、使われているのは小排気量車だけに限りません。400cc の排気量を持ったヤマハ SR400 はノスタルジックなムードを全面に打ち出したロードモデルですが、その外観に相応しくエンジンはセルスターターさえも装備しないオーソドックスな OHV2 バルブの単気筒を採用しています。

　4 ストロークエンジンではクランクシャフトが 2 回転で 1 回の燃焼ですので、単気筒エンジンの爆発間隔はマルチエンジンに比べ大きく開き、「ドッドッドッ」という断続的な排気音を奏でます。そのサウンドであったりトルクフルな走行フィール、そして高いトラクション能力は、シングルエンジンならではの魅力といえるでしょう。

高性能を追求した単気筒エンジン

▽ ホンダ CRF250L

　車体の中でもっとも重いパーツがエンジンです。その形やサイズが車体設計や操縦性に与える影響は大きく、軽量・コンパクトそしてトルクフルな単気筒エンジンはオフロードモデルやビッグスクーターでは理想的なエンジンと考えられています。DOHC 化や、4 ～5 バルブ化されたものもあり、決して高性能と無縁ではありません。

単気筒エンジン

▼ ホンダ CRF450R

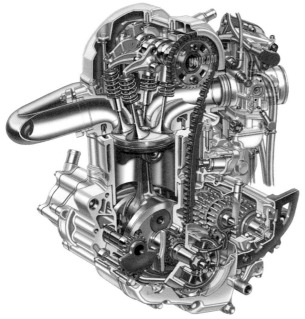

▼ スズキ RM-Z450

▼ ヤマハ SR400

空冷 4 サイクル OHC2 バルブ単気筒
総排気量：399cc
最高出力：26ps/6,500rpm
最大トルク：2.9kg-m/5,500rpm

3-9 | 並列２気筒（パラレルツイン）

多気筒エンジンのシリンダーレイアウトにはさまざまなものがありますが、もっともシンプルな配列が２つの気筒を横に並べた「並列２気筒」です。英国車では 1930 年代、日本でも 1960 年代から積極的に開発されており、現行機種にも広く使われています。

歴史ある並列２気筒

２つのシリンダーを横に並べたレイアウトを「並列２気筒」（**パラレルツイン**）といい、地面に対して真っ直ぐにシリンダーが立っているものを「直列２気筒」（**バーチカルツイン**）と呼びます。

並列２気筒は 1930 年代から英国車（トライアンフや BSA など）で採用され、その高性能で当時の世界市場を席巻しました。日本でも 1960 年代から積極的に製造されており、現代でもトライアンフやカワサキなどから当時のスタイルを再現したレトロ調のモデルが再販され、高い人気を誇っています。吸・排気系のレイアウトがしやすく、左右のシリンダーに走行風が均等に当たるのも冷却性を考えれば合理的です。

バランサーで振動を抑える最新の並列２気筒

２つのピストンが互い違い（逆方向）に動く「**180 度クランク**」では、お互いのシリンダーで発生する振動を打ち消し合います。しかし、両気筒の爆発間隔が等しくなる「**360 度クランク**」では、ピストンやコンロッドといった質量の大きな部品が同じタイミングで往復運動を繰り返し、そのため大きな **1 次振動**が発生してしまいます。

その振動を抑えるため、クランク軸に「**バランサー**」（錘）を取り付けて回転させる対策を講じるのが一般的ですが、BMW F800S ／ ST が採用した新機構では、釣り合わせるオモリ「**バランサーロッド**」を上下運動させ、ピストンが上下する振動を打ち消し合うことに成功しました。また、ヤマハ TMAX ではピストンとは反対方向に、ピストンと同じように筒の中を往復運動するオモリを装着しています。

並列2気筒エンジン

▼カワサキ W800

ベベルギアによってカムシャフトを
駆動するカワサキ W800 のバーチ
カルツイン。

▼ヤマハ MT07

ピストンなどの往復運動部分の慣性力が互い
に相殺され、クランクトルクの変動に燃焼圧
の変化がそのまま反映されやすい270度ク
ランクの並列2気筒。トラクション感覚を掴
みやすいというメリットを、ライダーにもた
らします。

▼BMW F800系

一次振動を打ち消すために上下運動する
バランサーロッド。

▼ヤマハ TMAX

一次振動を打ち消すために、ピストンと同じよ
うに往復運動する水平ピストン式バランサー。

3

オートバイのエンジン

3-10 並列3気筒

4気筒や2気筒、あるいは単気筒がポピュラーなオートバイのエンジンですが、3気筒も存在しています。現在ではトライアンフが積極的に採用しているほか、ヤマハもニューエンジンとしてリリース。4気筒と2気筒の長所を併せ持つ、いいとこ取りのエンジンとして再注目されています。

オートバイでは希少だったトリプルエンジン

ダウンサイジングのための有効な手段として、四輪自動車でも採用するモデルが増えている3気筒エンジン。国産のオートバイでは、1970年代中盤から80年代にかけてヤマハGX750系がありましたが、それ以降は長らく比較的希少なエンジンとなっていました。

しかしヤマハは、2014年モデルとして並列3気筒エンジン（846cc、120度クランク）を搭載したMT-09を登場させ、ファンを驚かせました。等間隔爆発で滑らかなトルク特性と高回転での伸びを得られると同時に、軽量スリムでコンパクトなサイズが特徴。なによりエンジン内でクランクシャフトが回転するときに生まれる慣性トルクの変動が少なく、その結果スロットル操作に対してリニアなトラクションフィーリングが得られるというメリットを活用したのです。

ツインでも4発でもない独特なエンジンフィーリング

120度等間隔にクランクピンを配した等間隔爆発は、トライアンフの並列3気筒エンジンも同じで、クランクシャフトを捩るような微弱な二次振動が発生しますが、一次振動がきわめて少なく、クランクが240度回転する毎に等間隔でトルクを発生します。

直4よりも穏やかですが、滑らかで、特に高回転域でバランスの良い回転運動ができる独特のトルク発生間隔が、ツインでも4発でもない特徴的なエンジンフィーリングを生み出すのです。

▉並列 3 気筒エンジン▉

▼ ヤマハ MT-09

クランクケースを可能な限りコンパクトに設計することで低重心化を追求。一次減速比を大きく設定し、トルクを効率よく駆動力に変換しつつ軸間距離を詰めるという、おもにオフロードマシンなどに用いる技術を応用するなど、既成概念に囚われない開発をしたヤマハ MT-09 の並列 3 気筒エンジン。

▼ トライアンフの並列 3 気筒 DOHC4 バルブ

675cc という排気量は、ワールドスーパーバイクレースの車両規定（4 気筒 = 600cc、3 気筒 = 675cc、2 気筒 = 750cc まで）に合致させたもの。

3

オートバイのエンジン

並列4気筒（インライン4）

> スーパースポーツに搭載されていることが物語っている通り、DOHC並列4気筒は高回転・ハイパワーを発揮する高性能エンジン。「インライン4」または「直4」（ちょくよん）などと呼ばれ、ポピュラーなパワーユニットとなっています。

ジャパン・スタンダードを確立した並列4気筒

1960年代、バーチカルツインを採用した英国車は世界を席巻しました。これに対応すべく、世界最速の座を目指して開発・発売されたのが並列4気筒を採用したホンダCB750FOUR（1969年発売）そしてカワサキ900SUPERFOUR Z1（1972年発売）です。

世界中で絶賛された日本製の並列4気筒エンジンは、その後「ジャパン・スタンダード」として定着。海外へ進出する国内4メーカーの成功への鍵となりました。

そして今日では国内外を問わず非常にポピュラーなエンジンとなり、スーパースポーツ、ツアラー、ネイキッドなどジャンルを問わずに採用されています。吸・排気系のレイアウトが容易で、車体の前後長も短くできます。また、シリンダーを前傾させているのは、吸気系をストレート化しつつエアクリーナーボックスを前方へ配置し、マスの集中化を図っているためです。

横置き / 縦置き

車体に対し、シリンダーが横向きになるようにレイアウトするのが一般的ですが、縦向きに配列する方法もあります。これを区別するために「横置き並列4気筒」「縦置き並列4気筒」などと差別化する呼び方もあります。

横置き並列4気筒
▼ BMW K1300S

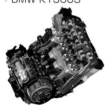

縦置き並列4気筒
▼ BMW K1200LT

■並列4気筒エンジン■

▼スズキ GSX-R1000

▼カワサキ GPZ900R（1984年）

1984年に登場したカワサキ GPZ900R の水冷並列4気筒DOHC4バルブエンジン。シリンダーのボア×ストロークは72.5 × 55.0mm で、正確な排気量は908cc。シリンダーヘッドの吸/排気2本のカムシャフトを駆動するカムチェーンは、クランクシャフト左端にレイアウトするサイドカムチェーン式が用いられました。

▼ホンダ CB750FOUR（1969年）

空冷4サイクルOHC2バルブ並列4気筒
総排気量：736cc
最高出力：67ps/8,000rpm
最大トルク：6.1kg-m/7,000rpm

3-12 並列6気筒

オートバイのエンジンとしては、その幅がネックとなると考えられていた並列6気筒。1970年代後半にはカワサキZ1300やホンダCBX1000が搭載した実績がありましたが、その後長らくオートバイへの採用はありませんでした。しかし現在、BMWによって復活を果たしています。

軽量・コンパクトを追求したBMWのストレート6

　ストレート6といえば、BMWの四輪車では御馴染みのエンジンレイアウトですが、2012年、BMWはK1600GTに、待望だった並列6気筒エンジンを横置きで搭載しました。

　オートバイのエンジンとして、幅をどう抑えるかが課題でしたが、各シリンダー間を僅か5mmに密着させることで、これをクリア。問題となる熱に対応するため、冷却システムのおよそ70%をシリンダーヘッドに集中させ、効果的に冷やすため、すべての気筒ごとにクロスフロータイプの冷却水経路を持たせているのが特徴です。

　また、クランクケースをアルミ製としたほか、オイルサンプカバーやクラッチカバー、シリンダーヘッドカバーなどをマグネシウム製とし、徹底的な軽量化が行われているのも見逃せません。

　その結果、エンジン単体の重量を103kg未満に抑え、同社K1300シリーズの並列4気筒エンジンと比べても、単体重量で17kg増、エンジン幅でプラス80mm（555mm）の増加にとどめることに成功しています。

　最大トルクの70%をわずか1500rpmで出力可能なストレート6は、グランツーリスモに相応しい莫大なパワーを秘める一方で、シルキーなエンジンフィーリングを実現し、6気筒というエンジンの新たな魅力を世界中のバイクファンに知らしめることになりました。

▼ホンダCBX1000（1979年）

▼カワサキZ1300（1979年）

■並列6気筒エンジン■

▼BMW K1600系ストレート6

四輪で培った6気筒エンジンのノウハウ
をオートバイにも注ぎ込んだBMW。

▼ホンダ RC166（ストリップ）

1966年のホンダワークスマ
シン RC166 には、250cc
の空冷4サイクル並列6気筒
エンジンが積まれていました。
マイク・ヘイルウッドはこの
マシンに乗り、1966年の世
界GPで10戦全勝。ライダー
＆メーカータイトルを獲得。
翌1967年もWGPのタイト
ルを獲得し、マン島TTレー
スでも勝利を飾っています。

> V字になった2つのシリンダー角を「Vバンク角」といいますが、ハーレーダビッドソンでは「45度Vツイン」、モト・グッツィやドゥカティでは古くから「90度Vツイン」を採用。近年ではマルチシリンダー化されたV4やV5エンジンも登場しています。

V型エンジンのメリット

　シリンダーをV字にレイアウトしたのが「V型エンジン」です。2気筒の場合は「Vツイン」、4気筒の場合は「Vフォー」と呼ばれています。

　進行方向に対しクランクを横置きにした場合は、並列エンジンに比べ幅をスリムにすることができ、縦置きでは前後長を短くバンク角も十分に確保できます。古くからハーレーダビッドソンではクランク横置き式のVツイン(Vバンク角45度)、モト・グッツィでは縦置きのVツイン（Vバンク角90度）を採用してきました。

　並列エンジンならバルブ駆動系は1組で済むところ、V型では2組必要になります。横置きにした場合には、後ろのシリンダーに走行風が当たりずらいなど問題点もある一方、エンジンの高さが抑えられ、ユニット全体がコンパクトになりマスの集中化にも貢献します。

　さらにクランクが短くできるほか、各気筒の燃焼間隔が不等間隔になりトラクションが得やすいなど、メリットも多いエンジンレイアウトです。

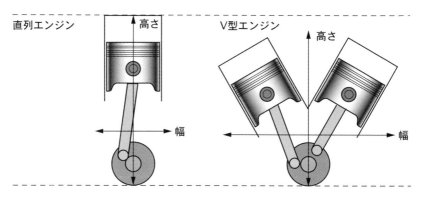

直列エンジンに比べ、高さを抑えられるV型エンジンですが、幅は広くなります。

■ さまざまなV型エンジン ■

▼V型4気筒エンジン（アプリリア RSV4）

▼上から見た縦置きのVツインエンジン（モトグッツィの空冷90度V型2気筒OHV2バルブ）

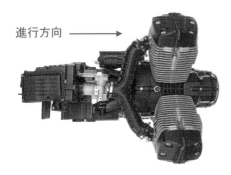

進行方向　――――→

▼横置きVツイン（ヤマハ MT-01 の空冷48度V型2気筒 OHV4バルブ）

進行方向　―――――――→

位相クランク

▼ドゥカティのLツイン

　前方のシリンダーをほぼ水平にまで倒した
ドゥカティの「Lツイン」、そして縦置きV
ツインのモト・グッツィ。いずれのエンジン
も2つのシリンダー間（Vバンク角）を90
度に配置することで、お互いのシリンダーで
発生する振動を打ち消し合う効果を持たせて
います。

　この形式では、向かい合うシリンダーの各
コンロッドが1本のクランクシャフトを共有
するのが基本ですが、Vバンク角がもっと狭
い場合はクランクピンを共有せず、両シリン
ダーにそれぞれクランクピンを設け、一定の
角度だけずらした「**位相クランク**」を採用し
ます。クランクピンの角度をずらすことで
「90度Vツイン」と同じ（振動を抑える）効
果が生み出せるからです。

位相クランクと共有クランク

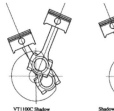

VT1100C Shadow

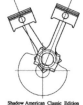

Shadow American Classic Edition

Engine Dimensions

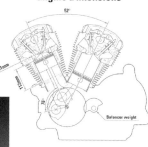

ホンダVTXでは
Vバンク角52度
のV型2気筒エ
ンジンを採用。2
つのピストンはク
ランクピンを共有
せず、ウェブを介
してクランクピン
に76度の位相を
つけています。

クランク位相角を270度に設定したヤマ
ハTDM900。5バルブ2軸バランサー採
用の897cc並列2気筒エンジン。

4サイクル 990ccV型5気筒

▼ホンダ RC211V

2002年から2006年、世界最高峰のロードレース「motoGP」を走ったホンダRC211V。前3気筒／後ろ2気筒のV型5気筒エンジンは、75.5度のVバンク角を採用することで一次振動を低減させることに成功。バランサーを必要としないバランサーレスエンジンでした。

■ ハーレーダビッドソンのVツインエンジン

　　1903年、創業以来6年目になるハーレーダビッドソンは、1909年にVツインエンジンを搭載した初めてのオートバイを市販した。じつは1907年に試作型を発表していたが、駆動ベルトが滑るなど問題があり、それを解決しての再デビューであった。このVツインエンジンは排気量811ccで7.2psを発揮。1911年には「Fヘッド」が誕生。ヘッドは**オホッツバルブ**で、吸気を行なうオーバーヘッドバルブがヘッド上側、排気を行なうのがサイドバルブで下側にあった。吸・排気ポートも上下に2本あり、シリンダーの横に並ぶ断面がFに見えることから「Fヘッド」と呼ばれた。45度に配置された2つのシリンダーのイメージは、ハーレーダビッドソンの歴史の中でもっとも持続する象徴のひとつとなり、今日まで1世紀以上に渡って受け継がれることになる。

1909年に登場したハーレーダビッドソンの初代Vツインエンジン。排気量811ccで7.2psを発揮する。

100年以上を経た現代にも受け継がれるハーレーダビットソンのVツイン。

3-14 水平対向式エンジン

> 2つのピストンが動く様子は、まるでリング上のボクサーが試合前にポンポンとグローブを突き合わせて叩く仕草。そんな姿を連想させることから「ボクサーツイン」と呼ばれる「水平対向式2気筒」。古くからBMWが採用し、ホンダでは6気筒エンジンも開発されています。

◼ 低重心で安定性の高い水平対向式エンジン

V型エンジンのシリンダーの傾きを「**Vバンク角**」といいますが、このバンク角が180度（水平）になったものを「**水平対向式エンジン**」と呼びます。

エンジンの全高が低く、オートバイに搭載したときの重心位置を低くできますが、幅はV型よりもさらに広がってしまいます。その形状から車体への搭載はクランク縦置きとなり、パワートレインのレイアウト上、シャフトドライブとの組み合わせになります。

BMWでは古くから2気筒エンジンを、ホンダでは1980年代から6気筒エンジンを採用しています。

◼ 伝統あるBMWのボクサーツイン

前身が航空機製造メーカーだったBMWは、1923年に初のモーターサイクル「R32」を製造。そこに搭載されたエンジンが、排気量486ccの水平対向式2気筒エンジンでした。その後、進化を遂げながら今日まで80年以上にわたり造り続けられる由緒正しき伝統のエンジンです。

◼ 静粛性に優れたジェントルなエンジン

通常、V型エンジンの場合では向かい合うピストンが同じクランクピンを共有しますが、BMWが採用する水平対向式2気筒エンジンではクランクピンを共有せず、それぞれが180度ずらしたクランクピンを持っています。そのため、どちらか一方のピストンが上死点にあるときは、もう一方のピストンも上死点にあり、下死点にあるときはもう一方も下死点にあります。理論上、お互いの振動を打ち消し合うので、静粛性に優れたエンジンとなります。

水平対向式エンジン

▼BMW R1200GS

▼BMW HP2SPORTS

▼ホンダ・ゴールドウイング
クランクピンを 60 度位相させることで等間隔爆発
（120 度）を実現し、水平対向式エンジンの持つ低振
動性とあいまって、いっそうスムーズな出力特性を発
揮する水平対向式 6 気筒 1832cc エンジン。

▼BMW R32（1923 年）

3-15 ┃ 2ストロークエンジン

4ストロークエンジンがピストン2往復（4ストローク）で1回燃焼するのに対し、「2ストロークエンジン」ではピストン1往復で1回の燃焼が行われます。シンプルな構造で軽量、小排気量でも高出力が得られる高回転型エンジンです。排ガス規制の強化により、数少なくなりました。

■ 4行程をピストン1往復で完了する2ストロークエンジン

「吸入」「圧縮」「燃焼・膨張」「排気」の4行程をピストン2往復、つまり4ストロークで行うのが「4ストロークエンジン」（4サイクルエンジン）ですが、「吸入・圧縮」「燃焼」「排気」「掃気」をピストン1往復（2ストローク）で完了するのが「2ストロークエンジン」です。

4ストロークエンジンのような吸・排気を制御するバルブ機構がなく、シリンダー壁面に設けられた吸気・掃気・排気ポートをピストンの上下動によって開け閉めし、シリンダーに混合気を取り込み、燃焼ガスを排出します。カムの幅や高さで吸・排気のタイミング（バルブタイミング）が決まる4ストロークとは違い、2ストロークではシリンダー上端部から各ポートの開口部までの寸法で各ポートの開閉タイミング（ポートタイミング）が決まります。

水冷2ストローク単気筒
▼ ホンダ CR125R

シリンダーヘッドは燃焼効率の良い半球型で、燃焼室にはスパークプラグがあるだけ。構造上、4ストロークほどには圧縮比を上げることができず、熱効率も低く燃費が悪い。排ガスには未燃焼ガスが多く混ざるため、近年厳格化した排ガス規制を機に国産公道向けモデルでは現行ラインナップから姿を消してしまいました。

■２ストロークエンジンの基本行程

① 吸入・圧縮

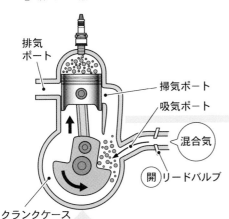

排気ポート
掃気ポート
吸気ポート
混合気
開 リードバルブ
クランクケース

上死点へ向かって上昇するピストンが掃気ポートと排気ポートを閉め、シリンダー内の混合気を圧縮。容積が増えたクランクケース内は負圧になり、リードバルブがオープン。吸気ポートから混合気が流れ込む。

② 燃焼

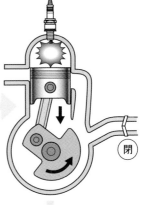

閉

ピストンが上死点近くまで上昇すると同時に、圧縮された混合気にスパークプラグが着火。燃焼による圧力でピストンは下死点へ向かって押し返され、リードバルブが閉じる。クランクケース内は密閉状態に。

④ 掃気

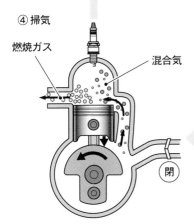

燃焼ガス
混合気
閉

ピストンが下がることで排気ポートが完全に開き、燃焼室にあった燃焼ガスを排出。クランクケース内ではピストンの下降によって吸入された混合気が圧縮される。クランクケース内はこの時点でも密閉状態。

③ 排気・圧縮

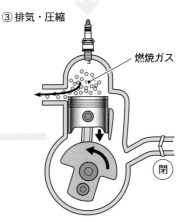

燃焼ガス
閉

ピストンが下死点へ近づくことで掃気ポートが開き、クランクケース内で圧縮された混合気が燃焼室に流れ込む。燃焼室に取り入れた混合気はシリンダー内に残った燃焼ガスを押し出し、開いた排気ポートから排出する。

※クランクケースリードバルブの場合。

1971 年 カワサキ Z1 900SUPERFOUR

　北米市場を見据えて 1960 年代後半から、4 気筒エンジンの開発に着手していたカワサキだったが、1968 年の東京モーターショーで登場した CB750FOUR に出鼻をくじかれホンダに遅れること 3 年半。1972 年秋に登場したのが「Z1」だ。

　排気量 750 を上回る 900cc にするだけでなく、先進的な DOHC4 気筒エンジンを搭載。冷却フィンまで気遣った質感の高さは、フラッグシップと呼ぶのに相応しい完成度。センセーショナルなデビューを飾った。

　運動性能の高さでも認められ、世界中で瞬く間に絶賛を受けると、翌年には国内向けに 750cc 版の 750RS、いわゆる「Z2」（ゼッツー）をリリース。単なるボアダウンではなく、専用の仕様としてデビューし、ファンを虜にした。

　その人気はいまなお衰えることを知らず、耐久性の高いシャーシとエンジンによって永遠不滅の名車としてライダーから注目を浴び続けている。

第 4 章

エンジンを構成する各パート

　それではエンジンを構成する主要部分に迫ってみましょう。まずは「ピストン」「クランクシャフト」「カムシャフト」「バルブ」といった重要となる各パートの役割や仕組みを説明いたします。各部がどのようにして連携し影響しあっているのか、注目してみましょう。そして、全回転域で最適な燃焼を得るために開発された「可変バルブ機構」、さらには最新の「ニューマチックバルブ」にも触れましょう。

4-1 ピストン

シリンダーの中を高回転時には毎分 1 万回を超える凄まじい速さで往復運動を繰り返すピストン。燃焼室内に混合気を吸入し圧縮、さらに燃焼による圧力を受け止め、燃焼ガスの排出を促すレシプロエンジンの中枢ともいえる重要なパーツです。ピストンリングがシリンダーとの隙間を埋めます。

過酷な状況下にさらされるピストン

シリンダー内を高速で往復運動するだけでなく、高温・高圧な燃焼ガスにさらされ過酷な状況下におかれる**ピストン**。燃焼室は 2000 度以上の温度になり、ピストンには高い耐熱性と熱伝導率、そして軽さと強度が求められることからアルミ合金が使われます。一般的にはアルミ合金を溶かして型に流し込む「鋳造ピストン」が使用されますが、高性能モデルやレース用エンジンにはより剛性の高い「鍛造ピストン」が用いられます。

ピストンスカートを長くすることでピストンの首振り（ブレ）を抑えることができますが、重量面を考えれば短いものが有利。高回転型エンジンでは短いピストンが使われます。ただし、2 ストロークの場合はポートの開閉をピストンが行うため、ピストンスカートを極端に短くすることができません。

4 ストローク用のピストンは、吸・排気バルブがピストンヘッドに当たらないよう、バルブの逃げ（**バルブリセス**）があります。

ピストンリング

ピストンとシリンダーの間にある僅かな隙間から、混合気や燃焼ガスがクランクケース内に抜け落ちてしまうことを密閉し防ぐのが「**ピストンリング**」の役目です。通常、4 ストロークエンジンでは 1 つのピストンに 3 本はめられており、トップリングとセカンドリングを「コンプレッションリング」、一番下に入れられるものを「オイルリング」といいます。オイルリングは、シリンダー壁の余分なエンジンオイルを適度にかき落とすもので、4 ストローク用だけに装着されます。スペーサーエキスパンダーを上下 2 つのサイドレースで挟み込んだ構造になっています。

４ストロークエンジンのピストン

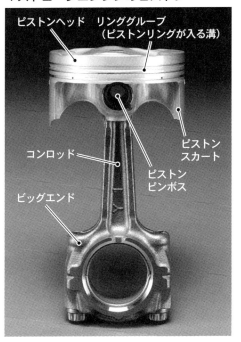

ピストンヘッド　リンググルーブ
（ピストンリングが入る溝）

コンロッド

ビッグエンド

ピストン
スカート

ピストン
ピンボス

ピストンリング

コンプレッション
リング

トップリング

セカンドリング

サイドレール

オイル
リング

スペーサー

サイドレール

ピストンリングは通常３本のリングで構成され、上に２本ある「コンプレッションリング」が密閉性を保ち、一番下にある「オイルリング」がシリンダー内壁の余分なオイルをかき落とします。

バルブリセス

４ストローク用ピストンには、バルブが接触しないよう設けられた逃げ「バルブリセス」がある。

バルブリセスが５つあることから、５バルブエンジンであることが分かるヤマハの鍛造ピストン。

２ストロークの
アルミ鋳造ピストン

２ストロークエンジンでは、ポートの開閉をピストンが行うため、４ストローク用ピストンに比べスカートが長い。

コンロッド（Connecting Rod）

ピストンの往復運動を回転運動に変えるのがクランクシャフトですが、ピストンとクランクシャフトをつなぎ合わせる連結棒がコンロッド。鍛造特殊鋼やチタン合金を用いて、高荷重に対応します。

4-2 クランク

ピストンの往復運動はコンロッドを介してクランクシャフト（Crankshaft）に伝わり、回転運動に変換されます。クランクは回転軸となる「クランクジャーナル」、コンロッドのビッグエンドが取り付けられる「クランクピン」、その2つを繋ぐ「クランクアーム」から成り立っています。

クランクシャフトの構成

コンロッド（ピストン）と繋がるクランクピンは回転の中心からずれた場所にあり、その反対側には「**カウンターウエイト**」あるいは「バランスウエイト」と呼ばれるオモリが設けらるのが一般的です。

ピストンがシリンダー内を往復運動するとき、上死点では上向きに、下死点では下向きに強い慣性力が生じますが、クランクピンの反対側つまりピストンの逆方向にオモリを設けることで、この力を打ち消すことができます。

なお、実際のクランクでは大半がクランクアームとカウンターウエイトを一体化した「**クランクウエブ**」を形成。また、クランクシャフトの端にはフライホイールが与えられ、滑らかな回転を手助けしています。

等間隔爆発

4ストロークエンジンの一般的な並列4気筒エンジン（180度クランク、フラットプレーン）では、外側の2気筒と内側の2気筒が同じように動く

（1番と4番、2番と3番のピストンが絶えず同じ位置にある）ので、その爆発間隔（**ファイアリングオーダー**）は等間隔となります。その点火順序は1番→3番→4番→2番あるいは1番→2番→4番→3番となり、クランク半回転（180度）ごとに燃焼室で爆発（燃焼）が起きていることになります。

■並列4気筒のクランクシャフト■

クランクウエブ

外側の2気筒と内側の2気筒が同じように動く並列4気筒180度クランク。写真は最高出力167psを発揮するBMW K1200S用。

	クランク1周目					クランク2周目			
クランク回転角度	0度	90度	180度	270度	360度	450度	540度	630度	720度
1番	爆発	→	→	→	→	→	→	→	爆発
2番	→	→	→	→	→	→	爆発	→	→
3番	→	→	爆発	→	→	→	→	→	→
4番	→	→	→	→	爆発	→	→	→	→

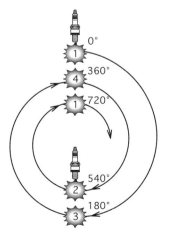

その点火順序は1番→3番→4番→2番あるいは1番→2番→4番→3番となり、180度ごとに等間隔で爆発する。

単気筒エンジンのクランクシャフト

シンプルな構造となる単気筒エンジンのクランクシャフト。これはカワサキKX450Fのもの。

エンジンを構成する各パート

4

不等間隔爆発

ピストンと繋がるクランクピンの位置が爆発間隔を決定づけますが、MotoGPマシンなどレーシングマシンのエンジン爆発間隔（ファイアリングオーダー）は、いずれも「**不等間隔爆発**」を採用しています。なぜ、よりスムーズな等間隔爆発ではなく、不等間隔爆発なのでしょうか。

たとえばヤマハがMotoGPマシン「YZR-M1」の技術に基づき開発し、2009年型YZF-R1から導入した「**クロスプレーン型クランクシャフト**」では、隣り合うピストンの配置を4分の1回転（90度）ずつずらした「不等間隔爆発」としています。

等間隔で爆発（燃焼）した方がスムーズなエンジンになり、メリットも多いのではないかと思いますが、等間隔爆発では後輪のグリップ力に限界があり、ハイパワー化した現代のレーシングマシンが持つ絶大なパワー＆トルクを路面に伝えきれません。高度な計測器を使って走行中のハイパワーマシンを調べてみると、一見グリップして走っているように見えても、じつはリアタイヤが常に空転していることがわかります。

そこでメリットがあるのが不等間隔爆発です。たとえば、雪道やオフロードでの急坂を想像してみましょう。アクセルを開けてパワーをかけても、後輪が空転しては前に進めません。こういうときオートバイを操るのが上手いライダーは、瞬間的にアクセルを戻しタイヤのグリップを回復させてから再びアクセルを開けます。不等間隔爆発の効果は、これを意図的に生み出すことだと考えられます。

アクセルを開閉するほど極端な差ではありませんが、エンジンの爆発間隔に空いた時間を設けることでタイヤのグリップ力が向上し、ライダーもトラクションの良さを感じ取ることができ、コントロール性・扱いやすさに結びつくのです。

■クロスプレーン型クランクシャフト（90度位相）■

大径36mmクランクジャーナル
(2008モデルまでは32mm)

クランクウェブ

2009年型から導入したYZF-R1の「クロスプレーン型クランクシャフト」では、隣り合うピストンの配置を4分の1回転ごとにずらした90度位相クランクとしている。

クランク回転角度	クランク1周目					クランク2周目			
	0度	90度	180度	270度	360度	450度	540度	630度	720度
1番	爆発	→	→	→	→	→	→	→	爆発
2番	→	→	→	→	→	爆発	→	→	→
3番	→	→	→	爆発	→	→	→	→	→
4番	→	→	→	→	→	→	爆発	→	→

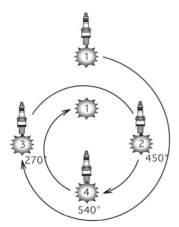

点火順序は1番（0度）→ 3番（270度）→ 2番（450度）→ 4番（540度）→ 1番（720度）で、不等間隔爆発となる。

▼ヤマハ YZF-R1（水冷4ストローク DOHC4バルブ並列4気筒998cc）

クロスプレーン型クランクシャフトは、どの回転域、速度域においても、スロットル操作に対するパワーの立ち上がりが掴みやすいエンジン特性を発揮します。

V挟角76度/28度位相クランク

クランクシャフトが2回転する間に180度間隔で各シリンダーが燃焼する等間隔爆発となる180度クランクの直列4気筒エンジンに対し、V型4気筒エンジンでは爆発間隔が不等間隔になります。例えば、Vバンク角90度のV4エンジンで180度クランクの場合なら、クランク軸が2回転する間の180度、270度、180度、90度での不等間隔爆発によって独特の鼓動感が生み出されていました。

VFR1200FのV4エンジンでは、V挟み角76度/28度位相クランクによって、256度、104度、256度、104度という不等間隔爆発になり、これまでより効果的なトラクション性やサウンド、鼓動感を実現。高性能ながら扱いやすいというエンジンキャラクターを持たせることに成功しています。

Vバンク角76度/28度位相クランクとし、不等間隔爆発を意図的に実現したホンダVFR1200FのV型4気筒エンジン。

スポーツ性能とツアラー車に要求される性能を高次元でバランスさせたVFR1200F。

既存のV4エンジン
Current V4 Engine

左右対称配置シリンダーV4エンジン
Left/Right Symmetrical
Cylinder V4 Engine

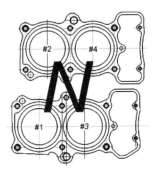

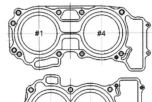

Front
Bank

Rear Bank

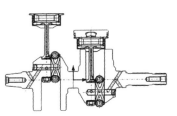

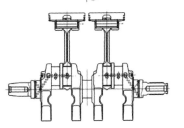

	76°V4−360°(VFR1200F)	Inline-4(CBR1100XX)	90°V4−180°(VFR)
シリンダー配置 Cylinder Arrangement			
爆発間隔 Firing Interval	256°→104°→256°→104°	180°→180°→180°→180°	180°→270°→180°→90°

クランクシャフトの3Dモデル(VFR1200F)
3D Modes of VFR1200F Crankshaft

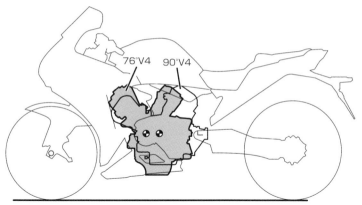

90 度 V4 エンジンと比較して、車体前方寄りに搭載しやすくなった 76 度 V4 エンジン。その位置の違いはご覧の通り。

76 度 V4 エンジンを開発

　VFR1200F の V4 エンジンでホンダ開発陣は、軽量・コンパクト・低振動、そしてマスの集中化をより図るために、V バンクを狭角としてエンジンの前後長を短縮することに取り組みました。しかし、単にシリンダーの V バンク角を狭角にするとエンジン高が高くなってしまい、吸・排気系装置の配置が必然と高い位置になり、重心バランスを最適化できません。そこで車体前方寄りに搭載しやすいエンジン前後長と、吸・排気系の配置に影響を及ばさないエンジン高がバランスよく実現する 76 度という V バンク角を導き出します。

　また、バランサーを使わずに一次振動を打ち消すために、28 度の位相クランクを採用し、理論上、エンジンの往復運動による一次振動をゼロにしています。

▼ ホンダ VFR（2002 年）

V バンク角90度のV型4気筒エンジン。

左右対称配置シリンダー V4 エンジン

　シリンダーを互い違いに配置している従来の V4 は、前後の V バンクが左右でずれているために発生する左右方向の一次振動が残ってしまいます。また、位相クランクを採用するためにはクランクウエブが必要となるため、その分だけエンジン幅が広くなってしまうという欠点がありました。

　ニュー V4 ではシリンダー配置の発想を変え、エンジンを前方から見た場合にフロントバンクとリアバンクの各シリンダーを左右対称にレイアウトするという「左右対称配置シリンダー V4 エンジン」を開発。シリンダーから発生する左右対称の運動力によって振動を打ち消し、左右方向の一次振動も理論上なくすことに成功。クランクシャフトは強度をアップしながら、軽量化を達成しています。

4

エンジンを構成する各パート

リアバンクに内側の 2 つのシリンダー（2・3 番）を配置することで、フロントバンクよりもリアバンクの幅をスリムにした VFR1200F。クランクケースは室内のオイルとガスをポンプによって排出する「密閉式クランクケース」を採用。ポンピングロスやオイル撹拌ロスを抑制し、フリクションを低減。低燃費にも貢献するエンジンになっています。

4-3 カムシャフト

クランクシャフトの回転をカムチェーンやギヤを介して受け取って回るカムシャフト（Camshaft）は、クランクシャフトが2回転すると1回転しています。そして、バルブスプリングの力で閉じられている吸・排気バルブを開くのが、カムの役割です。

DOHC では 2 本、SOHC では 1 本あるカムシャフト

シリンダーヘッドにカムシャフトのある DOHC や SOHC（OHC）の場合、クランクシャフトの回転はカムチェーンまたはカムギアトレーン、あるいはベベルギアなどで「**カムシャフト**」に伝えられます。カムシャフトには複数の「カム」が備わり、カムの突起部分が吸・排気バルブの後端を押すことによってバルブの開閉が行われます。

また、OHV ではクランクシャフトのすぐ横にカムシャフトがあり、ブッシュロッドを介してロッカーアーム、そしてバルブを押します。

カム（Cam）

カムは卵形をしており、軸（カムシャフト）の中心から外周までの距離が一定ではなく突出している部分（**カムノーズ**またはカムトップと呼ばれる）があります。カムシャフトが1回転するうちにカムノーズがバルブの後端を押している区間があり、その間だけ「**バルブスプリング**」を縮め、燃焼室のバルブが開く（バルブが燃焼室に押し出される）という仕組みになっています。

つまり、カムの形状（**カムプロフィール**）次第でバルブの開閉タイミングが決まるというわけです。カムノーズが大きくなれば「**リフト量**」（バルブが燃焼室に押し出される距離）も大きくなり、吸排気効率が高められます。カムノーズを増やして、混合気をより多く取り込もうとするのがチューニング用の「ハイリフトカム」（**ハイカム**）というわけです。

カムが直接バルブを押す「直動式」と、ロッカーアームを介する「ロッカーアーム式」があるのは「3-4 DOHC」のページで説明した通りです。

■ 4ストローク DOHC 並列 4 気筒 4 バルブエンジン ■

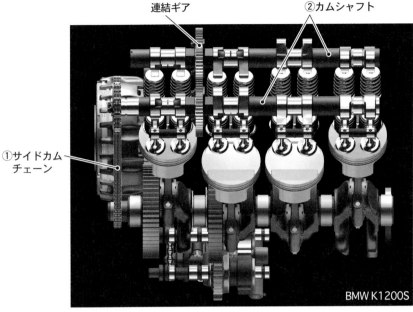

連結ギア　②カムシャフト

①サイドカム
チェーン

BMW K1200S

①クランクからの駆動はカムチェーン式のほかに、カムギアトレーン、コグ
ドベルト、ベベルギアなどがある。カムチェーンでも、2番シリンダーと
3番シリンダーの間を通る「センターカムチェーン方式」もある。

②DOHCでは吸気バルブ用と排気バルブ用にそれぞれ1本ずつシリンダーヘ
ッド上に配置されるが、吸排気のカムシャフトをギヤで連結するものもあ
る。クランクからの駆動が片側だけで済むというメリットがある。

一般的なカムシャフト

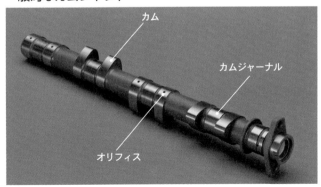

カム

カムジャーナル

オリフィス

カムシャフトの内部をエ
ンジンオイルが通り、オ
リフィス（小さな穴）か
ら噴出させてカム摺動部
を潤滑させる。

■カムチェーン式■

▼BMW F800S/ST

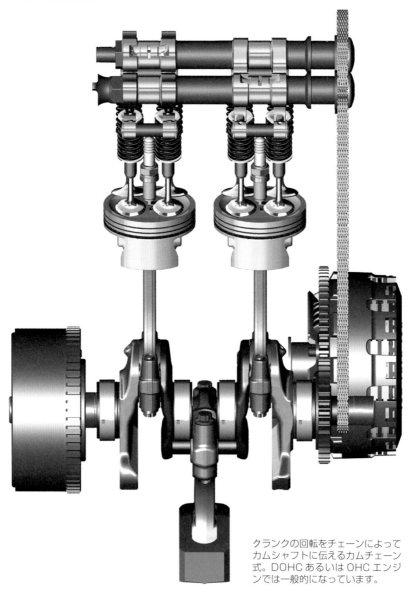

クランクの回転をチェーンによって
カムシャフトに伝えるカムチェーン
式。DOHC あるいは OHC エンジ
ンでは一般的になっています。

▼ カムギアトレーン

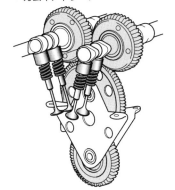

▼ ベベルギア

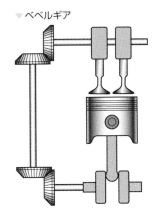

4

▼ ホンダ RVF/RC45（1994 年）

▼ カワサキ W800

カムシャフトを歯車で駆動する方式「カムギアトレーン」を採用した水冷 4 ストローク DOHC4 バルブ V 型 4 気筒 749cc エンジンを搭載。片持ち式プロアームや最新のエアロダイナミクスカウルで武装し、WSB や全日本選手権、鈴鹿 8 耐などで活躍しました。

低回転から高回転まで確実なバルブ駆動に貢献するハイポイドベベルギヤ。直角に噛み合うふたつのギヤがクランクの回転を伝えます。

■OHVエンジンのカムシャフト■

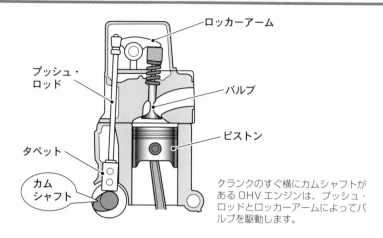

ロッカーアーム

プッシュ・ロッド

バルブ

ピストン

タペット

カムシャフト

クランクのすぐ横にカムシャフトがある OHV エンジンは、プッシュ・ロッドとロッカーアームによってバルブを駆動します。

■カムの形状■

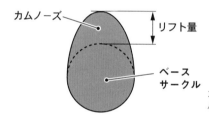

カムノーズ

リフト量

ベースサークル

カムノーズをさらに増やし、リフト量を増やすのがハイカム。

カムチェーンはなぜ緩まない？

　クランクシャフトの回転をカムシャフトに伝えるカムチェーンには、テンショナーによって自動的に張りを与えています。エンジンの回転変動によりチェーンは弛んだり突っ張ったり、または伸びたりしますが、それをそのままにしておけばバルブタイミングや点火時期に狂いが生じます。これを防ぐためにスプリングと長いガイドでカムチェーンを押しつけ、チェーンの張りを常に適切な状態に保っているのです。

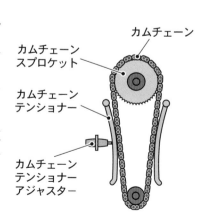

カムチェーン

カムチェーンスプロケット

カムチェーンテンショナー

カムチェーンテンショナーアジャスター

ユニカムバルブトレイン

１本のカムシャフトで４つのバルブを駆動させるのが、ホンダの「**ユニカムバルブトレイン機構**」です。SOHC 構造でありながら、吸気バルブをカムが直接押して駆動。排気側にだけロッカーアームを備えます。

ホンダ CRF150R の場合、独立した４つのカムフロアを持ち、中央２つのカムフロアがリフターを介して吸気バルブを直押しで駆動し、外側の２つのカムフロアはそれぞれ独立した２つのロッカーアームを介して排気バルブを駆動します。このような独特の構造によりバルブを駆動させることで、21.5 度挟角バルブの配置を可能にし、コンパクトかつ全回転域において最適な出力を発揮する理想的な燃焼室形状を実現しています。

また、排気バルブを駆動するロッカーアームを１バルブに対して１本とすることで、高回転域で優れた出力特性を発揮。さらに、カムシャフトを支持するボールベアリングや、ロッカーアームのカム接触部にローラーを用いて摩擦抵抗を軽減させるなど細部に至るまで熟成された技術を投入しています。

▼ホンダ CRF450R（2002 年）

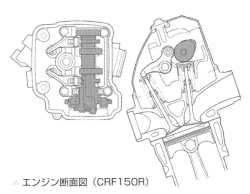

▲ エンジン断面図（CRF150R）

4-4 バルブ

燃焼室に設けられた吸気口と排気口。その開口部を開閉して吸気と排気の流れをコントロールするのが「エンジンバルブ」です。シリンダーごとに吸気バルブを1本、排気バルブを1本ずつ備えた2バルブ式を基本に、3バルブ以上の「マルチバルブ」もあります。

吸・排気を正確に制御するバルブ

燃焼室の吸・排気口にそれぞれ設けられ、吸気タイミングを制御するのが「吸気バルブ」（**インテークバルブ**）、排気口にあり排気タイミングをコントロールするのが「排気バルブ」（**エキゾーストバルブ**）です。

各気筒ごとに吸・排気バルブを1本ずつ備えた「2バルブ」を基本に、それぞれ2本ずつ備えた「4バルブ」や、吸気バルブを2本/排気バルブを1本にした「3バルブ」、吸気バルブ3本/排気バルブ2本の「5バルブ」もあり、バルブ径は排気バルブより吸気バルブの方が大きいのが一般的です。

バルブは円形の傘部と「**バルブステム**」と呼ばれる細い軸によって構成され、バルブ後端（**バルブステムエンド**）はカムまたはロッカーアームと接した状態にあります。「**バルブスプリング**」の伸びようとする力で、バルブは閉じた状態を保とうとしますが、カムの突出部「**カムノーズ**」に押されるにつれ、バルブは燃焼室へと押し出され、吸気口または排気口が徐々に開いていきます。バルブはカムノーズがもっとも突出した部分で最大に開き、そこを過ぎると再び閉まっていくという仕組みです。

高回転ハイパワーを実現するチタンバルブ

カムシャフトはクランク2回転につき1回転しますので、その回転の速さは凄まじく、吸・排気バルブももの凄いスピードで開閉を繰り返していることになります。

エンジンバルブに用いる素材は一般的には耐熱鋼製が主流ですが、より軽いことからバルブスプリングの抵抗を低減し、高回転ハイパワーを実現する「チタン製バルブ」も登場しています。

■ 4 ストローク DOHC エンジンのシリンダーヘッド ■

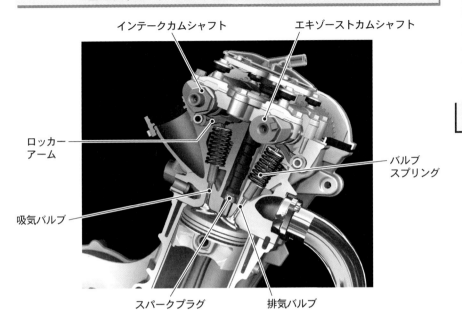

インテークカムシャフト

エキゾーストカムシャフト

ロッカー
アーム

バルブ
スプリング

吸気バルブ

スパークプラグ

排気バルブ

■ カムで開閉するバルブのしくみ ■

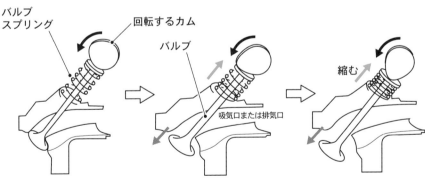

バルブ
スプリング

回転するカム

バルブ

吸気口または排気口

縮む

カムの突起部分（カムノーズ）が近づくにつれてバルブエンドが押され、燃焼室内へバルブが押し出されていきます。つまり、カムの形状がバルブの開閉タイミングを決定しており、エンジン特性を決める上でカムはとても重要なパーツです。そして「バルブスプリング」は、吸・排気バルブを正確に開閉させるために、バルブに閉じる力を与えているコイルスプリング。カムのプロフィールに従って忠実にバルブを動かすために、バルブスプリングの性能も重要となります。

マルチバルブ

　高回転になればなるほどバルブが開いている時間が短くなり、吸入・排気効率の限界を迎えます。より多くの混合気や排ガスを吸入・排気するには、その通路（バルブの開口面積）を増やせば効率が上がります。

　そこで考えたのが「4バルブ」や「5バルブ」といったマルチバルブ化です。吸・排気口の総面積を増やすだけでなく、バルブそのものを軽量小型にでき、より高回転で動かすことが可能になりました。

　また、点火プラグを燃焼室の真ん中に設けられる点も、混合気の燃焼効率が上げられる大きなメリットです。DOHCと4バルブのペアが、高性能エンジンの主流となっている理由はここにあります。

　ちなみにマルチバルブはDOHCエンジンだけでなく、OHVやOHCにも数多く採用されています。

■バルブと点火プラグ■

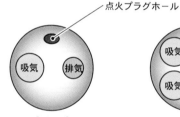

2バルブ

4バルブ

5バルブ

吸気バルブを優先するので、バルブ径は吸気バルブの方が大きい。ただし、5バルブの場合は吸気バルブが3つ、排気バルブが2つ。バルブ径は吸気バルブの方が小さい。

4バルブエンジンのホンダCRF450R。燃焼室へ通じる真ん中の穴はプラグホール。

▼5バルブエンジン

5バルブを採用するヤマハTDM900。

エ
ン
ジ
ン
を
構
成
す
る
各
パ
ー
ト

■チタンバルブ■

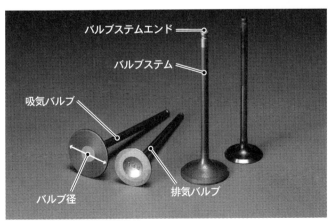

バルブは精度の高い真円で、エンジン作動中は少しずつ回転して
います。回転することで異物の噛み込みを防止し、キノコ状
の円盤部を燃焼室内面に密着させることができるからです。

4-5 バルブタイミング

吸・排気バルブがいつ開き、いつ閉じるか、その基準となるのがピストンとクランクの位置です。そして、吸・排気バルブの開閉する時期（タイミング）のことを「バルブタイミング」といい、そのタイミングがエンジンの出力特性を決定づけます。

オーバーラップ

　4ストロークエンジンの作動原理を考えれば、吸気バルブはピストンが上死点に達したときに開きはじめ、ピストンが下死点にあるときに閉じ、その逆に排気バルブはピストンが下死点にあるときに開きはじめ、上死点で閉じることになります。

　しかし、吸気バルブが開いた途端に、燃焼室に効率よく新しい混合気を取り込めるかといえばノーです。吸気はピストンの下降に伴う負圧しか利用できません。どんなに軽い混合気であっても質量があるので、燃焼室へ流れ込むには少なからずも時間がかかるのです。そのうえ、バルブは徐々に開くので、全開になるまでに時間を費やします。

　そんなズレや遅れを見込んで、ピストンが上死点に達する少し手前で吸気バルブを開いて、下死点を少し過ぎたところで閉じるようにすると、混合気の流れがスムーズになります。

　排気の場合はどうでしょう。排気は燃焼時に発生する膨張圧力があるので、バルブを開くと瞬時に排気が始まりますが、少しでも多く燃焼室に残った排ガスを追い出すためには、ピストンが上がりきった後も排気バルブを開いておく必要があります。

　吸気・圧縮・燃焼・排気の各行程が明確に分かれているといわれる4ストロークエンジンですが、実際には吸気行程と排気行程は若干重なっており、吸気バルブと排気バルブの両方が開く時期があります。これを「**オーバーラップ**」といいます。

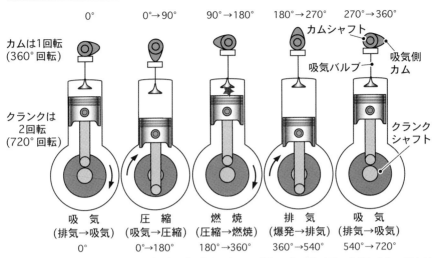

カムとクランクの関係

カムは1回転
(360°回転)

クランクは
2回転
(720°回転)

| 0° | 0°→90° | 90°→180° | 180°→270° | 270°→360° |

カムシャフト
吸気バルブ
吸気側カム
クランクシャフト

| 吸気
(排気→吸気)
0° | 圧縮
(吸気→圧縮)
0°→180° | 燃焼
(圧縮→燃焼)
180°→360° | 排気
(爆発→排気)
360°→540° | 吸気
(排気→吸気)
540°→720° |

吸気側カムと吸気バルブの動きにクローズアップしてみよう。クランクシャフトが2回転（720度）、カムシャフトが1回転（360度）し、4ストロークエンジンは1回燃焼、1サイクルを終了する。

バルブタイミングダイアフラム

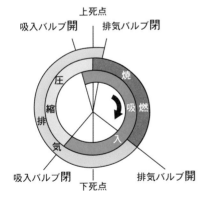

上死点
吸入バルブ開　排気バルブ閉
圧縮　焼
排　吸燃
気　入
吸入バルブ閉　排気バルブ開
下死点

バルブの開閉タイミングは「バルブタイミングダイアフラム」と呼ばれる円グラフで示すのが一般的。クランクシャフトが2回転する間の吸・排気それぞれのバルブの作動状態を重ね合わせていますが、これを見ると排気が終わり吸気が始まるときに、吸・排気両方のバルブが開いていることがわかります。

バルブの開閉時間

「バルブは徐々に開くので、全開になるまでに時間を費やします」と述べましたが、吸・排気バルブの開閉時間は実際にはどのくらいなのでしょうか。たとえば、3000rpmで回転しているエンジンでは、1分間にクランクシャフトが3000回、ピストンは3000往復、吸・排気バルブはそれぞれ1/4回転分だけ開いた状態になるので、15秒間開いた状態で1500回開閉することになります。つまり、1回の開閉時間はわずか0.1秒ほど。回転が高まればさらに開閉時間が縮まり、目にも留まらぬ猛スピードで動いています。

可変バルブシステム

スポーツモデルに求められる理想の出力特性は、トップエンドの最高出力と低中速域での余裕のトルクを両立させることです。エンジンの回転数によって吸・排気バルブの開閉タイミングやリフト量を変化させ、全回転域での出力アップ・扱いやすさ・燃費を向上するのが「可変バルブシステム」です。

可変バルブシステム

　吸気の吸入効率と排気の排気効率はエンジンの出力特性に大きく影響します。たとえば高回転型のハイパワーエンジンでは、馬力を追求するために吸・排気バルブのオーバーラップを大きくとるのが一般的ですが、アイドリング時や低負荷時は吸・排気バルブのオーバーラップが少ない方が混合気の燃焼が安定（排ガスが吸気口へ吹き返す量が減り、燃費も向上）します。

　そこで考えたのが、エンジンの回転数やスロットル開度、ギヤのシフト位置などによってバルブの開閉タイミングや作動状態を可変にしようという機構です。カムシャフトのカムをエンジン回転数によって切り替える方式や、カムを駆動するタイミングギヤの位置を変化させるものなどさまざまですが、オートバイではホンダが早くからこの機構を市販車に導入してきました。

▼ホンダ CBR400F（1983 年）

エンジンの回転数に応じて高回転域では 4 バルブ、低・中回転域では 2 バルブに作動バルブ数が変化する画期的な REV 機構を採用したホンダ CBR400F。1983 年に登場しました。

REV

　1983年に発表された回転数応答型バルブ休止機構「REV」（R evolution-modulated V alve control）は、運転状況によって2バルブ ←→ 4バルブへと自動的に切り替わる可変バルブシステムです。大口径ポートと複数の吸・排気バルブの組み合わせは、高回転・高出力を発揮するには有効ですが、良好なアイドリングとトルクフルな低中速回転を得る妨げになっていることがわかりました。そこで複数のバルブのいくつかを強制的に止めて実験をしてみると、アイドリングの安定性と低・中速回転域の出力が飛躍的に向上することが確認できたのです。これが1983年のホンダCBR400Fに適用されたバルブ休止機構「REV」開発のスタートでした。

　「REV」はエンジンの回転数に応じて、高速回転域では4つのバルブが作動し、低・中速回転域では吸気側と排気側ともにそれぞれ1気筒あたり1つずつのバルブが作動を休止して2バルブとなるシステム。これはセンサーがエンジン回転数を検知し、2分割されたロッカーアームに内蔵された油圧ピストンが移動することによってロッカーアームの分離・結合を行い、4バルブ作動と2バルブ作動を自動的に切り換えるものです。

　4バルブ作動時には、高速回転域で高出力を生みだし、2バルブ作動時には混合気の吹き抜けが減少、流速も向上し、高い**スワール効果**と優れた充填効率によって低・中速回転域の出力向上を実現しました。この技術は、のちにホンダ4輪車のエンジン技術の核となる可変バルブタイミング機構「**VTEC**」（Variable Valve Timing & Lift Electronic Control System）に発展していくことになりました。

▼ホンダ CBR400F エンデュランス特別仕様車（1984年）

回転数に応じて作動バルブ数が変化する回転数応答型バルブ休止機構「REV」を採用した空冷4ストDOHC4バルブ直4エンジンを搭載。写真はフルフェアリングを装備した特別仕様車。

進化する可変バルブシステム

クルマでは当たり前となっている可変バルブタイミング機構は、オートバイでも進化を遂げます。1999年、ホンダCB400SFに搭載された「HYPER VTEC」はその後も段階的に熟成され、2008年に「HYPER VTEC Revo」が生まれます。

HYPER VTEC

　二輪車用のREVを原点とするホンダVTECエンジンは、その後も四輪車のエンジンでさまざまな進化を遂げていますが、オートバイ用としては1999年CB400SF、バルブロッカーアームを持たない直押しタイプでのバルブ休止を世界で初めて実現した「HYPER-VTEC」で脚光を浴びます。

　4バルブエンジン用に開発された「HYPER VTEC」は、1気筒の吸気側2バルブ/排気側2バルブそれぞれに低速回転から高速回転まで全域で作動する「常用バルブ」と、低中回転では休止して高回転時のみ作動する「休止バルブ」を設定。この休止バルブのバルブリフタに内蔵されたバルブ作動切り換えシステムと油圧回路を含む油圧制御システムにより構成されています。バルブの休止・作動のコントロールは、バルブリフターに内蔵されたバルブ切り換えピン（スライドピン）の位置により決定されます。

■ HYPER VTEC 構造図 ■

HYPER VTEC 構造図(バルブ休止状態)

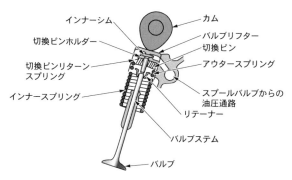

インナーシム
切換ピンホルダー
切換ピンリターンスプリング
インナースプリング
カム
バルブリフター
切換ピン
アウタースプリング
スプールバルブからの油圧通路
リテーナー
バルブステム
バルブ

低回転域ではカムシャフトが回転しても、カムとバルブステムの間に設けられたピンホルダーにステムが沈み込みバルブが動かない。高回転になると油圧により、カムとバルブステムの間にあるピンホルダーにキーがスライドし、カムの動きがバルブステムに伝わり、バルブが開閉する。

■ HYPER VTEC 作動概念

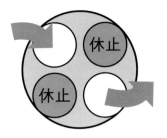 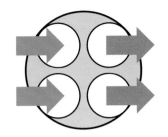

低中回転域

2 バルブ（吸・排気 1 バルブずつ）のみが作動し、低中回転域時にベストな燃焼を実現し、発進時からの力強い加速や巡航走行時のゆとりあるトルクを発揮する。

高回転域

規定回転数に達すると 4 バルブすべてがフル作動し、高回転にベストな燃焼を実現。4 バルブエンジンならではのスムーズで伸びのある出力特性を発揮する。

■ 直押しバルブ制御機構

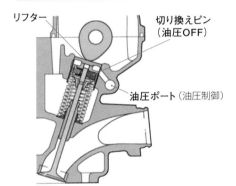 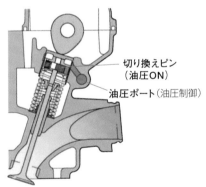

休止状態（低・中速回転域）

油圧を制御するスプールバルブにて油圧をカットしているため、切り換えピンは停止している。切り換えピンホルダーに設けられた穴にバルブステムが潜り込むためカムシャフトが回転してもバルブは作動しない。

作動状態（高速回転域）

設定された回転に達するとスプールバルブが開き、油圧が油圧通路内にかかり、切り換えピンがスライドする。バルブステムは切り換えピン穴に潜り込むことが出来ず、カムシャフトの回転により作動開始する。

HYPER VTEC Revo へ進化

　1999 年の CB400SF に初代が搭載された「HYPER-VTEC」は、その進化過程に 2 → 4 バルブに切り替わる作動タイミングを見直してきました。そして 2008 年、「HYPER VTEC Revo」へと進化を果たします。

1999　CB400SF
HYPER VTEC 初代

初代では 6750rpm で 4 バルブに切り替わっていたが、6750rpm 以下の 2 バルブ領域だけで一般道なら事足りてしまい、4 バルブ領域でのエンジンの伸び上がる感覚がなかなか楽しめなかった。

2002　CB400SF
HYPER VTEC II

初代では 6750rom だった 2 → 4 バルブの切替タイミングを 6300rpm に下げ、4 バルブが作動する領域を拡大。回転が上がるのを待つ感覚を解消し、ワンテンポ早い段階から伸び上がる感覚が楽しめる。

2004　CB400SF
HYPER VTEC III

エンジン回転数でのみ制御していた 2 → 4 バルブの切替タイミングを、使用しているギヤも検知するように進化。街乗りで多用する 1 ～ 5 速では 6300rpm、高速巡航で用いる 6 速では 6750rpm とした。

2008　CB400SF
HYPER VTEC Revo

エンジン回転数とギヤポジションを検知し、作動するバルブ数を切り替えていたが、「Revo」ではスロットル開度の検知を追加。巡航時などスロットル開度が小さいときは 1 ～ 5 速で 6300rpm を超えても燃費の良い 2 バルブを維持。加速時などスロットル開度が大きい場合は、6300rpm 以下でも瞬時に 4 バルブへ切り替わる。このようなコントロールができるようになった要因は、2008 モデルから導入された PGM-FI (ProGraMed-Fuel Injection) に搭載されるスロットルポジションセンサーの存在によるものである。

動作マップ比較

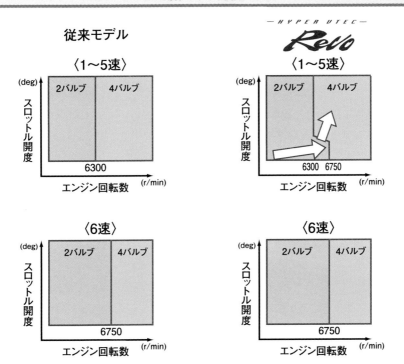

従来モデル

〈1〜5速〉

(deg) スロットル開度 / 2バルブ / 4バルブ / 6300 / エンジン回転数 (r/min)

— HYPER UTEC — Revo

〈1〜5速〉

(deg) スロットル開度 / 2バルブ / 4バルブ / 6300 6750 / エンジン回転数 (r/min)

〈6速〉

(deg) スロットル開度 / 2バルブ / 4バルブ / 6750 / エンジン回転数 (r/min)

〈6速〉

(deg) スロットル開度 / 2バルブ / 4バルブ / 6750 / エンジン回転数 (r/min)

カワサキ1400GTRの可変バルブタイミング機構

カワサキ1400GTRは、エンジン回転数とスロットル開度によってカムシャフトのタイミングを変化させる可変バルブタイミング機構を採用。ECU制御のオイルコントロールバルブ（OCV）は、吸気カムシャフト端部に設置されたアクチュエーターチャンバーの油圧を変化させ、クランクシャフトオイル穴からアクチュエーターへのオイル供給をコントロール。オイル量の変化によりアクチュエーターが働き、バルブタイミングを変化させる。低回転では吸気タイミングを遅らせることでバルブオーバーラップを小さくし、よりクリーンで効率の良い燃焼を実現する。

4 エンジンを構成する各パート

スズキレーシングバリアブルバルブタイミング（SR-VVT）

　高回転域まで回り、さらなるピークパワーを発生するバルブタイミングは、中低速域のパフォーマンスを低下させます。逆に低中速域のパフォーマンスを重視したバルブタイミングでは、高回転域でパワーを出しにくくなります。その相反する問題を解決するのが、MotoGPレースで開発され実証された「SR-VVT（スズキレーシングバリアブルバルブタイミング）」です。「SR-VVT」は、複雑な仕組みを必要としません。非常にシンプルで軽量コンパクトなシステムです。

　インテークカムスプロケットに内蔵されたガイドプレートには、斜めに刻まれた溝があり、ある回転数以上になると12個のスチールボールが遠心力で溝に沿って移動、そのときインテークカムスプロケットを回転させ、インテークバルブタイミングを遅らせる。その結果、高回転域でのパワーアップを実現することができます。

　SR-VVTシステムの素晴らしい点は、軽量コンパクトで信頼性が高くスムーズな動作にあります。遠心力は、エンジンが回転していれば常に発生し、特別なパワーを使っていません。

■ SR-VVT システム構成パーツ ■

SR-VVT の構造

　インテークカムスプロケットのガイドプレートに刻まれた斜めの溝と、インテークカムシャフトに取り付けられたガイドプレートに刻まれた放射状の溝の間に、12 個のスチールボールが配置されます。

　高回転域で遠心力がスチールボールを外側に動かすと、オフセットされていた溝が整列し、インテークカムスプロケットを回転させ、インテークバルブタイミングを遅らせるのです。

　インテークバルブタイミングは、低回転域から高回転域まで最適化され、低中速域のパフォーマンスを犠牲にすることなく、高回転域の溢れるピークパワーまでスムーズにつながります。

　SR-VVT システムは既存のパーツに組み込まれており、新たなスペースを必要とせず、重量増加も最小限に抑えられています。

　スズキは MotoGP レースで開発したこの技術を、GSX-R1000 ABS（2017 モデル）に採用しました。

■ SR-VVT システム ■

低回転時　　　　　　　　　　　高回転時

吸気バルブや排気バルブは、カムシャフトあるいはロッカーアームに押されて開き、スプリングの力によって閉じるのが一般的ですが、モト GP マシンに採用される「ニューマチックバルブ」（エアバルブ）では、圧縮したエアの力でバルブを制御します。

「ニューマチックバルブ」（Pneumatic Valve）

バルブを閉めているスプリングはエンジンが高回転化するにつれ、ジャンプやバウンスなどを起こし、吸・排気バルブの動きに追従不可能な状態に陥りバルブを破損（**バルブサージング**）させてしまうことがあります。強化スプリングでの対応も、バルブを開くのに駆動力がロスとなって限界があり、そこで超高回転型の F1 レースのエンジンで開発されたのが「ニューマチックバルブ」（**エアバルブ**）です。

金属製のスプリングの代わりに、コンプレッサーなどによる圧縮空気でバルブを制御。つまり、カムでバルブを開き（押し下げ）空気の力で押し上げます。これにより、2 万回転以上という超高速回転型のエンジンとハイパワーを実現しました。

現段階では市販車でこれを採用するモデルはありません。公道でそこまで超高回転は必要ありませんし、コストを考えても難しいでしょう。

▼ ホンダ RC213V

超高回転型エンジンで、より高精度な吸・排バルブ駆動に貢献する「ニューマチックバルブ」は、もともと四輪 F1 エンジン用に普及したシステムですが、現在では最新型のモト GP マシンが採用しています。

■ デスモドロミック機構（Desmodromic）

バルブはカムで開き、スプリングで閉じるのが一般的ですが、イタリアのドゥカティが採用する「**デスモドロミック機構**」（Desmodromic）は、バルブをカムで開いてカムで閉めます。（強制弁開閉機構）

１つのバルブにつき、２つのカムとロッカーアームを設け、バルブの押し下げと引き上げ作業を分担。スプリングを用いることなく、機械的にバルブを開閉します。

バルブ開閉タイミングを厳密に管理できるだけでなく、バルブを開く（スプリングを押す）際のパワーロスとフリクションロスを抑制。スプリングを収めるスペースが不要であるためバルブステムを短く設計でき、その結果シリンダーヘッドのコンパクト化に貢献します。高回転で発生するバルブサージングの恐れがなくなり、高回転型エンジンにメリットをもたらせます。

ただし、スプリングバルブ方式に比べ構造が複雑でコストが余計にかかるというデメリットも。また、頻繁にバルブクリアランスを調整する必要があります。

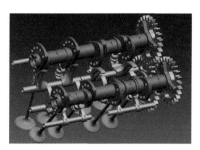

バルブを開くためのカムがロッカアームを介してバルブの頭を押すのは通常と同じですが、デスモドロミック機構ではバルブを閉めるためのカムがあります。このカムはL形のロッカアームを押し、バルブを引き上げます。ドゥカティでは1955年にデスモドロミック機構を採用し、1974年にスプリング式を終了。以来一貫してデスモドロミック機構のエンジンをつくり続け、ドゥカティの象徴とも言えるアイデンティティとなっています。

4

エンジンを構成する各パート

4-9 過給機付きエンジン

大気圧とシリンダー内の圧力差によって空気（混合気）を吸い込む自然吸気に対し、過給機（コンプレッサ）によって強制的に圧縮空気を送り込みます。クランク軸出力をインペラ（羽根車）でチェーン駆動するスーパーチャージャーと、排ガスの圧力でタービンを回すターボチャージャーがあります。

スーパーチャージドエンジン

　カワサキは量産二輪車として世界初の機械駆動遠心式過給機（スーパーチャージャー）を備えた排気量998cc、並列4気筒エンジンを開発し、Ninja H2/R（2015年）に搭載しました。228kW（310PS）という圧倒的なパワーを発揮し、強烈な加速と300km/hを超える最高速度を実現。自社開発のスーパーチャージャーは、1秒間に約200リットルの空気を2.4気圧以上に昇圧し、エンジンに供給。過給機入口流速は100m/sに達します。

　同社のガスタービン技術を基に、モーターサイクル専用の設計を行なうことによって圧縮効率が非常に高く、高温になることを抑制することを実現しました。また、世界最高の発電効率を誇るガスエンジンの技術を応用し、高出力時に発生するノッキングを抑制しています。

　過給機とエンジンを一体設計し、高度なマッチングと高効率を果たしたことは、さまざまな分野に高い技術力を持つ同社ならではと言えるでしょう。

▼ ホンダ CX500 ターボ（1981年）

クルマでは一般的な過給機。オートバイでは1981年に海外向けに発売したホンダCX500ターボが量産車として初めて装着しました。緻密なコントロールが要求されるバイクにターボは不向きと、その後は判断されていきます。

▼カワサキ Ninja H2/R

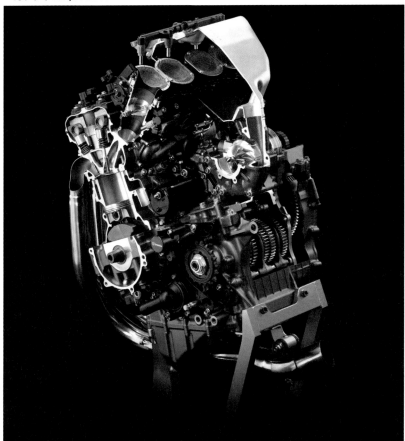

数値流体解析 CFD
を活用して設計され
た高精度なインペラ。

四輪乗用車の過給機にはターボチャージャーが多く用いられますが、オートバイではスロットル
操作した瞬間に素早く追従した過不足のない応答が得られる感覚が必要で、ターボラグをゼロに
することが原理上困難です。また、電動過給は大型バッテリーの搭載が欠かせないことから二輪
車には不向き。そこでカワサキでは、エンジン回転にリニアに追従できる機械駆動式スーパー
チャージャーを選び新開発。小型・軽量で高回転時の流量が大きく、回転部の慣性質量が小さい
ことから回転数変化に素早く追従可能なクランク軸駆動の遠心式過給機が採用されました。

モトクロスで未熟な技量を再認識
いつまでも続けたいサンデーレース

　ナナハンの免許がまだ一発試験で、合格率が極めてて低く「落とすための試験」などと言われていた頃、ボクは18歳からその試験に挑戦し10回目で合格。年齢は19歳になっていたが、やっとの思いで限定解除し、周囲を驚かせた。

　以来、ボクの愛車は当時憧れの的だったリッタークラスの逆輸入車になった。加速は強烈であるし、コーナリングだってそこそこ速い。若気の至りとはまさにこのことで、ボクは「オートバイの運転が上手い」と天狗になった。

　そんな頃、テレビの深夜放送でやっていた「ジャパン・スーパークロス」を見て衝撃を受けた。横一列に並び第1コーナーへと駆け抜ける混戦必須のスタートシーン、バイクを水平に寝かせるようにしながら高く華麗なジャンプを決めるアメリカンライダー、そのマシンやウエアすべてがカッコ良く、モトクロスの虜になるのに時間はかからなかった。

ボクが出ているモトクロスレース「HERO'S アダルト」での一コマ。ゼッケン3番の赤いバイクに乗るのがボク。自分の持っている力をすべて出し切るレースは、とてもハードで最高に楽しい。レースに打ち込むことで、一般公道での安全意識も高まる。

スタートが得意なボクだが、終盤に追いつかれてしまうのがいつものパターン。だけど、リードをそのまま保って一度だけ優勝したことがある。あのときの嬉しさは生涯忘れられないだろう。

　80cc のモトクロッサーと、それを運ぶ 2 万円の軽トラックを買い河川敷に行くと、自分の技量のなさに愕然とした。たかが 80cc のオートバイをまるで操ることができず、転倒を繰り返すばかり。どんなに頑張ったってチビッコたちに頭の上を飛び越えられる始末で、ボクは自分の未熟さを痛感し、そしてまた改めてオートバイの奥深さを感じた。

　その後もライディングテクニックが大して上達することもなく、気がつけばボクは 15 年以上もモトクロスをやり続けている。やっているといっても、年間 5 〜 6 戦程度サンデーレースにエントリーするだけで、決して A 級ライセンスを目指すような本格的な取り組み方ではない。練習不足で成績は相変わらず振るわないが、ボクは 2 ヶ月に 1 度だけ自分の持っているありったけの技量と体力でライバルたちと走り、自分の未熟なライディングテクニックと体力不足を、河川敷で初めてモトクロスをしたときのように味わいたいだけなのだ。

　公道を走っていると、ついつい自分の技量を過信してしまう。モトクロスでなくても、サーキット走行でもトライアルでもジムカーナーでもいいと思うが、モータースポーツはそんな過信を取り払ってくれる。怪我をしない程度に、そして勝つことだけを目的にしないで、ボクはいつまでもモトクロスを続けたいと思っている。自分のへっぽこさを嫌というほど痛感しながら。

PHOTO：ka-c

1949 年、FIM（国際モーターサイクリスト連盟）が競技規則を統一し、ヨーロッパを中心にスタートさせたロードレース世界選手権。その最高峰クラスは排気量 500cc を上限に定められていましたが、2002 年に 2 ストローク 500cc 以下 /4 ストローク 990cc 以下のどちらのマシンでも出場できるようになり「MotoGP」と名称を一新。2004 年に 4 ストロークマシンだけになり、2007 年からは排気量が 800cc 以下、そして 2012 年以降 1000cc 以下になりました。

マシンは MotoGP 専用に開発するファクトリーマシンを使用し、レギュレーションは毎年のように目まぐるしく更新されます。電子制御技術など最先端のテクノロジーが集結するグランプリマシンは、150kg 台の超軽量な車体ながら最高出力 240ps 以上、最高速度 360km/h にも及びます。

▼ ホンダ MotoGP 市販レーサー RCV1000R

ホンダは、MotoGP 参戦を望む多くのチームやライダーが、より廉価に参加できるように、ワークスマシン「RC213V」の技術を投入して「RCV1000R」を開発し、各チームに販売。専用となるエンジンは、バルブスプリング方式で最高出力 175kW 以上 /16000rpm を発生し、トランスミッションにはコンベンショナル方式を採用します。

第 **5** 章

エンジン冷却装置と
周辺機器

　レシプロエンジンが混合気を燃焼するエネルギーで、実際
に動力として取り出せるのは 30%にも満たないといいます。
エンジンは発熱し高温になり、冷却しなければ混合気が異常
燃焼を起こしたり、シリンダーとピストンが焼き付くなど重
大なトラブルが発生してしまいます。そんな不具合を防ぐた
め、エンジンには温度を下げるための工夫や装置が必ず設け
られています。

5-1 空冷エンジン

エンジンの熱を大気に放出するのが「空冷エンジン」です。シリンダー表面には冷却フィンを設け、走行風をその隙間に通し、エンジンの熱を奪います。構造をシンプルにでき、メンテナンス性も良し。その美しい外観も大きな魅力です。

シリンダー表面に冷却フィン

シリンダーヘッドやシリンダー表面にたくさんの「**冷却フィン**」を設けることで、エンジンの表面積を増やしているのが「**空冷エンジン**」です。走行時、エンジンに当たる風（空気）が冷却フィンの隙間を通り、エンジンの熱を奪って冷やすという非常にシンプルな仕組みになっています。

空冷エンジンは冷却フィンが設けられているだけで、水冷エンジンのようにエンジン内部に水路を設ける必要がないので、その構造はいたってシンプルです。

空冷式のメリット

製造コストが抑えられるだけでなく、整備性に優れ、軽量というメリットがあります。しかし、エンジンが高性能になるにつれ発熱量も多くなり、空冷式では効果的に熱を冷やすことができず、騒音の問題も発生。音量規制や排ガス規制に対応しやすいのは水冷式で、四輪自動車用としては空冷式エンジンは現行ラインナップから姿を消しています。

そしてオートバイでも、より環境規制に対応しやすい水冷エンジンの採用が徐々に増えています。ただし、エンジン自体の持つ存在感、その美しい外観は多くのファンに支持されており、空冷エンジンを採用するモデルもまだまだ健在です。

強制空冷式

空冷式には、走行風によって冷却する「**自然空冷式**」のほかに、クーリングファンの風によって冷却する「**強制空冷式**」があります。強制空冷式はボ

ンネット内にエンジンを収める四輪自動車では一般的でしたが、オートバイではスクーターのようにエンジンを走行風が当たりづらい場所に搭載している場合などに用いられます。

■空冷式エンジンの美しい外観■

▼ハーレーダビッドソン・スポーツスター 1200 の空冷式エンジン。

▼ネイキッドバイクはエンジンの造形美を大きくアピール。ヤマハ XJR1300。

強制空冷式

クランクシャフトに取り付けられたファンの風によってエンジンの熱を奪う強制空冷式エンジン。

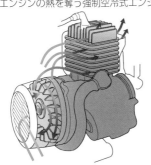

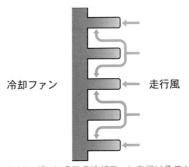

冷却ファン　　　　← 走行風

シリンダーに多数の冷却フィンを設けることで表面積を稼ぎ、走行風が冷却フィンの間を通過することで大気中に熱を放出する。

▼カワサキ KLX230

シンプルな構造で信頼性の高い空冷 SOHC2 バルブ単気筒。

発熱するエンジンを効率よく冷やすために、エンジン内部に冷却水が通る水路を設けたのが「水冷エンジン」です。エンジンの熱をいったん水（クーラント）に移し、熱くなった水をラジエターに送って放熱。冷めた水は再びエンジンに戻され、循環します。

冷却水を循環させる水冷エンジン

高出力になればエンジンの発熱量も増大し、過度にエンジンが高温になればオーバーヒートなどさまざまな問題が起こります。外気温に影響されにくく、安定した冷却を行うために、シリンダーやシリンダーヘッドに専用の水（**クーラント**）を通して冷却するのが「**水冷エンジン**」です。

冷却水は「**ウォーターポンプ**」によってシリンダーヘッドとシリンダーブロックに設けられた「**ウォータージャケット**」と呼ばれる通路に圧送され、エンジンの熱を「**ラジエター**」に運び、そこで熱を大気に放出し再びエンジンに送り出されます。

一見、空冷式と見えても……
じつは水冷式エンジン。

ネイキッドやアメリカンモデルでは、エンジンの外観も大きな魅力。水冷エンジンでありながら、空冷エンジンのような美しい冷却フィンを持った機種もある。写真はカワサキ VN2000 の V ツインエンジン。

▌冷却水の循環▐

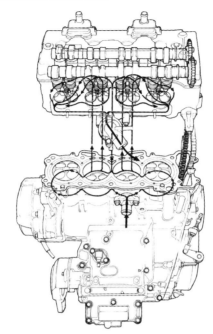

冷却水をシリンダーヘッドやシリンダーに設けたウォータージャケットに流してエンジンを冷却する水冷エンジン。温まった水はラジエターに送られ、熱を大気へ放出。ウォーターポンプによって、冷却水は再びエンジンへと戻される循環式になっている。

シリンダーのまわりを取り囲むようにしてつくられた冷却水の水路「ウォータージャケット」。ヤマハ YZF-R1 のシリンダー。

空冷エンジンのような冷却フィンを備えず、ラジエターをエンジン前面に装着する水冷エンジン。写真はサイドフェアリング上部のエアインテークダクトから空気を取り込む「クールエアシステム」を採用するカワサキ Z1000SX (Ninja1000)。

BMW の空水冷エンジン

　BMW のニュー・ボクサーツインエンジンでは、水冷 35%、空冷 65% の**空水冷方式**が採用されています。

　左右にシリンダーが張り出す水平対向エンジンならではのレイアウトにより、熱を持つヘッドまわりに走行風を存分に受けることができるメリットを活かしつつ、ラジエターも左右分割式として従来の外観に影響を及ぼすことなく冷却性能を高めることに成功しました。

　水冷化によって増えたエンジンまわりの重量は僅か 2.7kg ほどです。

▼BMW NEW BOXER TWIN

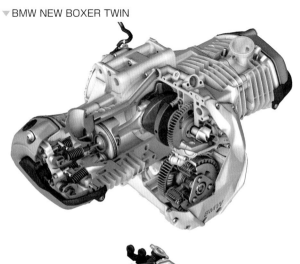

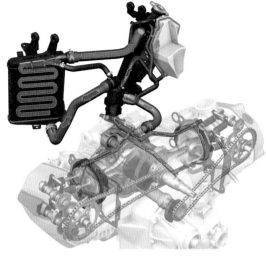

冷却水経路はこの通り。熱対策がもっとも必要となるシリンダーヘッドの排気側から冷却水を通します。

ハーレーダビッドソンの空水冷エンジン

　ハーレーダビッドソンのロワーフェアリングを持つモデル、つまりウルトラ系には「**ツインクールドエンジン**」と呼ばれる空水冷エンジンが搭載されています。

　OHV 45 度 V ツインというハーレーダビッドソンのアイデンティティはそのままに、シリンダーヘッドまわりだけを水冷化し、冷却性を大幅に向上しました。冷却水は電動ポンプから外部ラインを通じてシリンダー間のマニホールドまで供給され、前後各シリンダーヘッド内の通路を通り、排気バルブシート周辺を中心に冷却。その後、両方のヘッドからのフローが合流し、サーモスタットハウジングへと導かれます。

　左右 2 つのラジエターは、足もとのロワーフェアリングに隠すようにして収められているので、ルックスは従来通り。空冷エンジンならではの美しい冷却フィンが刻まれているのはもちろん、ウォーターラインも燃料タンクの下を覗き込まなければ目視することができません。

▼Twin-Cooled High Output Twin Cam 103

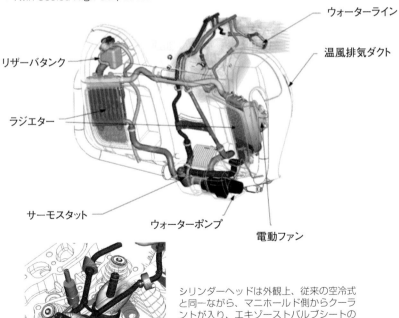

ウォーターライン

温風排気ダクト

リザーバタンク

ラジエター

サーモスタット

ウォーターポンプ

電動ファン

シリンダーヘッドは外観上、従来の空冷式と同一ながら、マニホールド側からクーラントが入り、エキゾーストバルブシートの上部を 1 周するウォーターラインが開けられているハーレーダビッドソンのツインカム 103 エンジン。

5

エンジン冷却装置と周辺機器

ラジエター

ラジエターは日本語では放熱器といい、放熱とは熱を放散することです。アッパータンク、ラジエターコア、ロアタンクから成り、熱くなった冷却水はアッパータンクに送り込まれ、ラジエターコアで冷やされた水がロアタンクに集められます。

冷却水の熱を大気に放出するラジエター

冷却水が運んできた熱を大気に放出し、冷却水を冷やすのがラジエターの役割です。アルミまた樹脂製の細長い容器が上下または左右に配置されており、その間にアルミニウム合金でつくられた「**ラジエターコア**」があります。

通常、エンジンの熱で高温になった冷却水を導入する入口を備えている容器を「アッパータンク」といい、ラジエターコアによって冷やされた水が集まる容器を「ロアタンク」といいます。2つのタンクが上下にあるタイプ、つまり上から下に冷却水が流れるものは「**ダウンフロー型**」（縦流れ式）または「**バーチカルタイプ**」などといい、タンクが左右にあるのを「**サイドタンク型**」あるいは「**クロスフロー型**」（横流れ式）などと呼びます。

コアを構成する多数のパイプは「**ウォーターチューブ**」と呼ばれ、断面は平たく潰れています。チューブを平らにすることで表面積が増え、それだけ空気と触れる面積も多くなり、放熱力が高まります。さらにチューブの間は「フィン」と呼ばれる薄い金属板で繋がれています。金属板を波状に配置することで空気が通りやすくなり、放熱する面積を稼いでいるのです。

ラジエターコアは「シングルコア」と呼ばれる1段の単列式、2段重ねの「ダブルコア」、さらに3段になった「トリプルコア」もあります。

走行風が当たるようにエンジンの前に装着される大型ラジエター。写真はBMW F800系。

■サイドタンク型ラジエター■

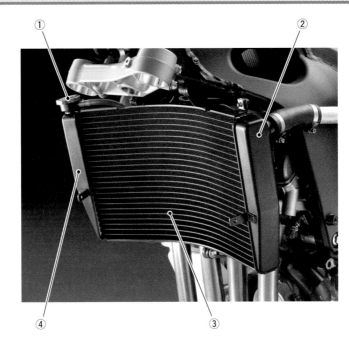

① ② ④ ③

①ラジエターキャップ

冷却水の吸入口を塞ぐ単なるフタではなく、一定以上の圧力がかかるとプレッシャーバルブが開き、冷却水をリザーバータンクへ逃がす重要な役割も持つ。

②アッパータンク

エンジンの熱で温められた冷却水（クーラント）が運び込まれるタンク。ダウンフロー型ではその名の通りラジエター上に配置されているが、サイドタンク型では左右どちらかに置かれる。

③ラジエターコア

いくつものウォーターチューブと冷却フィンからなり、フィンに風を当てることで冷却水をクールダウンするラジエターコア。大型化するほど冷却効果も期待できる。

④ロアタンク

冷やされた冷却水が集められるのがロアタンク。冷めた冷却水は再びエンジンへ送られる。冷却水を交換する際のドレンボルトもロアタンクに備えられている。

■ダウンフロー型とサイドタンク型■

▼ダウンフロー型（縦流れ式）　　　▼サイドタンク型（横流れ式）

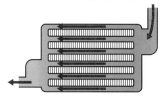

■ラジエターコア■

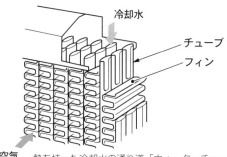

冷却水

チューブ

フィン

空気　熱を持った冷却水の通り道「ウォーターチューブ」。
そのまわりには波状の金属板「フィン」が備えられ
空気を通りやすくし、放熱性を高めています。

▼シングルコア

▼ダブルコア

ラジエターコア

　ラジエターの冷却水（クーラント）を冷やす部分が「**ラジエターコア**」
（Radiator Core）です。冷却水を通す平らなチューブ「**ウォーターチューブ**」
のまわりには、波形に折り曲げた板状のフィンが設けられており、走行風の
当たる表面積を拡大して外気と熱交換を行っています。素材には熱伝導のよ
いアルミや銅、真鍮などが用いられているのが一般的です。冷却効率を上げ
るためにコアを２層にしたタイプを「ダブルコア」といいます。

大型のラジエターが配置しずらいモデルでは、チューブで連結したふたつのラジエターを持つものもある。モトクロッサーではこれが主流。左の写真はホンダ CRF450R のダウンフロー型ラジエター。

シリンダーヘッドやエキパイがあり、前輪とのクリアランスも少ない V 型エンジンの前方部はスペースも僅か。ラジエターの配置にも工夫がなされている。ホンダ VTR1000SP2 はカウリング形状で走行風を導き、車体横にあるラジエターに走行風を当てている。

冷却水の循環経路

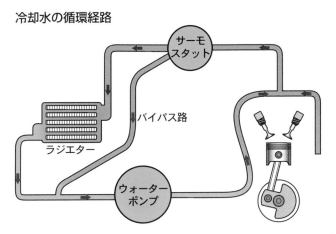

水冷エンジンでは、冷媒である水（クーラント）を「ウォーターポンプ」で循環させて、熱源であるシリンダーヘッドやシリンダーのウォータージャケットへ送り込みます。熱せられた水はラジエターで冷やしますが、冷間時にはバイパス路を通らせるなどして、その循環経路を制御するのが「サーモスタット」です。

■冷却水の流れ■

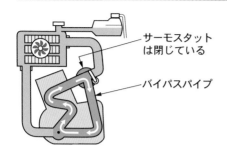

サーモスタット
は閉じている

バイパスパイプ

通過する冷却水量を決め、冷却水の温度を適温に保つサーモスタット。エンジンが暖まるまではサーモスタットは閉じたままで、冷却水はエンジン内を循環する。サーモスタットのおかげで暖機が早まり、冬季の「オーバークール」も防ぐ。

熱くなった冷却水を
ラジエターへ導く

サーモスタットが
開く

エンジンが暖まり、冷却水も熱くなるとサーモスタットが開き、ラジエターへ冷却水を送り込む。実際は低温時から徐々に開き、80度くらいで全開になる。例えば、60℃で10%、70℃で80%、80℃で100%という具合に、ラジエターへ送り込む量を状況によって細かく調整できる機能を持つ。

一定の圧力がかかると
ラジエターキャップの
プレッシャーバルブが
開く

吹き出した冷却水は
リザーバータンクへ

さらに冷却水の温度が上がると冷却系統の圧力が上がり、ラジエターキャップの加圧弁が開く。冷却水はオーバーフローパイプを通り、リザーバータンクへ流れ込む。そしてリザーバータンクで水温が下がると、負圧でラジエターに吸い戻され、再び循環経路に戻る。リザーバータンクには予備の冷却水が蓄えられており、ラジエターは常に水を満杯にしておくことができる。

冷却ファンの役目

　ラジエターは走行風が当たりやすいようにエンジンの前面、前輪に近い進行方向に配置されていますが、停車中は走行風が当たりません。渋滞中などは走行風が不十分でラジエターの放熱能力が低下してしまいます。そのため「**ラジエターファン**」と呼ばれる冷却ファンをラジエター背後に備え、強制通気が行われるモデルもあります。ラジエター側から空気を吸い出し、エンジン側に風を送り込むのです。

　オートバイに用いられる冷却ファンは電動式が一般的です。電動モーターの回転軸にファンが備えられ、バッテリーに蓄えられた電力によってファンが回ります。

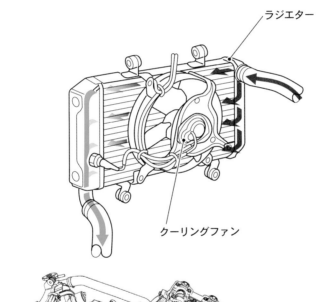

ラジエター

クーリングファン

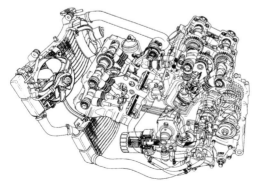

通常、ラジエターの背後には冷却ファンが装備されており、水温が一定以上上昇したときにそのファンを回し強制的に通気が行われます。

5

エンジン冷却装置と周辺機器

水冷エンジンを支える各部

冷却水を媒介としてエンジンの熱をラジエターへ運び、そこで大気冷却して再びエンジンに戻す水冷エンジンの循環システム。これを支えているのは圧力によって開閉する弁を備えた「ラジエターキャップ」そして「サーモスタット」です。その働きを見てみましょう。

ラジエターキャップ

　密閉されているウォーターラインは、水温が上がれば中の圧力も上がりますので、100℃を超えても沸騰しません。しかし、温度が上がれば内圧が上昇し、そのままではラジエターやホースが圧力に耐えられず壊れてしまいます。それを防ぐために働いているのが「**ラジエターキャップ**」です。

　ラジエターキャップには加圧弁（**プレッシャーバルブ**）と負圧弁（**バキュームバルブ**）が組み込まれ、冷却系統内の圧力が一定以上になると加圧弁が開き、オーバーフローチューブを通して冷却水をリザーバータンクに逃がします。逆にエンジンが停止し、冷却水の温度が低下し冷却系統内の圧力が大気圧よりも低くなると負圧弁が開き、リザーバタンクからラジエータへ冷却水が流れ込みます。

サーモスタット

　冷却水の温度が低いときは水路を閉じ、冷却水がラジエターへ循環しないよう調整。そして冷却水の水温が高くなると開き、水をラジエターへと導くのが「**サーモスタット**」です。シリンダーからラジエターに流れる冷却水の量をコントロールすることで、冷却水の温度を適温に保ちます。

ウォーターポンプ

　冷却水をポンプを使って強制的に循環させているのが「**ウォーターポンプ**」の役割です。「インペラー」と呼ばれる羽根車が回転することで冷却水が遠心力で送り出されます。循環経路やウォーターポンプを備える場所は、各エンジンごとにさまざまな工夫がなされています。

■ラジエーターキャップの働き■

冷却水の漏れを防ぐための単なるフタではなく、冷却系統内の圧力を調整する働きがあるラジエーターキャップ。一定以上の圧力がかかるとプレッシャーバルブが開き、冷却水はオーバーフローパイプを通ってリザーバータンクに逃げる。水温が低いときは負圧によって弁が開き、リザーバータンクの冷却水を吸い込む。

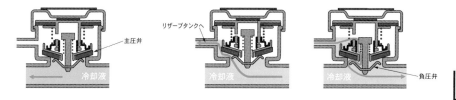

主圧弁　リザーブタンクへ　冷却液　負圧弁

5

エンジン冷却装置と周辺機器

■サーモスタット■

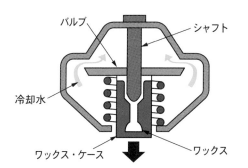

バルブ　シャフト　冷却水　ワックス・ケース　ワックス

冷却水の水温が低いときはバルブを閉じ、冷却水をラジエーターへではなくバイパス経路へ導く。水温が高くなればバルブを開き、冷却水をラジエーターへ。冬季のオーバークールを防ぐ役割がある。

■ ロングライフクーラント

　エンジンを冷却するだけなら冷却水は普通の水だけを使えば良いのですが、冬場は外気温によって凍ってしまいます。そこで長期間安定した不凍効果を持つ「ロングライフクーラント」を使用。冷却媒体としての熱伝導性がいいだけでなく、防錆添加剤を含み、冷却水系統の腐食によるトラブルも防ぎます。クーラントを使用せずに真水を使っていると、エンジン内部にサビが発生したり、冬季の低温で凍結してラジエーター破損などを引き起こす恐れがありますので要注意。

エンジンオイルの役割

エンジン内を「潤滑」しながら「冷却」「密封」「洗浄」「防錆」あらゆる仕事をこなすエンジンオイル。その役割はまるで人間の血液のよう。汚れたまま放っておいたり、なくなってしまえばエンジンは壊れてしまいます。水分や汚れを取り込むことで劣化（酸化）するため、定期的な交換が必要です。

エンジンオイルの仕事は潤滑だけではない

　金属部品の集合体とも言えるエンジン。その内部パーツの多くは忙しなく稼働し、高速で回転運動や往復運動を行う部品が数多くあります。これらがもし、それぞれの金属面同士で直に触れ合い激しく擦り合っていたなら、摩擦により円滑な作動は望めません。摩擦によるエネルギーの損失・部品の摩耗はもちろん、過熱による焼き付きなど重大なトラブルを招いてしまいます。

　それを避けるためには、金属と金属の間にオイルを送り込み、金属の表面に「**油膜**」と呼ばれる薄い膜を絶えずつくり続け潤滑させてあげることです。エンジン内の各パーツを潤滑させているそのオイルを「**エンジンオイル**」といいます。

　４ストロークエンジンのエンジンオイルは「**オイルポンプ**」によってエンジン各部に圧送され、摩耗抵抗や摩耗軽減に役立ちますが、その役割は「潤滑」だけに留まらず、「冷却」「密封」「洗浄」「防錆」とさまざまな仕事をこなしています。

■オイルの主な仕事■

●潤滑

金属部品同士がかじり合ったり焼き付いたりしないよう、接触面の間に薄い油膜をつくり、各パーツの摩耗・フリクションロスを低減します。これが「潤滑油」であるエンジンオイルの代表的な役割です。

●冷却

オイルポンプによってエンジン内部を潤滑するエンジンオイルは、高温になった箇所から熱を奪い取り「冷却」する効果もあります。外気や冷却水に接しやすいところで奪った熱を放出し、エンジンを冷やすことに貢献しています。

●密封・緩衝

オイルはその油膜粘度によって、シール効果も発揮します。たとえば、ピストンとシリンダーの間から混合気や燃焼ガスが抜けて通れないようにする「密封」作用は、ピストンリングの仕事を大きく手伝っています。また、各パーツの間にオイルが入り込むことでクッション効果が得られ「緩衝」作用をもたらします。

●洗浄

各パーツが作動すれば、それぞれの部品は少なからず摩耗し、金属粉などが発生します。また、混合気の未燃焼物質も発生しますが、これらを洗い流してくれる「洗浄」作用もエンジンオイルの役割のひとつです。

●防錆

錆びが発生しやすい金属製部品たちを油膜で覆うことで、錆の原因となる酸素や水分を金属面に触れさせないようにし「防錆」作用を発揮します。

エンジン冷却装置と周辺機器 5

5-6 エンジンオイルの種類

エンジンオイルは、主成分となるベースオイルと添加剤から製造され、ベースオイルとして使用される原料によって「鉱物性オイル」「化学合成オイル」「部分化学合成オイル」「植物性オイル」に分けられています。エンジン内部を潤滑するだけでなく、冷却や洗浄といった仕事も重要です。

原料によるオイル分類

通常、4ストロークエンジンに使われているエンジンオイルは「**鉱物性オイル**」あるいは「**化学合成オイル**」です。鉱物性オイルはガソリンや灯油などの基になる原油からつくられたオイルで、安価なものからレーシングオイルまで幅広くカバーしています。化学合成オイルは抽出または化学的に合成して製造されたもので、安定した分子成分、浸透性の高さなどで鉱物油に勝ります。一般的には化学合成オイルがより高性能で、より高価と言えるでしょう。また、鉱物性オイルと化学合成オイルを混ぜ合わせた「**部分化学合成オイル**」もあります。

ひまし油などをベースにした「**植物性オイル**」は潤滑性に優れ、主にレーシング用に使われていましたが、外気に触れると酸化が早く、一般的な使用には不向きです。

粘度表記

エンジンオイルの硬さ、いわゆる粘度は、**SAE**（アメリカ自動車技術者協会）規格が一般的で「10W-40」などと表記されています。数字が大きければ大きいほど粘度が高いオイルということになり、W（ウインター）の前の数字は冷寒時の粘度を表します。数値が小さいほど、より低温で使用できるということになります。後ろ2ケタは高温時の粘度を示し、数値が大きいほど高温でも使用できます。このように低温時と高温時の粘度を表示したものを「**マルチグレード**」といい、高温時の粘度のみを表示したものを「**シングルグレード**」と呼びます。マルチグレードの場合、前後の数字の差が大きいほど幅広い温度で使用できるということになります。

■エンジンオイル粘度表示■

10W　－　40

低温時の粘度　　　　　　　高温時の粘度

この数字が小さいほど　　　この数字が大きいほど
寒さに強い　　　　　　　　熱さに強い

⬇　　　　　　　　　　　⬇

| エンジン始動性がよい | | エンジン保護性能に優れる |
| 燃費がよい | | エンジン音が静かになる |

SAE 規格

粘度はオイルの硬さを表すもので、SAE 規格で分類され表示されています。
「10W-40」と表現されている場合、10W は低温時の粘度、40 は高温時の粘度を
示します。

■化学合成油と鉱物油■

低温流動性

蒸発性

化学合成油 ＞ 鉱物油　　酸化安定性

温度粘度特性

化学合成油 ＜ 鉱物油　　経済性

■ API（米国石油協会）規格

　オイルの規格で代表的な表記には、粘度を表す「SAE 規格」のほか、グレードを表す「API」（アメリカ石油協会）があります。API 規格は、省燃費性・耐熱性・耐摩耗性などエンジンオイルに必要な性能を設定したもので、SA から SM まで 12 段階のグレードを設定。最新グレードほど基準が厳しく品質が優れています。

SA　運転条件がゆるやかなエンジンに使用可で、添加物を含んでいないオイル（ベースオイル）。

SB　最低レベルの添加物を配合したオイルで、かじり防止・酸化安定性の機能が改善されている。

SC　1964 ～ 67 年型のガソリン車に満足して使用できる品質を持ち、デポジット防止性・摩耗防止性・サビ止め性腐食防止性が備わっている。

SD　1668 ～ 71 年型のガソリン車に満足して使用できる品質を持ち、SC より高い品質レベルを備えている。

SE　1972 ～ 79 年型のガソリン車に満足して使用できる品質を持ち、SD より高い品質レベルを備えている。

SF　1980 年製以降の車に適応。酸化、高温デポジット（堆積物）、低温デポジット、サビ、腐食に対する優れた防止性能を発揮。

SG　1989 年製以降の車に適応。SF の性能に加え、動弁系の耐摩耗性と酸化安定性が要求され、エンジン本体の長寿命化を果たす性能がある。

SH　1993 年製以降の車に対応。SG の性能に加え、スラッジ防止性、高温洗浄性に優れる。

SJ　1996 年製以降の車に適応。SH の性能を向上。さらに蒸発性、せん断安定性に優れる。

SL　2001 年度制定。SJ に比べ、省燃費性の向上（CO_2 の削減）・排出ガスの浄化（CO、HC、NOx の排出削減）・オイル劣化防止性能の向上（廃油の削減・自然保護）があげられる。

SM　2004 年制定。SL に比べ、浄化性能・耐久性能・耐熱性・耐摩耗性に優れている。

SN　2010 年制定。省燃費性能を SM 比 0.5％以上、オイル耐久性としてデポジットの発生を SM 比 14％以上改善。触媒システム保護性能は、触媒に悪影響を与えるリンの蒸発を 20％までに抑制することが求められる。

JASO 規格

　アメリカ石油協会が定めた API 規格は、自動車の要求に合わせてグレードが決められていますが、最近のエンジンオイルは省エネを考慮し、減摩剤が大量に使われています。これは湿式クラッチに悪影響が出る恐れがあり、日本独自（日本自動車規格会議）にオートバイ用オイルの等級を設定。それがJASO 規格です。高せん断性に優れる「MA」と、低摩擦性に優れた「MB」の２つがあります。また、２ストローク用は「FA」「FB」「FC」と３段階があり、「FC」が最上級グレードです。

▼ ヤマハ純正オイル YAMALUBE

小排気量スクーターに特化した部分合成油、一般的な街乗りやビジネス用のコストパフォーマンスに優れた鉱物油、ハイエンドなスポーツモデル向けの化学合成油など、タイプや用途、使い方によって適切なオイルを細分化。「YAMALUBE」は専用の純正オイルを数種類設定しています。

４ストロークエンジンと違い、２ストロークではエンジンオイルをガソリンに混ぜて燃焼させてしまうため、交換ではなく補充することになります。「分離給油式」ではオイルを溜めておくタンクが別にあり、エンジン回転数などに合わせてオイルポンプが自動的に供給。また「混合給油式」では予めガソリンに一定の比率で混ぜておき、その混合気をガソリンタンクへ入れるというしくみです。

5-7 ウェットサンプ

エンジン内を常に循環しているエンジンオイルですが、その循環システムは「ウェットサンプ」と「ドライサンプ」に分けられます。エンジン本体の最も低い位置にオイルパンを設け、そこに溜まるオイルをポンプで汲み上げ、エンジン各部へ圧送するのが「ウェットサンプ」です。

ウェットサンプ

人間の血液に相当するのがオイルだとしたら、その血液を流す血管が「**オイルライン**」。その起点は心臓に当たる「**オイルポンプ**」となります。

「ウェットサンプ」はエンジンの底に「**オイルパン**」と呼ばれるオイル溜めを備え、そこからオイルポンプでオイルを汲み上げ、クランクやシリンダーブロックなどに設けられた「**オイルギャラリー**」という通路を通って、各部にオイルを圧送します。エンジン内を循環したオイルは、重力によってオイルパンへ自然に戻り、再びオイルポンプによってエンジン各部へ送り出される仕組みです。

ミッションやクラッチを一体化した合理的なシステム

ウェットサンプはエンジン自体がオイルタンクであり、クランクが半分浸るかどうか程度の量のオイルが、常にオイルパンに溜められています。高温なエンジン内にオイルが溜められているため、「ドライサンプ」に比べオイルの冷却作用はあまり期待できません。また、エンジン最下部にオイルパンがあるため、エンジン高が必要になります。

しかし、ウェットサンプは構造がシンプルで、コスト面でもメリットがあり、合理性の高いオイル循環システムです。エンジン内部にオイルを溜めておくなら、そのエンジンオイルで隣接するミッションやクラッチも潤滑させてしまうことができます。ウェットサンプを採用するほとんどのオートバイのエンジンが、ミッションを一体式にし、エンジンオイルをミッションやクラッチの潤滑油として共用しています。

■エンジン各部を循環するエンジンオイル■

▼BMW F800S/ST

エンジンオイルの循環経路

　　エンジンオイルの通路はシリンダーブロックやシリンダーヘッドばかりではありません。クランクシャフトやカムシャフトの中などにも設けられ、各部をくまなく潤滑・冷却しています。

　　たとえばピストンの下に「オイルジェット」という噴射口が設けられている場合もあり、ここからスモールエンドやシリンダー壁面にオイルが噴射されます。

　　また、クランクシャフトには、クランクジャーナルやクランクピンに「**オリフィス**」と呼ばれる小さな穴があり、ここからオイルが噴流することで、クランクまわりを潤滑しています。

■ウェットサンプ■

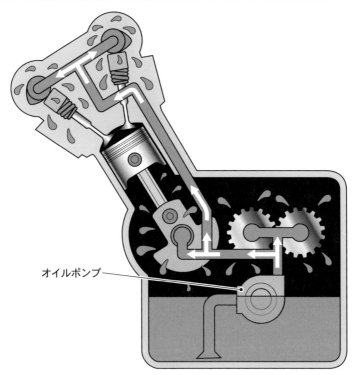

オイルポンプ

エンジン最下部に設けたオイルパンに溜まったエンジンオイルは、オイルポンプによって吸い上げられ、シリンダーブロックやヘッド、カムやクランクなどエンジン各部へ供給されます。オイルはエンジン内の各部で潤滑・冷却などの働きをし、再び自然落下でオイルパンへ落ちてきます。

▼ヤマハ MT-09

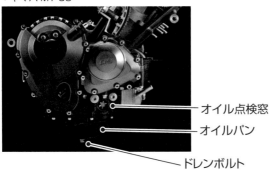

オイル点検窓

オイルパン

ドレンボルト

エンジンの一番低い位置に「オイルパン」があり、そこに溜まったオイルをポンプで吸い上げて各部へオイルを供給するウェットサンプ。オイルパンのもっとも低いところにあるドレンホールを塞いでいるのが「ドレンボルト」。エンジンオイル交換時はこれを外してオイルを抜きます。

▼BMW R1200GS

専用のギヤオイルを用いる別体式ミッションを採用してきたボクサーツインですが、空水冷化したニューエンジンではミッションを一体化したことで、エンジンオイルでミッションを潤滑することになりました。

ウエットサンプ式のエンジンでは、ミッションやクラッチもエンジンオイルで潤滑・冷却・洗浄するのが一般的です。

5-8 ドライサンプ

> エンジンに必要不可欠なエンジンオイルを、エンジンから独立したタンクに溜めているのが「ドライサンプ」です。自然落下してきたオイルは、供給用とは別のオイルポンプ＝「スキャベンジングポンプ」が常に吸い上げ、オイルポンプへ戻します。

ドライサンプ

　エンジン本体とは別に、オイルを溜めておくオイルタンクを備えるのが「**ドライサンプ**」です。オイルタンクに溜められたオイルは、「**フィードポンプ**」と呼ばれる供給用のポンプでエンジン各部へ圧送され、各部を潤滑し終えたオイルはエンジン下部へ自然落下します。ドライサンプではそのオイルを「**スキャベンジングポンプ**」と呼ばれるバキュームポンプで吸い上げ、オイルタンクへ圧送して戻します。

　オイルタンクをエンジンと切り離しているため、発熱部の近くにオイルを溜めるウェットサンプに対し油温が上がりにくく、またオイルパンを持たないためにエンジン高を抑えることができ、エンジン自体を小さくまとめることができます。ただし、2種類のポンプとオイルタンクが必要になるため、コストは増えてしまいます。

ドライサンプとウェットサンプのオイル交換

　エンジンオイルは一定の走行距離または使用期間を過ぎると、新しいものに交換する必要があります。エンジン下部にオイルパンがあるウェットサンプでは、オイルの排出はオイルパンの**ドレンホール**より行います。

　一方、ドライサンプでは、その構造からオイル交換をオイルタンク側で行うようにしているのが一般的です。当然、エンジン内にもオイルが残っていますが、エンジン側でオイルをすべて抜いてしまうと、オイルラインの途中にエアを噛み込む恐れがあります。エアを抜きながらの作業は時間と手間がかかり非効率です。オイルタンク側での交換は、そういった効率や安全性を考えた結果だと考えられます。

■ドライサンプ■

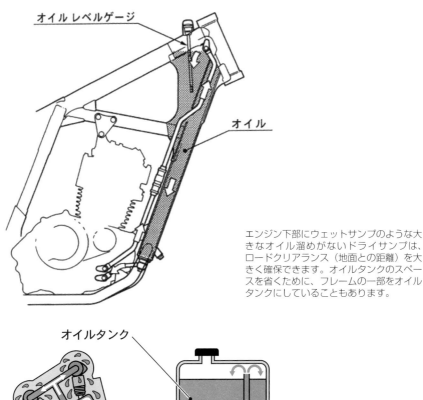

オイル レベルゲージ

オイル

エンジン下部にウェットサンプのような大きなオイル溜めがないドライサンプは、ロードクリアランス（地面との距離）を大きく確保できます。オイルタンクのスペースを省くために、フレームの一部をオイルタンクにしていることもあります。

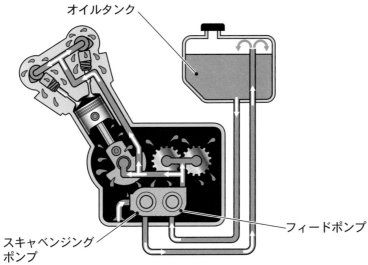

オイルタンク

フィードポンプ

スキャベンジングポンプ

エンジンとは別にオイルタンクを持つドライサンプ。フィードポンプでオイルを各部へ圧送し、自然落下でエンジン最下部に戻ってきたオイルはスキャベンジングポンプでオイルタンクへ戻されます。エンジン最下部にあるオイルパンは単なる受け皿であり、エンジンをコンパクトにつくることができます。

5-9 オイルフィルター

エンジン内部を循環し、各部を潤滑するエンジンオイルは「オイルフィルター」
という濾過装置を通り抜け、金属粉などの異物を取り除きます。オイルフィ
ルターは消耗品で定期的な交換が必要です。「カートリッジ式」と「インナー
式」の2種類があります。

オイルフィルターの役割

エンジンオイルは使用しているうちに酸化し、金属の摩耗粉や空気中のゴ
ミ、カーボンなどで汚れていきます。とくに新車時は擦れ合う金属部品が馴
染んでいないため、金属粉が発生しやすくなります。エンジンオイルに混入
した異物は、オイルが通る細かい通路を詰まらせてしまう可能性があり、オー
バーヒートや焼き付きの原因にもなりかねません。

そうならないよう現在の4ストロークエンジンでは、オイルラインの途中
に「**オイルフィルター**」を設けて、循環するエンジン内のオイルに混入して
いる不純物を取り除き、エンジン内にきれいなオイルだけを供給できるよう
考えられています。

入口から流れ込んだ汚れたオイルは、「**フィルタエレメント**」（ろ紙）を通
過し異物が取り除かれ、きれいなオイルになって出口から再び流れ出ます。
100分の数ミリ単位の不純物を濾過するために、エレメントは非常に目の
細かい繊維質などでつくられています。

■インナー式オイルフィルター■

エレメントのみを交換するインナー式
はリーズナブル。

■カートリッジ式とインナー式

　オイルフィルターには 2 つの種類があり、現在ではケースとエレメントが一体になった「**カートリッジ式**」が主流になっています。交換作業が簡単・確実で、作業ミスが起こりにくいのが特徴ですが、交換には専用工具が必要になります。

　一方、エレメントのみを交換する組み立て式の「**インナー式**」（フィルター式ともいう）は、エンジン側面のフタ（オイルフィルターケース）を開けて内部に組み込むタイプです。交換部品の価格はリーズナブルですが、エレメント本体やパッキン・スプリング類を確実に組み込む手間が必要となります。

5
エンジン冷却装置と周辺機器

■カートリッジ式オイルフィルター■

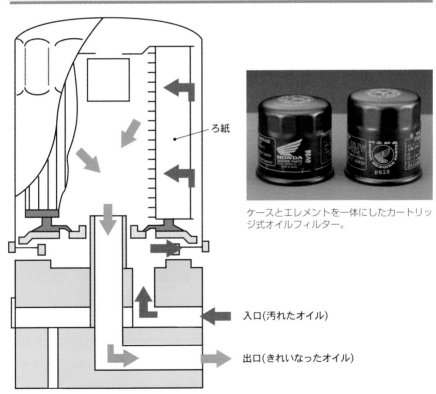

ろ紙

ケースとエレメントを一体にしたカートリッジ式オイルフィルター。

入口(汚れたオイル)

出口(きれいなったオイル)

オイルフィルターはエンジンオイルの細かいゴミ（磨耗した金属粉など）を取り除く役目をするもの。紙を折りたたんだ「ろ紙」の部分で、オイルのゴミを濾過します。

■オイルフィルターとオイルパン■

オイル点検窓

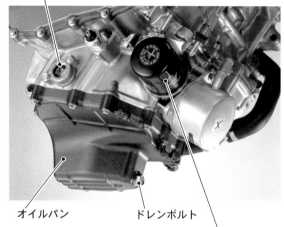

オイルパン　　　　　ドレンボルト

オイルフィルター

カートリッジ式オイルフィルターを
交換するための専用工具。

オイルフィルターは消耗品

　その構造を見れば解るように、オイルフィルターは異物をオイルから取り去ることはできますが、自ら外部に捨てる機能は持っていません。カートリッジ式、インナー式いずれも消耗品で、オイル交換2回に1回程度の割合で交換が必要となります。

　そのまま交換せずに使い続ければ、やがてエレメントが詰まってしまいます。そうなれば、オイルがエンジン各部に供給されずにエンジンに大きなダメージを与えてしまいます。それを防ぐため、フィルターが詰まった場合もバイパスバルブが開き、オイルの通路を確保します。この場合、汚れたオイルはエレメントを通過しませんので、そのまま各部へ行き渡ってしまいます。

高温になり過ぎたオイルを冷却するための装置が「オイルクーラー」です。走行風がフィンを冷却することで、オイルパイプを通るエンジンオイルを冷やします。走行風が当たりやすい場所に設置され、その構造はラジエターによく似ています。

オイルクーラーの役割

エンジン各部の潤滑だけでなく、発生した熱を受け取る役割も果たすエンジンオイル。過剰に温まりすぎれば冷却効果が落ちるだけでなく、オイル粘度が低下し、潤滑油としての機能が果たせなくなってしまいます。

そこでオイルの循環経路に、エンジンオイルを冷やすための装置が設けられます。それが「**オイルクーラー**」です。

空冷式と水冷式

オイルクーラーには「空冷式オイルクーラー」と、水冷エンジンのための「水冷式オイルクーラー」があります。

空冷式オイルクーラーは、水冷エンジンの冷却装置ラジエター（5-3 参照）に似た構造で、走行風がフィンを冷却し、表面積を増やすために細く平らにしたオイルパイプを通るエンジンオイルを冷まします。走行風が当たらなければならないので、設置場所はエンジンとフロントフォークの間などが一般的。ラジエター同様、スペースに合わせて横置きと縦置きがあります。

一方、水冷式オイルクーラーにも多数の細いオイル通路が設けられていますが、こちらは走行風だけを当てるのではなく、その周囲にラジエターで冷却されたクーラント（冷却水）を通してオイルの熱を奪います。オイルはクーラントより低温にならないため、通常はサーモスタットが不要で油温を一定に保つ効果も持ち合わせます。

走行風が当たりやすいように、クランクケースの進行方向（前端部）に取り付けられていることがほとんどです。

■空冷式オイルクーラー■

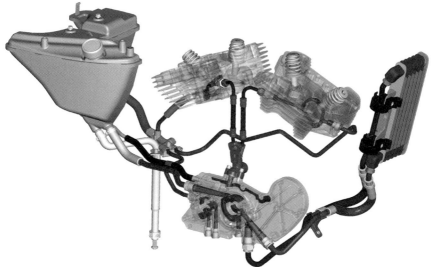

ドライサンプ式の空冷Vツインエンジンを搭載するハーレーダビッドソンXR1200。オイルクーラーを装備し、高温になるシリンダーヘッドまわりを冷却しています。

スペースに合わせて縦にマウントされた6段コアのオイルクーラー。オイルラインはXR1200専用設計で、カムギア駆動による2個のオイルポンプを内蔵。ヒートアップしやすいシリンダーヘッドの排気バルブまわりを集中的に冷却する方式としています。

大型の冷却フィンが風を受け止め、効果的に冷却を促進するカワサキ・ゼファーXの大型オイルクーラー。各シリンダー間にも冷却通路を設けるとともにシリンダーヘッド上部には導風板を設置。走行風を受け止めてカムタワー間に送り込むことにより、最も高温となるスパークプラグ周辺部分を積極的に冷却しています。

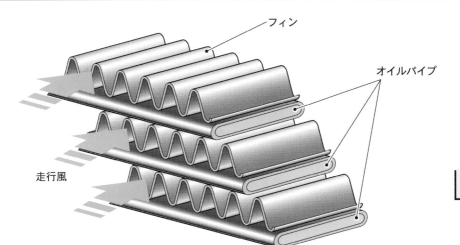

フィン

オイルパイプ

走行風

水冷エンジンで用いるラジエターのように、冷却フィンに風を当ててオイルパイプに通る熱いオイルを冷ます。

ホンダCBR1100XX（2001年）では、ステアリングヘッド後方のラジエター上端にオイルクーラーを装備。設置位置と容量の相互作用により、走行状態を問わず優れた冷却効率を発揮します。

■水冷式オイルクーラー■

▼BMW C600

水冷式オイルクーラー

カートリッジ式オイルフィルター

ラジエターのクーラントを利用してオイルを冷やす水冷式オイルクーラーは、クランクケースの前部オイルフィルターの根元に備わっている場合が多い。

5-11 2ストロークエンジンの潤滑

2ストロークエンジンの場合、オイルは燃料と一緒に燃焼し、マフラーから排出されます。専用のオイルタンクを備え、エンジンの回転状況に合わせポンプで供給する「分離給油式」が公道向け市販車では一般的です。オイルは専用の「2ストロークオイル」を用います。

2ストロークエンジンのオイル

密閉されたクランクケース内で、ピストンが上昇することによって生じる負圧を利用し、混合気を吸入する2ストロークエンジンは、4ストロークエンジンのようにオイルを溜めておくことができません。オイルはガソリンに予め混ぜ合わせた状態でクランクケースへ供給され、シリンダーの内壁やクランクベアリングなどを潤滑しながらガソリンと一緒に燃やされます。

混合給油式と分離給油式

そのオイルの供給方法には、「**混合給油式**」と「**分離給油式**」があります。混合給油式とは、ガソリンとオイルを一定の割合で予め混ぜた混合ガソリンを燃料タンクに入れ、そこからキャブレターへ供給されます。オイルポンプなど潤滑系の装置を使わずに済むので、構造をシンプルにでき軽量化に貢献。オイルポンプの故障などリスクを回避できます。

しかし、ガソリンとオイルの混合比が常に一定のため、あまりオイルを必要としない低回転時にはオイルが濃すぎてしまう。ガソリン給油ごとにオイルを混合する手間もかかるし、公道向けの市販車には不向きといえます。

一方、分離給油式では独立したオイルタンクがあり、そこにオイルを蓄え、クランクシャフトと連動する「プランジャーポンプ」で、エンジンの回転状況に合わせた量がキャブレターへ供給されます。例外はありますが、公道向けモデルではこの方式が一般的です。

混合給油式

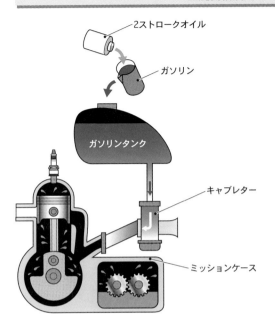

2ストロークオイル

ガソリン

ガソリンタンク

キャブレター

ミッションケース

ガソリンとオイルを 20 ～ 50：1 程度の割合で予め混合した燃料を使用する混合給油式。低回転から高回転までオイルの比率は一定ですが、オイル切れの心配がない単純なシステムです。レーシングマシンなどに用いられます。

分離給油式

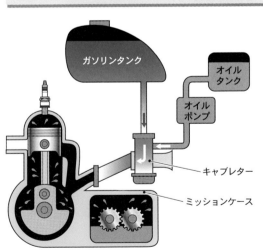

ガソリンタンク

オイルタンク

オイルポンプ

キャブレター

ミッションケース

エンジンとは別に設けたオイルタンクから、プランジャーポンプによって必要量のオイルを圧送する分離給油式。エンジン回転数に合わせて、オイルの供給量を決められます。

ミッションケースの循環は？

クランクケースと分離しているミッションケースは、専用のオイルをケース内に溜め、ミッションが回転してオイルを跳ね上げることで各部分を潤滑します。こちらのオイルはエンジンオイルのように、定期的な交換が必要になります。

1981 年 スズキ GSX1100S KATANA

　70 年代の GS シリーズで 4 ストローク化を達成したスズキは、1980 年のドイツ・ケルンショーに 1 台の試作車を出展した。ドイツ人デザイナー、ハンス・ムートによる「GSX1100S KATANA」である。日本刀をイメージした斬新なデザインで、瞬く間に世界中のバイクファンを魅了。ノーズからタンクを一体にデザインし、シートも既存の概念を打ち破ったボディとの一体感のあるものに。空洞実験で形状が突き詰められたミニカウルは、高速走行時に絶大な効果を発揮。何もかもが新しい感覚に満ちあふれていた。

　翌年、排気量 1100cc の輸出仕様車を販売開始し、日本国内では 1982 年に排気量 750cc の「GSX750S」が登場。当時の自主規制からセパレートハンドルが見送られ、やむを得ずアップハンドルが採用される。

　1994 年からはファンの要望に応え、「GSX1100S カタナ」が国内版として復活。2000 年のファイナルエディションをもって姿を消している。

第 6 章

エンジンの吸気 /
排気機構

　ガソリンが燃焼するためには空気が必要不可欠です。燃焼に最適な一定量を供給し、ガソリンと空気の混合気をつくり出すのが「キャブレター」あるいは「フューエルインジェクション」の仕事です。そして混合気を燃焼したときに必ず発生する排ガスをエンジンの外に誘導する装置が「マフラー」。排気音を消音するだけでなく、排ガスを浄化したりエンジン出力を向上する効果も持ち合わせています。

キャブレター

エンジンを動かすためには、ガソリンと空気を燃焼室へ送り込むことが必要になりますが、その大事な仕事を受け持っているのが「キャブレター」です。「VMキャブレター」ではアクセルワイヤーが直接「スライドバルブ」を操作し、メインボアを開いたり塞いだりして空気の量を調整します。

キャブレターのしくみ

キャブレター（Carburetor）は霧吹きの原理を利用し、ガソリンと空気の混合気を燃焼室へ送り込みます。日本語では「気化器」ともいいますが、実際にガソリンが気化するのは大部分がシリンダー内で、キャブレターはガソリンを霧状にして燃焼室へ供給しています。

そのしくみは、燃料タンクから流れてきたガソリンを、まずは「**フロートチャンバー**」あるいは「**フロート室**」と呼ばれる部分に溜めます。

そしてエンジンが回転すると、シリンダー内でピストンが下がることによって負圧が生じ、吸気ポートから大量の空気を吸い込みます。この空気の流れが「**メインボア**」あるいは「**ベンチュリー**」と呼ばれる吸気通路の気圧を下げることにより、フロートチャンバー内に溜まっているガソリンが細い管を伝って吸い上げられ、霧状になって燃焼室へ吸い込まれていきます。

ガソリンの量や空気の流れは、乗り手のアクセル操作に連動する「**スライドバルブ**」（ベンチュリーピストン、ピストンバルブ、スロットルバルブとも呼ばれる）によって細かく調整されます。スライドバルブが上下することでメインボアを開いたり塞いだりし、燃焼室へ送る混合気の量を加減することができるのです。

霧状になったガソリンと空気を「**混合気**」といい、連結された「**インテークマニホールド**」（吸気管）を通って燃焼室へ供給されます。空気を取り入れる側には、通常「エアクリーナー」が取り付けられ、ゴミやホコリがキャブレター内に入るのを防ぎます。

■霧吹きの原理■

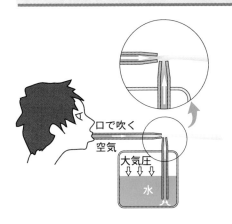

口で吹く
空気
大気圧
水

霧吹きは、細い管に空気を吹き込むことで空気の流速を上げ、管の中の気圧と容器内との圧力差を利用して水を吸い上げる。すると同時に水は霧状になります。キャブレターでは、エンジンのピストン下降による負圧によって空気を吸い込みますが、霧吹きの細い管に当たる部分を「メインボア」、ガソリンを溜める容器を「フロートチャンバー」としています。

■キャブレターの基本構成（VM型）■

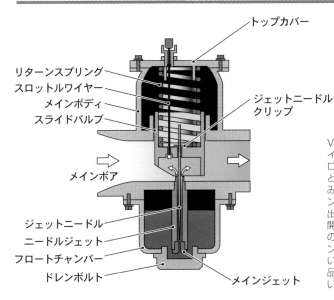

トップカバー

リターンスプリング
スロットルワイヤー
メインボディ
スライドバルブ

ジェットニードルクリップ

メインボア

ジェットニードル
ニードルジェット
フロートチャンバー
ドレンボルト

メインジェット

VMキャブレターの基本はイラストの通り。まずはスロー系などを省いて、基本となる構成をじっくり見てみましょう。フロートチャンバー内のガソリンを吸い出す細い管の先には、穴の開いた部品が備えられ、その穴の大小によってガソリンを吸い込む量を調整しています。その穴の開いた部品を「メインジェット」といいます。

6

エンジンの吸気／排気機構

> キャブレターには「メインジェット」や「ジェットニードル」など空燃比を補正するさまざまな部品が備えられていますが、それぞれはスロットル開度によって担当する範囲が分けられています。まずはスライドバルブが 1/3 以上開いたとき、そして全開付近の状態から考えていきましょう。

■ メインジェットとジェットニードル、そしてニードルジェット

　フロートチャンバー内のガソリンを吸い出す細い管（**ニードルジェット**）の先には、穴の開いた部品が備えられ、その穴の大小によってガソリンを吸い込む量を調整しています。その穴の開いた部品を「**メインジェット**」といい、高回転域、スロットル 1/2 ～全開付近の混合気濃度（ガソリンの比率が高い場合を"濃い"、低い場合を"薄い"という）を調整できます

　また、ニードルジェットの中に針のような形状をしたスティックを刺し、その隙間でガソリンの流れる量を調整するのが「**ジェットニードル**」です。ジェットニードルの先は細く尖っていて、スライドバルブが大きく開いたとき、つまり高回転時にはガソリンの流量を増やすことができます。そして、そのストレート部はアイドリング付近からスロットル開度 1/2 付近の混合比に影響します。

　ジェットニードルの位置を決める「ジェットニードルクリップ」は、通常 3 ～ 7 段階ほど差し込む位置が選べ、段数を上げれば薄くなり、下げれば濃くなります。その影響を及ぼすのはアクセル開度 1/8 ～ 3/4 程度の範囲です。

　アクセルワイヤーに引かれるスライドバルブの上下に合わせニードルジェットの中でジェットニードルが上下し、ガソリンの通る量がコントロールされます。

　ガソリンタンクから流れてくるガソリンはいったんフロートチャンバーに溜められ、そこからニードルジェット（ガソリン吸入管）を通ってメインボアへ送られます。フロートチャンバーに溜められるガソリンの量（油面）は、フロートの浮き沈みによってバルブが開閉し一定量が保たれます。これはちょうど水洗トイレのタンクと同じ原理です。

■スライドバルブが 1/3 程度開いたとき■

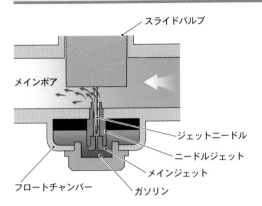

スライドバルブ

メインボア

ジェットニードル

ニードルジェット

メインジェット

フロートチャンバー

ガソリン

ニードルジェットの中にはスライドバルブに取り付けられたジェットニードルが挿入されています。メインジェットを通ったガソリンはニードルジェットに入り、ジェットニードルの隙間からメインボアへ流れ込んでいきます。

■スライドバルブが 3/4 ～全開のとき■

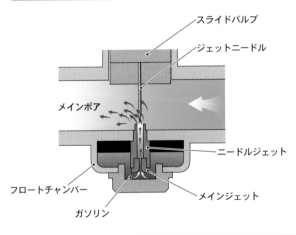

スライドバルブ

ジェットニードル

メインボア

ニードルジェット

フロートチャンバー

メインジェット

ガソリン

乗り手がアクセルを大きく開け、スライドバルブが大きく開いているときは、ジェットニードルは、ほぼニードルジェットから抜け出た位置にあり、ガソリンの供給量を決めるのはメインジェットの役割となります。

6

エンジンの吸気／排気機構

■ジェットニードルのクリップ段数■

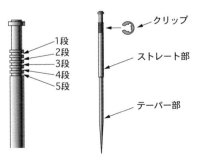

1段
2段
3段
4段
5段

クリップ

ストレート部

テーパー部

ジェットニードルのクリップ位置を変えることで、スライドバルブとジェットニードルの取り付け位置が変わり、燃料の噴出量を調整することができます。スロットル開度 1/8 ～ 3/4 程度での燃料供給量に影響を及ぼします。

▼メインジェット

▼ジェットニードル

キャブレター各部の働き2

キャブレターはアクセル開度に合わせて、空気とガソリンを必要なだけエンジンへ供給していますが、アクセル開度0すなわちスロットル全閉時には「スローポート」と呼ばれる「メイン系」とは別の通路から混合気を供給しています。これが「スロー系」です。

スローポート、アイドルポート

　スロットル全閉（アイドリング状態）の場合、ガソリンは**メイン系**（ニードルジェット）とは別の通路から送り出されます。エンジンの吸入力が小さい（負圧＝小さい）アイドリング時にも、微量のガソリンを確実に供給できるよう専用の空気とガソリンの通路が設けられているのです。その通路を「**スローポート**」あるいは「**アイドルポート**」といい、ガソリン量を「**スロージェット**」（パイロットジェット）、空気の量を「**スローエアジェット**」、空気とガソリンの混合気の量を「**パイロットスクリュー**」で調整できるようになっています。

チョーク

　エンジンが冷間時も始動しやすいよう濃い混合気をつくりだす機構が「**チョーク**」です。キャブレター入口付近に空気吸入口を遮るチョークバルブを設け、これを閉じることで空気を減らし、濃い混合気をエンジンへ供給します。

　また、チョークバルブを設けずに、始動時専用のガソリンと空気の通路を設けて始動性を上げる方式や、始動時のみガソリンを濃くする「**エンリッチナー**」などを採用する場合もあります。

加速ポンプ

　急激なスロットルオープンでは空気量だけが増え、吸い出されるガソリン量が追いつかなくなります。スロットルと連動する「加速ポンプ」は、そんなときガソリンをフロートチャンバーから汲み上げ、メインボアに備えられた専用の噴射口から発射。足りないガソリンを補います。

■スロー系■

▼ エアスクリュー式

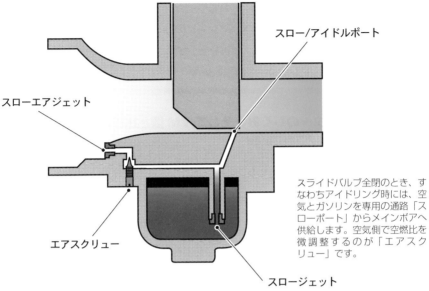

スロー/アイドルポート

スローエアジェット

エアスクリュー

スロージェット

スライドバルブ全閉のとき、すなわちアイドリング時には、空気とガソリンを専用の通路「スローポート」からメインボアへ供給します。空気側で空燃比を微調整するのが「エアスクリュー」です。

▼ パイロットスクリュー式

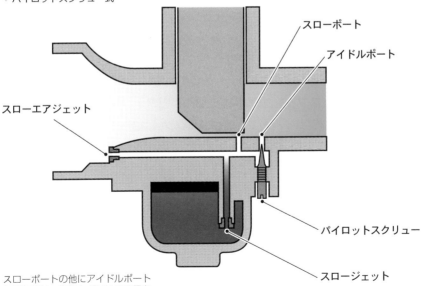

スローポート

アイドルポート

スローエアジェット

パイロットスクリュー

スロージェット

スローポートの他にアイドルポートを別に設け、空気とガソリンの量を微調整する「パイロットスクリュー」を備えます。

6

エンジンの吸気／排気機構

6-4 CV キャブレター（負圧作動型）

VMキャブレターでは「スライドバルブ」が乗り手のアクセル操作に連動しましたが、CV型ではアクセルワイヤーに繋がっているのは空気の量を調整する「バタフライバルブ」です。サクションチャンバーの負圧が増えることで、ベンチュリーピストンが吸い上げられます。

CVキャブレターのしくみ、そしてVM型と比較して

アクセルと連動したスロットルワイヤーで、**ベンチュリーピストン**を直接上下（開閉）させるVMキャブレターに対し、CV型ではアクセルと連動する「**バタフライバルブ**」（CV型ではこちらをスロットルバルブと呼ぶ）を別に設け、「**サクションチャンバー**」で発生する負圧によってベンチュリーピストンを動かします。

ベンチュリーピストンの上には、アクセルを開けたときに負圧が生じる空気室があり、これが「**サクションチャンバー**」です。アクセル全閉時などバタフライバルブが閉じているときはメインボアを通る空気も少ないため、そこに発生する負圧も小さく、ベンチュリーピストンはスプリングによって押し下げられています。

しかし、アクセルを開けバタフライバルブが開くと、メインボアを流れる空気が増加。サクションチャンバーの負圧が増し、ベンチュリーピストンを押し下げていたスプリングの力に打ち勝ち、ピストンを引き上げます。

つまり、バタフライバルブが開けばサクションチャンバーの負圧が増し、ピストンが吸い上げられる。CV型では、ベンチュリーピストンの開度は負圧とスプリングの強さで決まるという仕組みですから、ピストンはエンジンの回転状況に見合った分しか開かず、スムーズで安定したエンジン特性が得やすいというわけです。

VM型に比べレスポンスは劣るものの扱いやすいCV型は、エンジンの吸入力が大きい4ストロークエンジン向き。VM型はレーシングマシンやチューニングバイク、または吸入力の少ない2ストロークエンジンに最適と考えられています。

■ CV キャブレターの構造 ■

アイドリング時

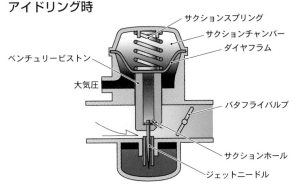

サクションスプリング
サクションチャンバー
ダイヤフラム
ベンチュリーピストン
大気圧
バタフライバルブ
サクションホール
ジェットニードル

◆サクションチャンバー
アクセル全閉時はメインボアの負圧が小さく、チャンバー内の負圧も小さい。

◆サクションスプリング
負圧に影響されることなく、ベンチュリーピストンを下へ押し下げた状態を保つ。

◆ベンチュリーピストン
サクションスプリングに押され、ベンチュリーピストンは押し下げられている。

◆バタフライバルブ
スロットルワイヤーにより、乗り手のアクセル操作に連動。アイドリング時は全閉。

◆ダイヤフラム
弾力性のある薄いゴム製の膜で、サクションチャンバーの負圧室を形成する。

アクセルを開けたとき

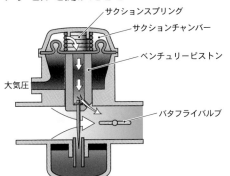

サクションスプリング
サクションチャンバー
ベンチュリーピストン
大気圧
バタフライバルブ

◆サクションチャンバー
バタフライバルブが開くことで空気の流速・流量が上がり、チャンバーの負圧が増加。

◆サクションスプリング
スプリングの力よりも負圧の力が勝ると、バネが縮まってピストンが上がってくる。

◆ベンチュリーピストン
負圧とスプリングの力が釣り合うところまでベンチュリーピストンは押し上げられる。

◆バタフライバルブ
バタフライバルブが開き、空気量・流速がアップ。サクションチャンバーの負圧も上がる。

ベンチュリーピストンを直接操作する VM 型（Variable Manifold）に対し、CV 型（Constant Vacuum）ではアクセルと連動するバタフライバルブを別に設けています。ベンチュリーピストンの上にはサクションチャンバーがあり、そこで発生する負圧によってピストンを動かします。アイドリング時などはスプリングがピストンを押し下げていますが、アクセルを開けることによって負圧が生じ、スプリングの力に打ち勝ってピストンを引き上げます。

6
エンジンの吸気／排気機構

6-5 フューエルインジェクション

エンジンが必要としているガソリンの量を電気的にコントロールし、燃焼室
へ供給するのが「フューエルインジェクション」（電子制御燃料噴射装置）で
す。現在、新車で売られているオートバイのほとんど（キャブモデルもある）
が、従来のキャブレターに代わってこれを採用しています。

■ フューエルインジェクションの仕事

　エンジンが吸い込む空気にガソリンを混ぜる。その仕事はキャブレターと
同じですが、エンジンが空気を吸い込む力（吸入負圧）を利用して混合気を
燃焼室に送り込むキャブレターに対して、電動ポンプの圧力を利用して「**イ
ンジェクター**」の微細なノズルからガソリンを噴射するのが「**フューエルイ
ンジェクション**」です。

　「**ECU**」（エレクトロニック・コントロール・ユニットあるいはエンジン・
コントロール・ユニット）と呼ばれるコンピュータが、車体各部に取り付け
られた各センサーからの情報を解析し、それぞれの状況に応じた最適な燃料
噴射量・噴射時間、点火タイミングなどを決定します。そして ECU から信
号を受けたインジェクターが、メインボアに向かってガソリンを噴射。イン
ジェクターは ECU からの指令に従いノズルを開閉しながらガソリンを噴い
たり止めたり微調整。燃料の供給量・タイミングをコントロールします。

■ キャブレターに代わって広まったフューエルインジェクション

　四輪自動車には 1960 年代から搭載されていたフューエルインジェクショ
ンですが、市販のオートバイには 1980 年代から採用されるようになりま
した。当初はシステムの複雑さや重量増、コストなどが問題視されていまし
たが、コンピュータ技術の進化に伴いキャブレターに代わって広まり、現在
では一般的な装備です。

　高圧で燃料を噴射するため霧化しやすく、電子制御によって状況に応じた
ガソリンの量だけ噴射されるためキャブレターよりも効率が良く、燃費向上
から出力アップ、排ガスのクリーン化など、多岐に渡って性能向上に貢献し

ます。

　昨今、世界中の先進国で厳格化した排ガス規制が、インジェクション化の後押しとなったことも付け加えておきます。

■インジェクションシステムの燃料経路■

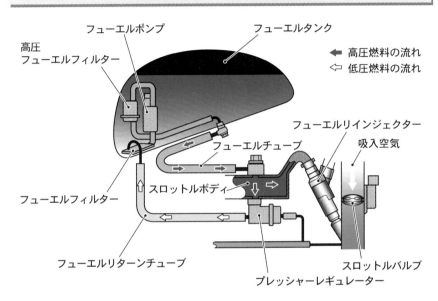

6

エンジンの吸気／排気機構

メーカーごとに異なるシステムの名称

　フューエルインジェクションシステム「FI」は、メーカーによってさまざまな名称で呼ばれています。「PGM-FI」（Programmed Fuel Injection）と呼ぶホンダに対し、ヤマハでは「EFI」（Electronic Fuel Injection）、スズキでは「EPI」（Electronic Petrol Injection）、カワサキでは「DFI」（Digital Fuel Injection）です。

カワサキ ZRX1200DAEG の
インジェクションシステム。

FI 各部の働き

> それではインジェクションシステムを構成する各部の働きを見てみましょう。
> システムの核となるのは「ECU」と呼ばれるコンピュータで、車体各部に取り付けられたセンサーから送られてきた情報を分析し、インジェクターの燃料噴射量を決定します。

ECU

　システムの頭脳となる「ECU」(Engine Control Unit)は、シートの下やシートレールの後端などに搭載されており、内部にある基盤を樹脂で覆い、オートバイでの使用に耐えられるよう振動や水に強く、耐候性が高められています。

　より高い情報処理能力を求め高性能化が図られており、コンピュータ内での演算を行なう中心である CPU は、当初 8 ビットだったものが 16 ビットとなり、現在の高性能モデルでは 32 ビットへと進化しています。

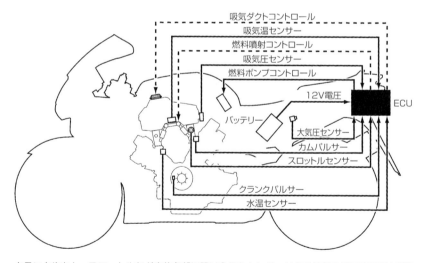

クランクやカム、スロットルなど車体各部に設けられたセンサーからの情報を受けて ECU が演算処理。入力された情報（回転数やギヤポジション、スロットル開度など）に対応する「マップ」をもとに、点火時期や燃料噴射量が決められます。

　左ページ下の図はホンダ VFR の PGM-FI システム図。シートレール後端に搭載された ECU に向かって車体各部からさまざまな情報が送られ、これを ECU が自ら持つデータに基づいて解析。そのとき最適な燃料噴射量をインジェクターに指令し、点火時期やエア吸入量もコントロールします。

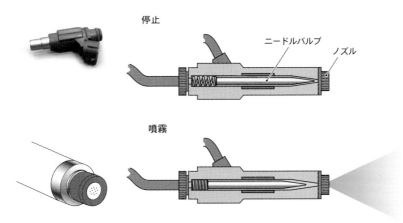

停止

ニードルバルブ

ノズル

噴霧

インジェクター内部のニードルバルブがスライドすることでノズルの穴を開閉し、燃料噴射が制御される。噴射孔は 4 〜 12 穴程度が一般的。

インジェクター

　ECU からの信号を受けて、エンジンが必要とするだけの燃料を噴射するのが「**インジェクター**」です。燃料タンクに内蔵されたフューエルポンプで 2.55kgf/cm^2 〜 3.5kgf/cm^2 程度の圧力で送られてきた燃料は、インジェクター先端のノズルが開いている時間だけ噴射されます。ノズルの穴の開閉はインジェクター内をスライドするニードルバルブが行い、先端の穴は 4 〜 12 程度。100 ミクロンというとても小さな穴です。

　インジェクターはメインボアに差し込まれており、その取り付け角度つまりガソリンをどの方向に向かって噴射するかは機種によってさまざまです。各気筒ごとに 1 本ずつあるいは、レースマシンや高性能モデルでは各気筒に 2 本のインジェクターを備えるものもあります。通常の位置に「**プライマリーインジェクター**」を配置し、「**セカンダリーインジェクター**」をエアクリーナーボックス側に設け、高回転時などにガソリン噴射量を増やします。

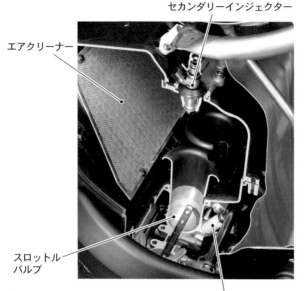

エアクリーナー

セカンダリーインジェクター

スロットル
バルブ

プライマリーインジェクター

高回転域で不足する燃料
噴射を補うために、高回
転エンジン搭載モデルで
はインジェクターを 1
気筒あたり 2 ユニット
備えるものもある。写真
はホンダ CBR600RR。

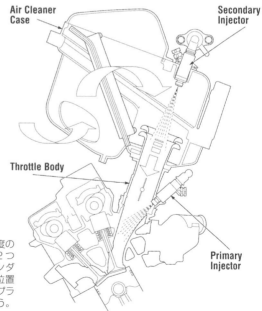

Air Cleaner
Case

Secondary
Injector

Throttle Body

Primary
Injector

エンジン高回転、スロットル開度の
大きいときに燃料を噴射する 2 つ
めのインジェクターを「セカンダ
リーインジェクター」、従来の位置
にある全域を担当するものを「プラ
イマリーインジェクター」という。

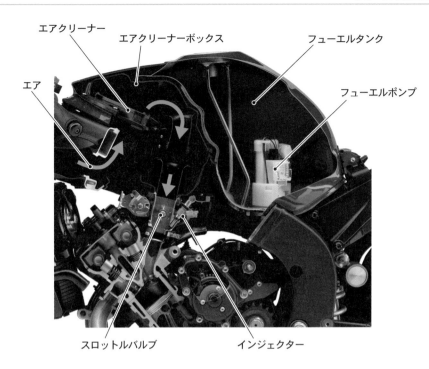

エアクリーナー
エアクリーナーボックス
フューエルタンク
エア
フューエルポンプ
スロットルバルブ
インジェクター

フューエルポンプ

　インジェクションを採用したオートバイに乗るとき、イグニッションをオンにしたときに聞こえる「ウィーン」という機械音は「**フューエルポンプ**」が起動したときの音です。インジェクションモデルの場合、ガソリンタンク内に電動式のフューエルポンプを内蔵し、ガソリンに圧力をかけてインジェクターに送り込みます。

非常に精密な機構を持つインジェクターは、異物混入があってはなりません。ガソリンはフューエルポンプに入る直前に不純物を除去するフィルターを通過し、そしてインジェクターに送られるフューエルチューブに入る前にも「高圧燃料フィルター」を通ります。さらにインジェクターの入口にもフィルターがあり、ガソリンの不純物を徹底して除去しています。

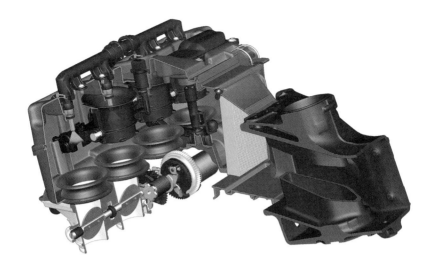

■ スロットルバルブ（バタフライバルブ）

　キャブレターのように霧吹きの原理を使わないので、メインボアはベンチュリー形状ではなく、単にテーパー形状をしています。そこにアクセルと連動するモーター駆動のスロットルバルブ（バタフライバルブ）があり、メインボアの開口面積を変えて空気の流速をコントロールします。

■ プレッシャーレギュレター

　インジェクターに供給されるガソリンは、燃料タンク内のポンプによって高圧力でインジェクターに送り込まれますが、インジェクターが噴射するガソリンの量はエンジン回転数やスロットル開度などによって目まぐるしく変わります。噴射量の増減があれば内圧も不安定になり、過剰に高ければ装置が壊れたり燃料通路が破裂。圧力が下がりすぎればガソリンの噴射ができなくなります。それを防ぐために「プレッシャーレギュレター」（圧力調整器）では、内蔵するダイヤフラム式弁を開閉することで圧力をコントロール。高圧になったときに弁を開いて、リターンフューエルチューブでガソリンをタンクに戻し、圧力を一定に保ちます。

　また、レギュレターを燃料ポンプに付け、リターンフューエルチューブを持たないものもあります。その場合は燃料の圧力をポンプ側で一定に保ちます。

パワーチューナー（Power Tuner）

　ユーザーの好みやコース状況に応じてエンジンセッティングができる「パワーチューナー」が、2010 年型 YZ450F には標準装備されました。

　走行環境に応じ「ECU」が、燃料噴射量と進角特性を定めています。このベースとなっている「燃料噴射量マップ」と「進角特性（点火時期）マップ」の 2 種の三次元マップを路面状況や好みに応じ、ユーザー自身が手軽にカスタマイズできるようにした装置です。

　マシンへの書き込みは、エンジンを停止して車両のカプラーに接続して行います。専用の工具やパソコンも不要で、設定すればすぐに走行が可能。モニター機能もあってエンジン運転時間の確認などもでき、整備時期の目安も把握できます。

　さらに 2018 年モデルでは、無料の専用アプリをダウンロードしたスマートフォンでセッティング操作可能なシステムとしました。その他に、レースログや故障診断コードの表示、リアルタイム車両状況チェック、バックアップ機能、作成したマップやレースログをユーザー同士で簡単にシェアできる機能なども備えています。

6

エンジンの吸気／排気機構

YZ Power Tuner（2010 年型）
土埃の多いモトクロスコースでの使用を前提に、防塵性も考慮されています。

スマートフォンでの Power Tuner（2018年型）
燃料噴射と点火時期のマップは、従来モデルの「3 × 3」から「4 × 4」の格子へと細分化。

6-7 ガソリンの供給

エンジンを動かすために必要な燃料は「フューエルタンク」に蓄えられ、そこから電動ポンプまたは重力による自然落下により、フューエルインジェクション（FI）またはキャブレターに供給されます。キャブレター車のタンクは「フューエルコック」を備え、燃料の流れを制御します。

フューエルタンク（ガソリンタンク）

フューエルタンクの容量・形状は機種によってさまざまですが、容量が大きければ長距離を走ることができますし、少なければその分だけ車両重量を減らすことができます。ツアラーモデルでは 30 リットル以上のビッグタンクを備える場合もありますし、最新のトライアルマシンでは、2 リットル未満という非常にコンパクトなフューエルタンクを採用しています。

公道向けの市販車では安全性の高い金属製のタンクであることが多く、レーシングマシンではより軽量な樹脂製のものが使われます。フレームの一部が、燃料タンクを兼ねているモデルも存在します。

キャブレター車の燃料供給

フューエルタンクに蓄えられたガソリンを、タンク内に内蔵した電動ポンプによりインジェクターに圧送する FI 車に対し、キャブレター車では重力による自然落下または負圧によりキャブレターへ燃料を供給している場合がほとんどです。

フューエルタンクの底には「**フューエルコック**」（ガソリンコック）が備えられ、レバーで ON、OFF、RES を切り替えることで状況によりガソリンを流すか否か操作できるようになっています。「ON」は流れる、「OFF」は止める、そして「RES」はリザーブで、ガソリン残量が少なくなったときに切り替えます。負圧式コックの場合は「PRI」（Primary）という位置があり、エンジンが停止中でもガソリンが流れる仕組みになっています。

フューエルコックの入口にはメッシュ製のフューエルフィルターがあり、キャブレターへ流し込むガソリンを濾過して不純物を取り除きます。

■キャブレター車のガソリン経路■

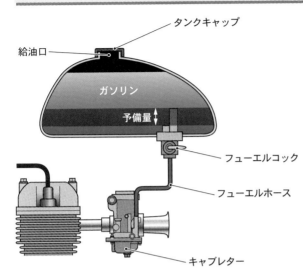

タンクキャップ
給油口
ガソリン
予備量
フューエルコック
フューエルホース
キャブレター

キャブレターにはフロートバルブが備わっているものの、エンジン停止中も長い時間にわたってキャブレターへガソリンを流し込めば、オーバーフローなどの問題が発生してしまう。そこでフューエルタンクの底にコックを設け、ON/OFF でコントロール。RES は予備タンクとも言うが、別体タンクを持っているわけではない。

ガソリンタンク

フューエルタンクの位置はエンジンの真上というのが、長い間オートバイでは一般的であったが、近年のロードバイクでは低重心化や重量物を車体の中心に集めてマスの集中化を図るために、燃料タンクの位置が変わってきている。ビューエルではフレームをガソリンタンクに活用。フューエルタンクのあったエンジン上のスペースに、より大きなエアクリーナーボックスが設けられるなどメリットは大きい。

6-8 エアの供給

エンジンを動かすためにはガソリンの他に空気が必要です。空気の取り入れ口には「エアクリーナー」が備えられ、ホコリや砂などを取り除きます。エアクリーナーには乾式と湿式があり、昨今のロードスポーツモデルには乾式、ダートを走るモトクロッサーでは湿式が使われます。

乾式エアフィルターと湿式エアフィルター

空気の取り込み口の途中にはエアクリーナーが装着され、大気中のホコリや砂などを濾過します。目の細かい濾紙をジャバラ状に折りたたみ、それを筒状にした「**乾式エアフィルター**」(乾式エレメント)と、スポンジに専用オイルを染みこませた「**湿式エアフィルター**」(湿式エレメント)の2タイプがあり、乾式は使い捨て、湿式は専用液で洗浄して繰り返し使うことができます。

エアクリーナーボックス

エアクリーナーを収めている箱のことを「**エアクリーナーボックス**」といいますが、アクセルをガバッと開けた場合に供給される空気は、エアクリーナーボックス内の空気が大半。つまり、ここにある空気が多いほど、エンジンへのエア供給が多くなり、パワーも大きくなります。

そこで近年のオートバイでは、エアクリーナーボックスの容量が大きくなっており、その内部構造を工夫することで騒音の原因になる吸気音を抑えています。

エアの供給路

雨水などが直接入りにくいシートの下など、空いた隙間からエアを取り込むのが一般的ですが、エンジン付近など高温な場所から取り込んだ空気は熱により膨張しているため密度が低い。よりフレッシュなエアを、より多く取り込むために、高性能ロードマシンではエアダクトを車体前面に出し、外気を効率良く導く方法が考えられています。

▼ 乾式エアフィルター

乾式エアフィルター

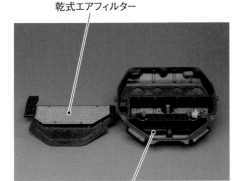

エアクリーナーボックス

乾式エアフィルターと、それを収めるエアクリーナーボックス。エンジンへより多くエアを供給するためには、エアクリーナーボックスの容量は大きい方が有利。

▼ 湿式エアフィルター

湿式エアフィルター

スポンジ状のポリウレタンフォームを使った湿式エアフィルター。専用のオイルを全体にまんべんなく塗布し、ホコリや砂を吸着させる。汚れたら専用の洗浄液で洗い、繰り返し使用することができる。

6

エンジンの吸気／排気機構

エアの供給路

エアダクト

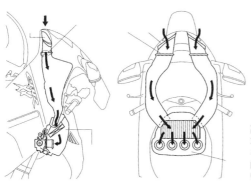

高性能ロードモデルでは、よりフレッシュなエアを大量に取り込むためにエアダクトを車体前面へ伸ばしている。走行風を効果的にエンジンへ供給し、冷却効果も高めています。

6-9 エキゾーストシステム

> エンジンの排気ポートに接続し、大気中に排気を放出するまでの装置のこと
> を「エキゾーストシステム」といいます。「サイレンサー」を装備することで
> 排気音を抑え、「エキゾーストパイプ」の途中に触媒を設けて排ガスを浄化し
> ます。エンジンの出力特性への影響も多大です。

マフラー（エキゾーストパイプとサイレンサー）

エンジンの燃焼室から掃き出される高温高圧の排ガスをそのまま大気に放てば周囲に危険がおよび、排出と同時に一気に膨張して大きな騒音を発してしまいます。こうした騒音を低減させると同時に、排ガスの温度や濃度を下げるのが「**マフラー**」の役割です。

エンジンの排気ポートから出る管を「**エキゾーストパイプ**」（エキパイ）といい、長さや太さ、曲がり具合や集合方式などそのレイアウト次第で、エンジンの出力特性に大きな影響を及ぼします。素材にはステンレスやスチールのほか、より剛性が高く軽量なチタンなども使われます。

エキゾーストパイプの後端には「**サイレンサー**」が連結され、消音効果を高めます。素材にはステンレスやアルミ、チタンやカーボンなどが使われます。

マフラーの内部

音というエネルギーは、物体にぶつかったり擦れたりすることでエネルギーが弱まり小さくなる。サイレンサーの中には通常、吸音材としてグラスウールが収まっています。グラスウールのような綿状のガラス繊維は非常に細かく表面積が大きいため、吸音材として適しているからです。

また、マフラーの内側は複数の部屋に仕切られていることが多く、排ガスは消音室に入るたびに少しずつ膨張し、エネルギーを発散します。複数の消音室を通過させることで、徐々に音のエネルギーを奪い取るしくみです。

さらに、圧力波である音を反射させてぶつけ合わせ、共鳴・打ち消し合う作用などを応用し、排気音を音量規制値まで抑えています。

■進化を続けるエキゾーストシステム■

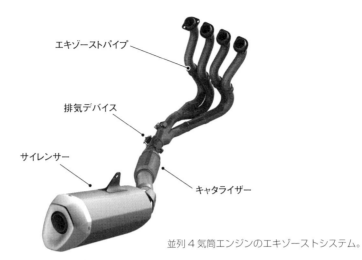

エキゾーストパイプ

排気デバイス

サイレンサー

キャタライザー

並列４気筒エンジンのエキゾーストシステム。

Ｖ型４気筒エンジンのエキゾーストシステム。

サイレンサーの内部をいくつかの部屋に分け、排ガスが流れ込むごとに少しずつ膨張させて、音のエネルギーを奪い取る消音システム。

排気経路の途中に設けられたバルブを開閉することにより、開口面積を可変し、排気管内の圧力波の状態を最適化する排気バルブ制御システムも導入されています。

より重要視される排気システム

車体のデザイン面でも、そして性能にも大きく影響するエキゾーストシステム。オートバイ黎明期のキャブレターが缶詰トマトの空き缶だったように、マフラーもまたただの鉄パイプでした。

やがて、エンジンが多気筒化されていくうちに、排気管の太さや長さ、形状がエンジンの出力特性に大きな影響を及ぼすことを見つけます。

世界で初めて集合マフラーを実用化させたという言われている現ヨシムラジャパンの創始者、故・吉村秀雄氏は４気筒エンジンのエキゾーストパイプを１つにまとめるアイデアを考案。集合マフラーを装着したマシンが、世界中のサーキットで大活躍することになります。

そして現在。マフラーの役割はより多くなり、動力性能の向上はもちろん、世界的に厳格化される音量規制や排ガス規制に対応するための消音機能や排ガス浄化機能も欠かすことができません。

ショートタイプマフラーをはじめ、**センターアップマフラー**や排気バルブ内蔵、整流板の導入などさまざまな技術が盛り込まれ、車体の重要パーツとして考えられています。

センターアップマフラー

2003 年のホンダ CBR600RR など、スーパースポーツに採用されたセンターアップマフラーは、テールカウル下の空間にサイレンサーを収納することで、車体横に装備する方式では避けられない空気の乱流発生を防ぎ、空力特性の向上を図ったものでした。

また、重心を左右均一とすることで、ハンドリング特性の向上と、サーキットにおける最大バンク角の確保にも貢献しました。

センターアップマフラーを採用したホンダの Moto GP レーサー RC211V（写真は 2001 年型）。その後、CBR600RR など市販車にもフィードバックされていくことになる。

マスの集中に貢献するショートマフラー

　現在、スポーツバイクで主流なのは、車体構成パーツの一部として存在感を消し、消音や排ガス浄化機能を専用のチャンバーで受け持たせ、それを車体中央底部にマウントさせる手法でしょう。サイレンサーはより短く、車体の重心に近づけることで**マスの集中**に貢献します。

▼ ホンダ CBR650F/CB650F

■マスの集中に寄与した排気系

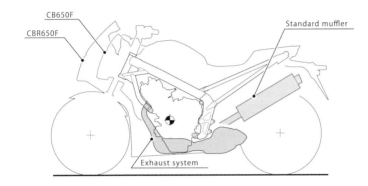

■エキゾーストパイプ集合部の内部構造

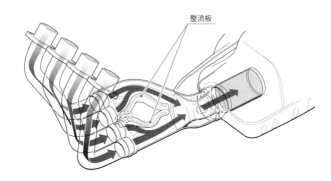

キャタライザー（触媒）

排ガスの中には、不完全燃焼の際に発生する一酸化炭素（CO）や、燃え残ったガソリンが気化した炭化水素（HC）、高温の燃焼室内で空気中の窒素と酸素が結合した窒素酸化物（NOx）といった大気汚染物質が含まれています。これら有害物質を化学反応させ、排ガスをクリーンにするのが触媒です。

キャタライザーの働き

オートバイの排ガス規制は 1998 年から規制が実施され、さらに 2006年に規制強化。日本の排ガス規制は諸外国と比べても厳しい水準にあります。そんな背景もあり、エキゾーストシステムには排ガスに含まれる有害物質の拡散を防止する「**キャタライザー**」（触媒装置）が備えられています。

キャタライザーは通常「**ハニカム構造**」ともいう蜂の巣状になった筒の形をしており、その内側にプラチナやロジウム、パラジウムなど触媒として機能する貴金属を付着させています。

キャタライザーの中を排ガスが通過すると、有害成分とされる CO（一酸化炭素）、HC（炭化水素）、NOx（窒素酸化物）が化学反応を起こし、無害な CO_2（二酸化炭素）、H_2O（水）、N_2（窒素）に変換されます。3 つの化学物質を反応させることから「**三元触媒**」とも呼ばれ、キャタライザーはエキゾーストシステム内に 1 つとは限らず、2 〜 3 個内蔵されていることもあります。

早くからキャタライザーを導入し、排ガスをクリーン化した BMW のエキゾーストシステム。

「ハニカム構造」と呼ばれる蜂の巣状になった触媒。プラチナ、ロジウム、パラジウムなど触媒として働く貴金属を内側に付着し、排ガスの有害成分を化学反応させる。

$$CO+HC+NOx$$

⬇

$$CO_2、H_2O、N_2$$

6

エンジンの吸気／排気機構

環境対策

　厳格化する排ガス規制に対応するためには、キャタライザーの設置だけにとどまらず、「**二次空気導入システム**」（エアインジェクションシステム）や「**O_2フィードバックシステム**」などを組み合わせている場合があります。

　二次空気導入システムとは、エアクリーナーからの空気を排気ポートに送り込み、排ガスの酸化（未燃焼の CO や HC を再燃焼）を促すことで、より完全な燃焼を促進し、有害物質である CO や HC の排出量低減を図る４ストロークエンジンの排出ガス再燃焼システムです。

　O_2 フィードバックシステムは、マフラーに取り付けた「**O_2 センサー**」で排ガス中の酸素濃度を検出し、ECU へ伝達。空燃比を最適化します。

さらに環境対策としては「**ブローバイガス還元装置**」も導入済みです。ブローバイガスとは、ピストンとシリンダー内壁の隙間からクランクケースに吹き抜ける未燃焼ガスのことで、かつてはこれを大気に放出していました。ブローバイガス還元装置では、ブリーザーパイプをエアクリーナーボックスに繋げ、ブローバイガスを再吸入させます。

空気の流れ
リードバルブ
インテークポート
エキゾーストポート

排ガスの浄化作用を高めるために、空気を排気ポートに送る二次空気導入システム。
有害物質である CO や HC の酸化反応を促進し、有害ガスの排出を低減します。

6-11 エキスパンションチャンバー

2ストロークエンジンのマフラーは「エキスパンションチャンバー」と呼ばれる独特の形をしています。燃焼ガスの圧力波を膨張室で増幅し、反射させることで排ガスを効率良く引き込み、燃焼室から溢れる混合気を押し戻す働きを持ちます。ハイパワーを引き出す重要な部品です。

エキスパンションチャンバーの働き

2ストロークエンジンのマフラーは、入口（掃気ポートへの装着部分）や出口（排気口付近）は細く狭められていますが、排気管途中の中間部が大きく膨らみ、そこが膨張室（Expansion Chamber）になっていることから「エキスパンションチャンバー」あるいは「チャンバー」と呼ばれています。

吸・排気を機械的に制御するバルブ機構を持っていない2ストロークエンジンは、シリンダーに吸い込まれたフレッシュな混合気が燃焼済みのガスを押し出して排気が行われますが、排気ポートから掃き出されるガスの中には未燃焼のままのガスも混ざってしまいます。

エキスパンションチャンバーでは、燃焼済みの不要なガスの排出を行いながらも圧縮・爆発時のパワーをより強めるために、未燃焼ガスを再び燃焼室へ送り返すしくみ・構造が考えられています。

脈動効果（カデナシー効果）

シリンダー内で爆発が行われる度に排気管の中では燃焼ガスの圧力波が行き来し、マフラー内の衝撃波は正圧波（＋）になったり負圧波（－）になります。これを「脈動効果」（カデナシー効果）といい、この効果を利用して燃焼済みのガスを引き寄せたり、シリンダー内にフレッシュな混合気を呼び込みます。

エキスパンションチャンバーは、エンジンの一部といえるほど出力特性に影響するため、その形状や曲がり具合、長さや絞り角度などが徹底的に追求されています。素材にはステンレスのほかにアルミやチタンなどが使われ、チャンバー出口にはサイレンサーを備えて排気音量を抑えています。

■脈動効果を利用し、充填効率を高める■

排気

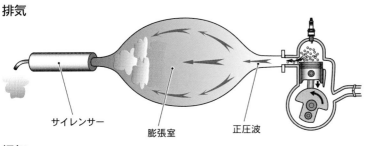

サイレンサー

膨張室

正圧波

掃気

反転波が
燃焼室から溢れ出る混合気を
押し戻す

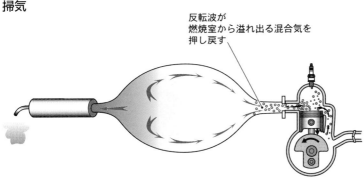

　シリンダー内にある燃焼済みのガスは、排気ポートが開くと同時にチャンバー内へ排出され、音速の正圧波として膨張室へ進みます。広い膨張室に達すると負圧が生じ、シリンダー内の排ガスを引き込みながら、燃焼室へ新しい混合気を呼び込みます。

　燃焼室に勢い良く流れ込んだ混合気は、排気ポートから溢れ出てしまいますが、膨張室からの反転波がこれを押し戻し、充填効率を高めます。

吸・排気ポートの開閉時期と反射波の到達するタイミングを合わせることで、効率はさらに高まりますが、その決め手となるのはチャンバーの形状や長さ・絞り具合です。「**サブチャンバー**」や「**排気デバイス**」を併用する場合もあります。

２ストロークエンジンにとって、チャンバーはエンジンの一部と言っていいほど、出力特性に大きく影響します。

スズキエキゾーストチューニングアルファ

　エンジン回転数やスロットルポジション、ギヤポジションに基づいて排圧を最適化する、サーボ制御の可変バルブシステムが高性能スポーツモデルのエキゾーストシステムでは積極的に採り入れられています。

　スズキGSX-R1000R（2018モデル）では、＃1と＃4、＃2と＃3のエキゾーストパイプを連結しています。この設計の場合、通常だと容量が増加して排圧が低減するため、高回転域のパワーは増大しますが、低中速域のパワーが犠牲になりがちです。

　そこで各ヘッダーバランスチューブにサーボ制御のバタフライバルブを追加し、低回転域ではバルブを閉じてトルクを増加。高回転時にはバルブを開き、容量増加と排圧低減、排気脈動効果により、より高いパワーを実現しています。スズキはこれを「スズキエキゾーストチューニングアルファ（**SET-A**）」と名付けています。

▼スズキエキゾーストチューニングアルファ（SET-A）

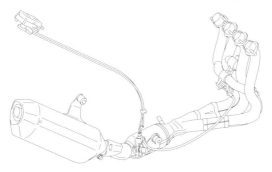

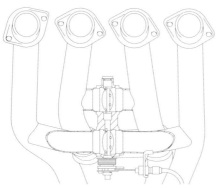

従来型のGSX-R1000は、エンジン回転数、スロットルポジション、ギヤポジションに基づいて、ミッドパイプに内蔵されたサーボ制御のバルブにより排圧を最適化することで、全回転域でのトルクを向上させてきました。新型GSX-R1000Rのエキゾーストシステムは、新開発の「スズキエキゾーストチューニングアルファ」としてバタフライバルブを追加することで進化に至りました。

サーボモーター駆動の可変排気バルブ

　ホンダ CBR1000RR（2018 モデル）では、マフラー前側パイプ部の2 重管構造により膨張室容積をより有効に使うとともに、サーボモーター駆動の**可変排気バルブ**を 2 重管の内側パイプ内部に配置。エンジン回転数などに応じてバルブ開度を ECU で制御することにより排圧を常に最適化し、低回転での力強いトルク特性と高回転の出力向上を両立させることに大きく寄与しています。

　またこの構造により、最新の騒音法規に対応しながら直列 4 気筒ならではの高回転域の吹け上がりを演出する官能的なサウンドの実現にも寄与。加えて、エキゾーストパイプ集合部に触媒を配置することでマスの集中化を図るとともに、Euro4 排出ガス規制に対応しました。

▼ ホンダ CBR1000RR（2018 モデル）マフラー内部構造図

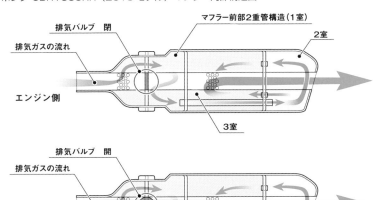

マフラー前部2重管構造（1室）
排気バルブ　閉
排気ガスの流れ
2室
エンジン側
3室

排気バルブ　開
排気ガスの流れ
エンジン側

▼ ヤマハ FZR400R（1987 年）

ヤマハは早くから可変式のバルブ（絞り）を設け、エンジン回転数などの条件に合わせて排気管内の断面積を変え、オーバーラップ時の排気圧を抑制するシステム「EXUP」を導入してきました。

6

エンジンの吸気／排気機構

センサーで読み取ったライダーのアクセル開度をECUで処理し、モーター駆動でスロットル開度を適切にコントロールするのが「電子制御スロットル」です。たとえば、アクセル全開／全閉時にスロットルバルブを一気に開けたり閉じたりしないように制御し、加速やエンブレ特性を向上させます。

YCC-T（ヤマハ電子制御スロットル）

ヤマハの電子制御スロットル「**YCC-T**」（Yamaha Chip Controlled Throttle）」は、乗り手のアクセル操作をセンサリングし、ECU（Electronic Control Unit）で演算した結果に応じて、スロットルバルブをモーターで駆動するシステムです。

従来の機械式ワイヤーケーブルのスロットルでは、ライダーのアクセルグリップ操作とスロットルバルブの開閉は、ほぼ1：1で行われていましたが、電子制御スロットルでは、各種センサーから伝達される情報からスロットルバルブの開閉を細かくコントロール。たとえば、アクセルを開けすぎたときに起こるボコ付き感などを解消し、アクセルレスポンスを向上。全開時だけではなく、全閉時など唐突なスロットルワークであってもトルクカーブを緩やかにすることで、最適なトラクションを生み出してくれます。

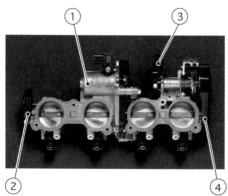

① スロットルバルブ駆動モーター
② スロットルポジションセンサー
③ アクセルポジションセンサー
④ メカニカルガード機能付きプーリー

④はトラブル時、ライダーの意志通りにリターンスプリングなどで強制的にスロットルが戻せる機構。燃料と点火もカットされる。

▼従来のスロットル（機械式）

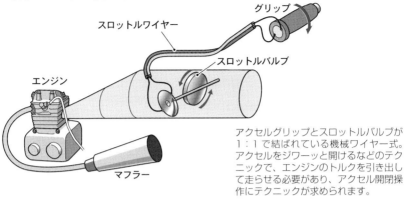

アクセルグリップとスロットルバルブが1：1で結ばれている機械ワイヤー式。アクセルをジワーッと開けるなどのテクニックで、エンジンのトルクを引き出して走らせる必要があり、アクセル開閉操作にテクニックが求められます。

6

エンジンの吸気／排気機構

▼電子制御スロットル

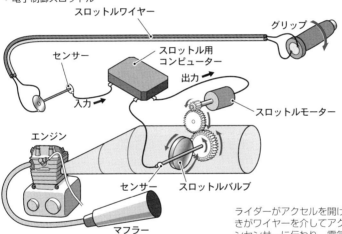

ライダーがアクセルを開けると、その動きがワイヤーを介してアクセルポジションセンサーに伝わり、電気信号となってECUへ。ECUはスロットルバルブ開度を計算し、モーターへ指令。モーターがスロットルバルブを動かします。

電子制御スロットルと連動し、エンジン特性を好みとシチュエーションに合わせてライダーが選択できる「ヤマハ D-MODE」。サーキットやワインディングなどスポーツ走行時は、よりシャープなアクセルレスポンスが味わえる「A」、アクセル操作に対してマイルドに反応する雨天時やビギナー向けの「B」、そしてオールマイティな「スタンダード」の３つのモードが用意されています。

6-13 電子制御インテーク

エアファンネルを上下分割式とし、通常は連結状態で新気を吸入。エンジンの回転数とアクセル開度が一定域を超えると、電子制御にて分離されショートファンネル化。つまり、電子制御によってエアダクトの長さを変え、エンジンが求める最適なエア吸入を手助けします。

YCC-I（ヤマハ電子制御インテーク）

電子制御化が進む最先端のスポーツバイクたちですが、**YCC-I**（ヤマハ電子制御インテーク＝ Yamaha Chip Controlled Intake）では、エアファンネルの長さを電子制御によって変え、吸入効率をコントロールします。

吸気用ダクト（エアファンネル）を上下分割式とし、通常は連結状態でファンネル長を 140mm としてエアを吸入。設定された回転数（2010 ヤマハ YZF-R1 の場合、9400rpm）を超えると、電子制御でファンネル上部が切り離され、下側 65mm だけとなります。**ショートファンネル化**によって高回転時の吸気効率を上げ、低中速と高速性能の両立を図り全域での滑らかな出力トルク特性を達成します。

エアファンネル

エンジンはガソリンとエアを混合気にして吸い込み、それを燃焼してパワーを発揮しますが、効果的に空気を吸い込むためのガイドが「**エアファンネル**」です。しかし、エンジンの回転が上がるとエアを吸い込む速度が上がり、今度はファンネル自体が吸気の抵抗となってしまいます。つまり、ファンネルの最適な長さは、エンジンの回転数によって変化するというわけです。

そこで考えられたのが**可変ファンネル**（電子制御インテーク）です。低中速時には長いファンネル、高回転時には短いファンネルとなります。

低中回転時

上下分割式のエアファンネルは、低中回転時には上下が繋がったままで長いファンネルとなっています。

6

エンジンの吸気／排気機構

一定の回転数を超えると…

高回転時

エンジンが高回転で回ると吸入速度が高まり、長いファンネルが抵抗になります。そこで、一定の回転域を超えると上部を切り離し、ファンネル長を短くします。それが電子制御インテークです。

YCC-T（ヤマハ電子制御スロットル）と、量産市販車では初となるYCC-I(可変式エアファンネル)を装備した2007年式のヤマハYZF-R1。

オートバイのエアダクトはシート下やガソリンタンクの下にあるのが一般的でしたが、より効率良くエアを取り込むためにエアクリーナーボックスからダクトを伸ばし、エンジンの熱の影響を受けない新鮮なエアを走行風からダイレクトに取り込む方式が採用されています。

ラムエア吸気システム

　航空機部門を持つ川崎重工を母体にするだけあって、カワサキは早い段階から航空機のテクノロジーをスポーツバイクに注ぎ込んでいます。エンジンの熱の影響を受けないフレッシュエアを車体前面から積極的に取り込む方式は各メーカーでも採用していますが、カワサキでは走行風圧でラム過給を行う「**ラムエア吸気システム**」が進化し続けています。

　四輪自動車やジェットエンジンのターボチャージャーは吸い込んだ空気を機械的に圧縮してエンジンへ強制的に送り込みますが、ラムエアシステムでは機械的な圧縮をせず走行によって起きる空気抵抗による圧力（**ラム圧**）によって、エンジンへ効果的に空気を送り込みます。走行による圧力を利用するので、速度が上がるほどラム圧が高まり、より効果を発揮します。

エア

ラム加圧時は 200ps 以上のパワーを発揮するカワサキのスーパースポーツ Ninja ZX-10R。先進的なエアロダイナミクスを有する。

▼ カワサキ Ninja ZX-6R

ラムエアシステムを採用するカワサキ ZX-6R。フロントカウルに設けられたセンターダクトから吸い込んだフレッシュエアは、フレームを通ってエアクリーナーへ流入されます。

スポーツモデルではカワサキだけに限らず、各メーカーがフロントからのエアインテークを早くから導入してきました。

▼ カワサキ ZX-25R

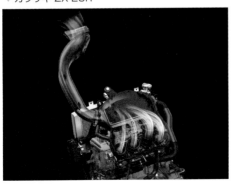

フロントから高圧の空気を効率的に取り込むことができるラムエアシステム。

なぜだろう。オートバイの旅は
いつまでも心に残る特別な体験

　ボクがオートバイに乗るようになったきっかけは、中高校生のときに読みあさった片岡義男の小説の影響が大きい。なかでも映画にもなった「彼のオートバイ、彼女の島」（角川文庫、1980年）は、描かれている人物や風景、すべてが衝撃的でなによりもカッコよかった。主人公の日常の中にはオートバイが深く関わり、ボクもそんな風にオートバイと共に生きてみたいと夢見た。

　16歳になってすぐに中型二輪免許を取り、高校2年生の夏休みにはシュラフとテントを最初の愛車「カワサキGPZ250ベルトドライブ」のリアシートにくくりつけ、北海道をひとりで一周した。以来、ボクのツーリングライフは日本各地はもちろん、アメリカやタイなど海外にも及んだが、家庭を持ち仕事が忙しくなるにつれ、その回数は減るようになってしまった。

片岡義男の小説「彼のオートバイ、彼女の島」を読み、ボクはオートバイに強く惹かれるようになった。その舞台、白石島へのツーリングは念願であった。

　そんなある日、ボクのオートバイライフの原点ともいうべき片岡義男小説をいま一度読み返してみると、「彼のオートバイ、彼女の島」に登場する瀬戸内海の小さな島、岡山県の白石島に無性に行きたくなった。思い返せば中学生の頃、免許を取ったらこの島までオートバイで行き、小説に描かれている風景を実際に自分の目で見てみたいと思いを馳せていた。その想いを20年近くが経ったいま、実現させたいと強く思ったのだった。

　まるで10代の頃に戻ったかのように後先を顧みず、ボクは東京から西へ西へと夜通し走った。山陽自動車道を下り、国道2号線を走り続ければ笠岡という小さな町がある。白石島はそこから小さなフェリーで、40分ほどの場所にあった。

　島は小説で描かれていたとおり、真っ青な海と空に囲まれた美しい島だった。四方を海で囲まれた孤立感が、忙しない日常から切り離されたみたいでボクにはとても心地いい。真っ白な砂浜と瀬戸内の穏やかな島々を眺めながら、なぜ憧れていた場所なのに20年近くもそのまま心の奥にしまい込んでいたのだろうと後悔した。

　その島の風景だけでなく、夢中になって走り続けたその旅の記憶はボクの心に深く刻まれ、思い返すと胸が熱くなる。そんなふうに、オートバイでの旅というのは生涯忘れられないほどの何か特別な体験なんだと思う。

　クルマでは 2001 年からスタートした高速道路の自動料金収受システム「ETC」（Electronic Toll Collection System）。専用となる ETC カードの情報を車載器に読み込ませ、有料道路の料金所に設置されたアンテナと無線通信を行い、料金を後日後納する国土交通省が推進する高度道路交通システムのひとつです。

　オートバイでは 2006 年 11 月から本格運用が始まり、防水・防塵、振動対策が施された専用の車載器が日本無線やミツバサンコーワによって開発されています。「アンテナ分離式」と呼ばれる車載器本体とアンテナが別体式のものと、「アンテナ一体式」があります。四輪車用車載器のようなブザー音や音声案内に代わり、インジケータの LED（緑／橙点灯）にて状態を表示します。

二輪車用に専用設計された GPS 搭載 ETC2.0 車載器、ミツバサンコーワ MSC-BE700S。

アンテナ・インジケータを車載器本体に収めることで、配線が電源ケーブルのみになったアンテナ一体式の日本無線 JRM-12。

第**7**章

電装関係

　オートバイに使われるガソリンエンジンは、どんなシンプルな構造であっても、点火プラグに電気を供給し、火花を発生させなければ混合気を燃焼させることができません。昨今主流のバッテリー点火方式の場合、オートバイに必要な電力は、エンジンの回転を利用して発電したものを絶えずバッテリーに蓄えながら、常にエンジンや電装類など各系統に供給され続けます。電気を消費しながらも、エンジンが回り続けることによって発電と充電が繰り返され、オートバイは走り続けることができるのです。

7-1 電気系統の基本サイクル

通常、エンジンを動かすのに必要な電力は、エンジンの出力で発電したものをバッテリーに充電して蓄えておき、エンジンへの点火、フューエルインジェクションシステムや各センサー類、ライト・メーター類など各系統に分配されます。

発電・充電系統

四輪自動車と同じようにオートバイにもいろいろな電装品が使用されていますが、その電力を生み出しているのはエンジン自身です。

スパークプラグやセルモーターなど点火システム、フューエルインジェクションシステムや各センサー、ライト・メーター類など車体各部で消費される電力は、エンジンの回転によって「**AC ジェネレーター**」（**ACG**）または「**オルタネーター**」と呼ばれる交流発電機で発生され、それを「**バッテリー**」に蓄えながら車体各部で消費するというサイクルを繰り返します。

エンジン始動時のみならず、アイドリングなど低回転時の電力カバーなど、あらゆるケースでバッテリーの電力は必要になりますが、充電システムを自らが持つことで、バッテリーに電気を蓄えた状態を保つことができるのです。

発電から充電まで

まず「AC ジェネレーター」という発電機がエンジン（クランクシャフト）の回転と電磁石を利用して交流電気を生み出し、「**レギュレートレクチファイヤ**」の働きによって電圧を制御。交流電気を直流 12V に変換してバッテリーに電気を送り続けます。

通常、オートバイが走っているときに使う電気は、エンジンが回っていればジェネレーターの発電量で賄うことができます。軽量化を目指すレーシングマシンの一部やモトクロッサーでは、バッテリーを搭載しない「**バッテリーレス**」のモデルもあり、その場合はエンジンの始動をキックスターターや押しがけで行ったり、始動時のみバッテリーを繋ぎます。

■ AC ジェネレーター ■

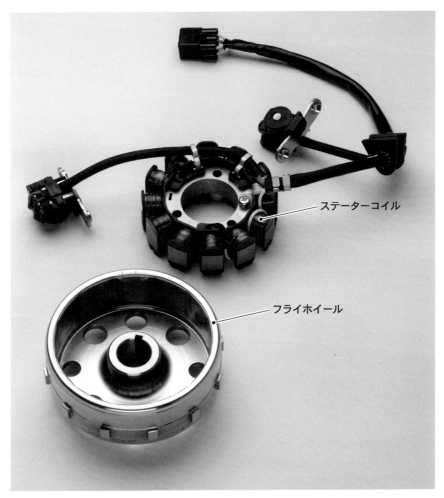

ステーターコイル

フライホイール

クランクケースの回転と電磁石を利用して交流電気を生み出す AC ジェネレーター。ステーターコイル（写真上）と、内側に磁石を貼り付けたフライホイールをセットにして回転させることで電磁誘導が起きて発電します。

■エンジンの発電・充電から消費まで■

発　電

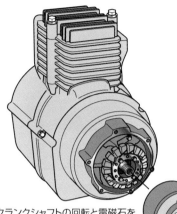

クランクシャフトの回転と電磁石を利用して、ACジェネレーターが交流電気を発電する。発電した電気は電圧が不安定。

充　電

12V直流電気がバッテリーを充電。エンジンが一定以上で回転する限り、充電は続けられる。

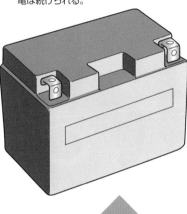

交流

整流・変換

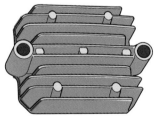

不安定な電圧をレギュレートレクチファイヤが整流。交流だった電気はここで直流12Vに変換される。

直流12V

消　費

エンジン始動システム

バッテリーからの電力でセルモーターを回し、クランクシャフトを回転。停止していたエンジンを始動させる。

点火システム

バッテリーから送られた電力をイグニッションコイルで増幅。スパークプラグが燃焼室の混合気に着火し、爆発させる。

ECUやCDI

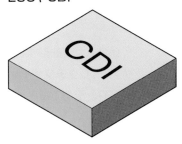

現代のオートバイではFIシステムはもちろん、ABSや各種センサー、電動ポンプなど電子制御装置は非常に多い。

灯火類

公道を走るために必要なヘッドライトやウインカーなど灯火類への電力供給をはじめ、ホーンを鳴らすためにも電気が必要。

発電から充電まで

「ジェネレーター」がクランクの回転と電磁石の力を利用して交流電気を生み出し、「レギュレートレクチファイヤ」が不安定な電気を 12V 直流に整えます。このようにエンジン回転時（一定回転以上）はバッテリーを充電し続けることができるので、電力を消費しながらも走り続けることが可能です。

■ AC ジェネレーター（ACG）とレギュレートレクチファイヤ

　「**ステーターコイル**」と呼ばれる発電コイルのまわりを、クランクシャフトの回転を利用した「フライホイール」（**マグネットローター**ともいう）が高速で回り続けます。フライホイールの裏側には、N 極と S 極の磁石が交互に配置されており、エンジンが始動すると同時にバッテリーの電気が供給され、N 極と S 極の磁石が電磁石となって磁界を形成します。

　ステーターコイルの外側を N 極と S 極の電磁石が交互に通過することで電気が誘起され、交流電気を発生（電磁誘導）。これが「**AC ジェネレーター**」（ACG あるいはオルタネーターともいう）のしくみです。

　通常、AC ジェネレーターのフライホイールはクランクシャフト端に取り付けられています。

　AC ジェネレーターで生み出される電圧は、エンジンが高回転になればなるほど高圧になりますが、バッテリーの電圧は約 12 V であるため、これ以上になるとバッテリーや電装品に異常をきたします。

　また、交流電気は周期的に大きさと向きが変化し、次々とプラスとマイナスが入れ替わるので、そのままでは使用できません。

　そこでオートバイの場合、電圧・電流を常に一定に保つように制御する装置「**レギュレター**」と、交流発電機の電気を直流に変換する「**レクチファイヤ**」を一体にした「**レギュレートレクチファイヤ**」が備えられ、そこで電圧を制御し整えてからバッテリーに供給しています。

■ AC ジェネレーター ■

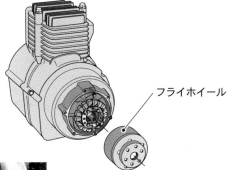

フライホイール

▼ ステーターコイル

フライホイールの内側には N 極と S 極の磁石が交互に貼り付けられており、クランクケースに取り付けられた発電コイル（ステーターコイル）のまわりを高回転で回ります。そこに電気が供給されると、N 極と S 極の磁石が電磁石となり、発電コイルのまわりを高速回転することで電力が生じます。この電気は交流で、エンジンが回れば回るほど電圧が上がります。

■ レギュレートレクチファイヤ ■

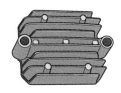

AC ジェネレーターで発電された電圧の不安定な交流電気を、バッテリーに合わせて 12V 直流に変換するのがレギュレートレクチファイヤの役割です。冷却フィンがあるのは本体が熱を持つためで、走行風の当たりやすい場所に設置されます。

DC ダイナモ

　家庭用電気のように、どちらの向きでコンセントを差し込んでも機能する電気の流れを「交流」といい、乾電池のようにプラスとマイナスが区別されている電気を「直流」といいます。かつては「DC ダイナモ」と呼ばれる直流発電機が使われていましたが、交流発電機の方が小型軽量なうえ、高速回転時の耐久性も高く、さらに低回転時の発電量が大きいなど利点が多いことから、最近のオートバイではダイナモは使われなくなりました。

7-3 バッテリー

AC ジェネレーターが発電した交流電気は、レギュレートレクチファイヤで直流 12V に整流され、バッテリーへ供給されます。エンジンを始動させたり、電装部品で必要となる電力を蓄えておく重要なパーツが「バッテリー」です。昨今では密閉型と呼ばれる「MF バッテリー」が主流になっています。

バッテリーの仕事

一定以上の回転でエンジンがまわっていれば、スパークプラグに火花を飛ばしたり、灯火類や FI システムを働かすのに必要な電力を、自らが持つ AC ジェネレーターが発電する電力で賄えるようになっています。

しかし、エンジン始動時に「セルモーター」を動かす電源や、エンジン停止時の電装系パーツは「バッテリー」の電気にすべて委ねられています。

バッテリーは充電して繰り返し使える電池であり、電圧は四輪自動車同様にオートバイでも 12V が主流で、一部のビンテージバイクや小排気量車では 6V バッテリーが使われることがあります。

バッテリーの構造

オートバイのバッテリーは、両電極に鉛を使用した「鉛蓄電池」です。プラス極板に過酸化鉛、マイナス極板に海綿状鉛、そして電解液（バッテリー液）に希硫酸を用いて、鉛と硫酸の化学反応によって電気が蓄えられます。

12V バッテリーの場合、バッテリー内部は 6 つに仕切られ、その 1 つずつの部屋は「セル」（電槽）と呼ばれます。1 セルあたり約 2.1V で、12V バッテリーなら 6 セル、6V バッテリーならセルは 3 つ。セルの中では、プラス極板とマイナス極板が 3 〜 5 枚交互に重ねられ、両端はマイナス極板になっています。電極間には接触を防ぐための特殊セパレーターが入れられ、それぞれのセルは電解液で満たされます。バッテリーは放電と充電を繰り返すことで内部が活性化され、電力が蓄えられますが、長期間エンジンを動かさないと放電されるばかりで「バッテリー上がり」を起こします。

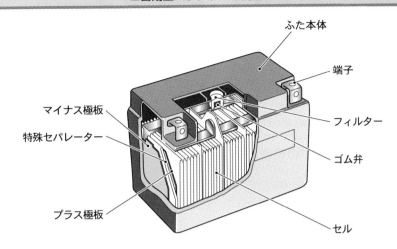

■密閉型バッテリーの構造■

ふた本体

端子

マイナス極板

特殊セパレーター

フィルター

ゴム弁

プラス極板

セル

密閉型

内部で発生したガスを、化学反応で再び電解液に吸収する工夫がされている密閉型。セパレーターに電解液を含有し、液を補充する手間を省いています。

開放型

バッテリー内の化学反応に伴い、酸素ガスや水素ガスが発生するため、ガス抜きの排気口が設けられている開放型。電解液が減るので、定期的な補充が必要です。

開放型と密閉型

　バッテリーには「開放型」と「密閉型」の2種類があり、現在の主流はメンテナンスの手間が不要になった密閉型です。

　開放型は電気の放電や充電時に化学反応によって発生するガスを大気中に放出するため、電解液を定期的に補充しなければなりません。

　これに対し、密閉型では化学反応で発生するガスを電解液が吸収する工夫がなされていて、電解液はセパレーターに含有されています。電解液を補充する必要がないうえ、液が漏れる心配もない。これらのメリットから、密閉型は「MFバッテリー」（MF＝メンテナンスフリー）とも呼ばれています。

7-4 スパークプラグ

シリンダーヘッドから燃焼室内に先端を突き出して火花を飛ばし、混合気に着火するのが「スパークプラグ」の仕事です。イグニッションコイルで昇圧された2万ボルトもの高圧電流を、先端にある電極間で放電させることで火花を発生します。

スパークプラグの役割

燃焼室で火花を飛ばして、混合気に着火するのが「**スパークプラグ**」（点火プラグ）の仕事です。スパークプラグの先端には「中心電極」と「外側電極」があり、その隙間を「火花ギャップ」（**プラグギャップ**）といいます。「**イグニッションコイル**」で2万ボルト前後もの高電圧に昇圧された電気を、両電極間（プラグギャップ）で放電することで火花が発生。放電は約1000分の1秒という極めて短時間で行われ、燃焼室内の混合気に点火し続けます。

スパークプラグの熱価

スパークプラグは常に燃焼ガスにさらされており、熱を逃がす必要があります。この熱を逃がす能力のことを「**熱価**」といいます。

燃焼ガスの温度はエンジンの型式、運転状況などによって異なるため、プラグの熱価はそれらの条件に見合ったものが必要です。

熱の逃がし方が遅く、焼けやすいプラグを「**ホットタイプ**」といい、熱の逃がし方が早く、焼けにくいプラグを「**コールドタイプ**」と呼びます。熱価は数字で示され、数字が小さいほどホットタイプ、数字が大きいほどコールドタイプとなります。

エンジンに見合っていないコールドタイプを使用すると、プラグの着火がくすぶり、混合気の燃えカスによる汚損でプラグの失火を招きます。

また、不適切なホットタイプを使用すると**オーバーヒート**や「**プレイグニッション**」（過早点火）と呼ばれる**異常燃焼**を起こし、電極が溶けたり、ピストンを損傷する恐れがあります。

各種熱価のプラグと熱の逃げ方

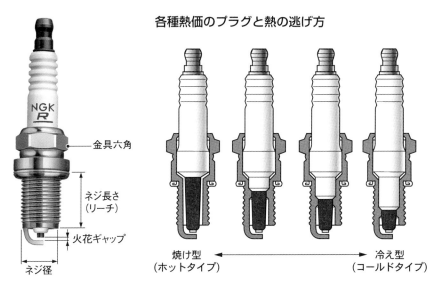

金具六角

ネジ長さ
(リーチ)

火花ギャップ

ネジ径

焼け型
(ホットタイプ) ←──────→ 冷え型
(コールドタイプ)

7

電装関係

NGK プラグの品番とタイプ

D	P	8	E	A - 9
ねじ径	構造、その他	熱 価	ねじ長	構造、その他
A:18mm	P:磁器突	4 (ホットタイプ)	E:19mm	A , Z:特殊仕様
B:14mm	出型	5	H:12.7mm	S:銅芯入り
C:10mm	R:抵抗入り	6		V:細い中心電極
D:12mm		7		K:側方電極
		8		数字は、プラグギャップを
		↓		表す。
		9 (コールドタイプ)		"9"は、ギャップが0.9mm
				の意味

メーカー指定のスパークプラグには、標準プラグのほかにオプションプラグが設定されていることもあります。オプションプラグは、運転状況の違いによってプラグの熱価が合わないときに交換します。また、スパークプラグは熱価のほかに、ねじの大きさや構造によって種類があり、これらはプラグの品番によりタイプがわかるようになっています。

イリジウムIXプラグ　　一般プラグ

強

弱

スパークプラグの構造

　中心電極は、プラグ本体の内部を貫通して上端の「ターミナル」と繋がっており、これが高アルミナセラミックスなどの絶縁体に囲まれ、プラグギャップ以外で電気が流れないようにしています。

　中心部には熱伝導を良くするための銅芯が入れられ、多量の熱を逃がします。両電極は 2000℃以上にもなる燃焼ガスにさらされ、非常に高い熱を持つからです。

　とはいえ、プラグの先端は温度が低すぎると「カーボン」と呼ばれる混合気の燃えカスが付着し、強い火花が飛ばせなくなってしまいます。電極部の温度を 500 ～ 900℃の範囲に保つことで、先端部に堆積するカーボンや付着物を焼き切る「自己洗浄作用」が働きます。

　また、900℃を超える高温になると、最適な点火時期の前に混合気を自然着火させてしまい「プレイグニッション」（過早点火）と呼ばれる異常燃焼を起こします。

　中心電極の素材は、通常のタイプでは「特殊ニッケル合金」が使われていますが、最近ではより熱や衝撃に強く着火性の高い「プラチナ」や「イリジウム合金」を使ったものも増えています。

　一般的にスパークプラグはシリンダーあたり 1 本の装備ですが、「ツインプラグ方式」では燃焼効率を高めようと 2 本を備えて 2 ヶ所から混合気に着火します。

テーパーカット

極細径
イリジウム合金

エンジン始動時やアイドリング、低速走行時などプラグの電極温度が低いとき、電極の面積（体積）が大きいと低い電極温度によってエネルギーを奪われ、火炎の成長が妨げられてしまいます。NGK の「イリジウム IX プラグ」では中心電極の径が細く、また外側電極の先端がテーパーカットされているため、優れた着火性が生み出されます。

■各部の名称と構造■

▼NGK スパークプラグ

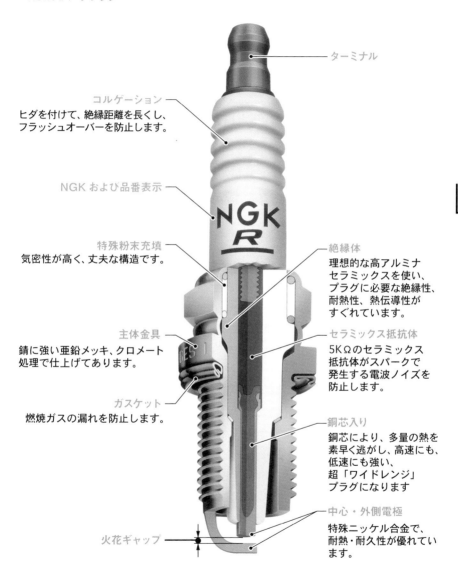

ターミナル

コルゲーション
ヒダを付けて、絶縁距離を長くし、
フラッシュオーバーを防止します。

NGK および品番表示

特殊粉末充填
気密性が高く、丈夫な構造です。

主体金具
錆に強い亜鉛メッキ、クロメート
処理で仕上げてあります。

ガスケット
燃焼ガスの漏れを防止します。

火花ギャップ

絶縁体
理想的な高アルミナ
セラミックスを使い、
プラグに必要な絶縁性、
耐熱性、熱伝導性が
すぐれています。

セラミックス抵抗体
5KΩのセラミックス
抵抗体がスパークで
発生する電波ノイズを
防止します。

銅芯入り
銅芯により、多量の熱を
素早く逃がし、高速にも、
低速にも強い、
超「ワイドレンジ」
プラグになります

中心・外側電極
特殊ニッケル合金で、
耐熱・耐久性が優れてい
ます。

7
電装関係

7-5 イグニッションコイル

点火システムから供給される数百ボルトの電気を 100 倍以上に増幅させ、スパークプラグに 1 ～ 2 万ボルトもの高電圧を供給するのが「イグニッションコイル」です。プラグキャップと一体化した「ダイレクトイグニッションコイル」もあります。

イグニッションコイルの仕事と原理

点火システムから供給される電圧は 200 ～ 300 ボルト程度しかなく、スパークプラグに火花を飛ばすには足りません。これをスパークプラグが放電する 1 ～ 2 万ボルトまで昇圧するのが「**イグニッションコイル**」の仕事です。

「センターコア」と呼ばれる鉄心に、別々に巻かれた 2 つのコイルからなり、1 次電流を流すコイルを「**1 次コイル**」（プライマリーコイル）、2 次電流を発生させるコイルを「**2 次コイル**」（セカンダリーコイル）と呼びます。

1 次コイルに電流を流しそれを遮断すると、電気を流していないもう一方のコイル（2 次コイル）に電気が誘起され、電圧を増幅します。この方式を「**電流遮断式**」といい、「**トランジスタ点火**」などで行われます。

また、1 次電流を急激に流し込み、2 次電流を誘起させる方式を「**容量放電式**」といい、「**CDI 点火**」（Capacitive Discharge Ignition）で行われます。いずれも高電圧は連続的に発生するのではなく、1 次電流が遮断されるか急激に流し込まれた瞬間だけ。その瞬間こそプラグが火花を飛ばすときです。

昇圧される電気は 1 次コイルと 2 次コイル、それぞれのコイルの巻き数の比率によって増幅率が変わり、たとえば 1：100 であれば 200 ボルトの電圧は 2 万ボルトにまで増幅されることになります。

イグニションコイルで増幅された高圧電流は「**ハイテンションコード**」を通ってスパークプラグまで運ばれますが、最近ではプラグキャップにイグニションコイルを備えた「**ダイレクトイグニッション**」も増えてきました。ハイテンションコードを必要としないため、電圧のロスを最小限に抑えることができます。

■イグニッションコイルのしくみ■

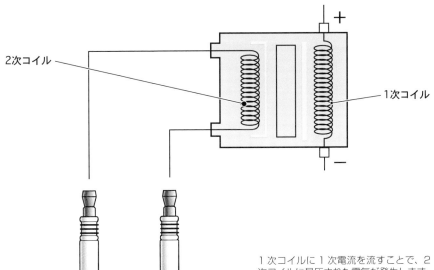

2次コイル

1次コイル

スパークプラグ

1次コイルに1次電流を流すことで、2次コイルに昇圧された電気が発生します。1次電流を遮断することで起電させる方式を電流遮断式、1次電流を急激に流し込むことで2次電流を誘起させる方式を容量放電式といいます。昇圧される電気は、コイルの巻き数の比率によって増幅率が変わります。

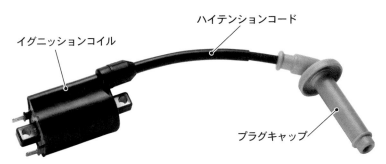

ハイテンションコード

イグニッションコイル

プラグキャップ

スパークプラグの点火エネルギーを供給するのがイグニッションコイルの仕事。
微弱な電圧を増幅し、ハイテンションコードを通じてスパークプラグへ供給します。

7

電装関係

7-6 CDI 点火

シリンダー内で圧縮された混合気に適切なタイミングで着火し、燃焼させているのが「点火システム」です。現代ではほとんどのオートバイで「無接点式」が採用され、「CDI 式」と「フルトランジスタ式」に区別されます。いずれも機械的な作業部分がなく、安定した火花が得られます。

CDI 点火の基本

エンジンの回転を利用して交流電流を生み出した AC ジェネレーターは、「**CDI ユニット**」に 100 ～ 400 ボルトの点火エネルギーを送り込みます。

それを受け取った CDI ユニットでは、交流電気を「ダイオード」で整流・直流化し、CDI ユニットに内蔵する「コンデンサ」に蓄えます。

コンデンサに蓄電された電気は、「サイリスタ」（SCR）によってゲートが閉じられているため放電できませんが、クランクの位置を読み取る「**パルスジェネレーター**」（シグナルジェネレーター）の電気信号を受けた「トリガ回路」が、1 次コイルへ電気を流す最適な時期（**点火タイミング**）になるとサイリスタに信号を送り、ゲートを開けさせます。

サイリスタが ON になりゲートが開くと、電気を蓄えていたコンデンサが急激に放電し、イグニッションコイルの 1 次コイルに電流が流れます。

1 次コイルに電流が流れるとき、2 次コイルにも高電圧が発生し、スパークプラグの点火に必要な点火エネルギーを生み出します。これが「**CDI 点火**」（容量放電式＝ Capacitive Discharge Ignition）です。

フラマグ点火とバッテリー点火

点火システムには、電源方式の異なる 2 種類の点火方式があります。AC ジェネレーターから 1 次コイルに直接電気を送る「**フラマグ点火**」と、バッテリーを経由してから 1 次コイルまたは CDI ユニットやトランジスタへ電気を供給する「**バッテリー点火**」です。「フラマグ」とはフライホイールマグネトーを略したもので、これはフライホイールに発電コイル（マグネトー）を備える発電ユニットを表しています。

■ CDI 点火の電気の流れ ■

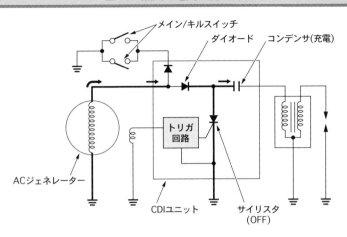

メイン/キルスイッチ
ダイオード
コンデンサ(充電)
トリガ回路
ACジェネレーター
CDIユニット
サイリスタ
(OFF)

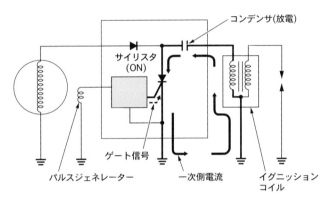

コンデンサ(放電)
サイリスタ
(ON)
ゲート信号
パルスジェネレーター
一次側電流
イグニッション
コイル

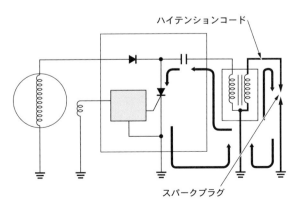

ハイテンションコード
スパークプラグ

7

電装関係

CDI 式バッテリー点火

バッテリーを電源にした「バッテリー点火」の場合、CDI ユニット内部には コンデンサの蓄電に必要な電圧を得るために、昇圧／発振回路が設けられ ています。バッテリーからの 12 ボルトの電圧は、この回路で 200 ～ 300 ボルトに昇圧され、コンデンサに蓄えられます。

　昇圧／発振回路が設けられていること以外は、フラマグ点火と同じですが、 バッテリー点火はエンジンの回転が低いときでも安定した点火エネルギー （電力）が得られることが特徴です。現在の CDI 点火システムでは、例外は ありますがほとんどの場合バッテリー点火が用いられています。

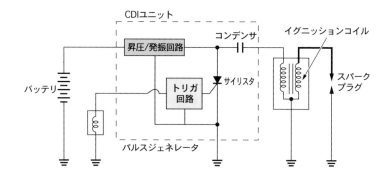

　バッテリーからの電気を CDI 内のコンデンサーに溜めて 200 ～ 300 ボ ルトまで昇圧しておき、点火タイミングに合わせて一気に 1 次コイルへ流し 込み、2 次電流を発生させます。点火タイミングは「パルスジェネレーター」 （シグナルジェネレーター）がクランクの位置を読み取り、電気信号を CDI ユニットに送ります。CDI ユニットが点火時期を決め、イグニッションコイ ルに 1 次電流を流し込むタイミングをコントロールします。

■ CDIバッテリー点火システム ■

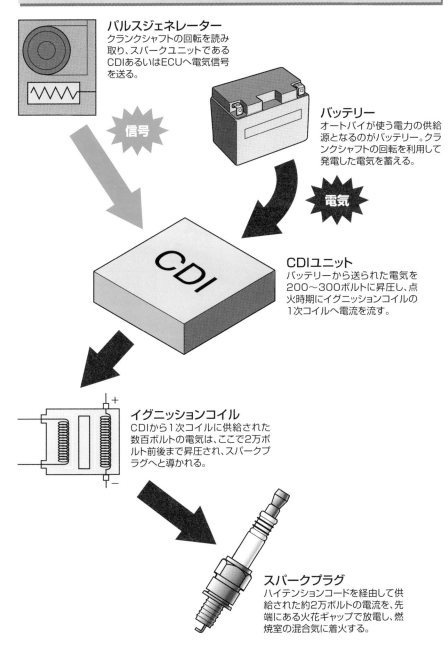

パルスジェネレーター
クランクシャフトの回転を読み取り、スパークユニットであるCDIあるいはECUへ電気信号を送る。

信号

バッテリー
オートバイが使う電力の供給源となるのがバッテリー。クランクシャフトの回転を利用して発電した電気を蓄える。

電気

CDIユニット
バッテリーから送られた電気を200〜300ボルトに昇圧し、点火時期にイグニッションコイルの1次コイルへ電流を流す。

イグニッションコイル
CDIから1次コイルに供給された数百ボルトの電気は、ここで2万ボルト前後まで昇圧され、スパークプラグへと導かれる。

スパークプラグ
ハイテンションコードを経由して供給された約2万ボルトの電流を、先端にある火花ギャップで放電し、燃焼室の混合気に着火する。

7
電装関係

231

■ CDI 式フラマグ点火 ■

フラマグ点火の場合、ACジェネレーター（オルタネーター）で発電された電気は、バッテリーに経由することなくCDIへダイレクトに供給されます。バッテリーがなくてもエンジンを動かすことができるので、車体を軽くしたいレーシングマシンによく見られますが、公道向けのオートバイには信号待ちなど発電量の少ない低回転時にもヘッドライトやウインカーを点滅させなければならないのでデメリットが生じます。

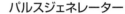

電気

信号

パルスジェネレーター
パルスジェネレーターの役割はクランクシャフトの回転を読み取り、シグナルをスパークユニットに送ること。

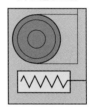

CDI

CDIユニット
バッテリーから送られた電気を200〜300ボルトに昇圧し、点火時期にイグニッションコイルの1次コイルへ電流を流す。

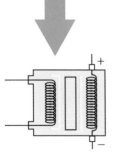

イグニッションコイル
CDIから1次コイルに供給された数百ボルトの電気は、ここで2万ボルト前後まで昇圧され、スパークプラグへと導かれる。

スパークプラグ
ハイテンションコードを経由して供給された約2万ボルトの電流を、先端にある火花ギャップで放電し、燃焼室の混合気に着火する。

▼CDI 式デジタル点火ユニット

スロットル開度、エンジン回転数などから最適な点火時期を決定する CDI 式デジタル点火ユニット。2008 年の CRF450R では、低・中速、伸び領域のドライバビリティー向上を図るため、ギヤポジションセンサーを追加。ECU と連動することにより、1 速ではトルク感と扱いやすさ、2 速ではシャープなレスポンスとワイドなパワーバンド、3 速以上では強力なパワーと伸び感を発揮できるよう、それぞれ 3 パターンに最適な点火時期の設定を施しています。

CDI式デジタル点火ユニット

ホンダ CRF450R の場合、キャブレター仕様だった 2008 モデルまでは CDI 式デジタル点火ユニットが採用されていましたが、FI 化された 2009 モデル以降はフルトランジスタ式デジタル点火ユニットが使われています。

7

電装関係

トランジスタ式点火

バッテリーやACジェネレーターから送られた電気は、トランジスタ（transistor）と呼ばれるスイッチ機構と電流を増幅させる電子回路を通って昇圧され、イグニッションコイルに流れ込みます。ポイント式のような機械的な接点がないため安定した火花を飛ばすことが可能です。

トランジスタ式点火の基本

　バッテリーからの電圧は、メインスイッチとキルスイッチを経由してイグニッションコイルの1次側を通り、スパークユニット内の「**トランジスタ**」へかかります。トランジスタがONになるとイグニッションコイルの1次コイルに電流が流れ、OFFになればこの電流が遮断される回路になっています。

　エンジンが始動すると、クランクの位置を読み取った「**パルスジェネレーター**」からの電気信号が点火時期制御回路に送られます。

　この回路がパルス信号に基づいて点火時期を決定し、トランジスタのベース電流を流してON/OFFさせます。

　イグニッションコイルの1次コイルに通電した後、トランジスタがOFFにされ、1次コイルの電流が急激に遮断されたときに2次コイルに高電圧が発生。スパークプラグに高電圧を供給します。

32bit ECUを搭載したフルトランジスタ式デジタル点火のスパークユニット。パルスジェネレーター、スロットルセンサー、吸気圧センサーなどからの信号を受け、フューエルインジェクションの燃料噴射量や点火時期を最適な条件に自動補正します。

■トランジスタ点火の電気の流れ■

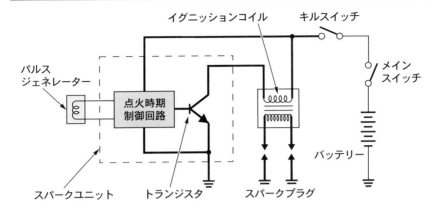

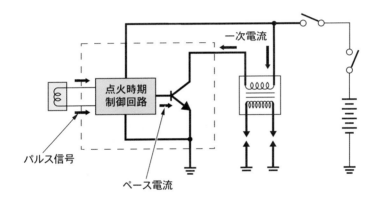

　パルスジェネレーターの信号を受けた「**トランジスタ式スパークユニット**」
では、点火時期制御回路が点火タイミングを決定し、トランジスタへベース
電流を流します。ベースに電気が供給されるとトランジスタが OFF になり、
１次コイルの電流が遮断され、２次コイルに高電圧が発生されます。
　フルトランジスタ方式は電流を遮断することによって、CDI 方式は電流を
急激に流すことによって高電圧を生み出します。

デジタル制御式フルトランジスタ点火

デジタル制御式では、点火時期のコントロールをスパークユニット内での
マイクロコンピュータで行っているため、エンジンの回転数に応じた最適な
点火タイミングのコントロールが可能となっています。

コントロールユニットには、電源回路、パルスジェネレーターからのパル
ス信号を処理するパルス入力回路、そして演算、記憶回路を含むマイクロコ
ンピュータが内蔵されています（右ページ回路図参照）。

①まず、エンジンが始動するとパルスジェネレーターからスパークユニッ
　トのパルス入力回路にパルス信号が送られます。
②パルス入力回路は、パルス信号をデジタル波に変換してマイクロコン
　ピュータに送ります。
③デジタル信号を受けたマイクロコンピュータは、クランクシャフトの位
　置とエンジン回転数を演算。エンジン回転数に応じた点火時期データを
　記憶回路から取り出し、点火時期を決定してトランジスタへベース電流
　を流します。
④トランジスタはベース電流を受けて、スイッチング（ON／OFF）作動
　を行い、通常のフルトランジスタ点火方式と同様にイグニッションコイ
　ルの１次コイルへの電流を断続します。

■パルスジェネレーター■

ローター　　パルスジェネレーター

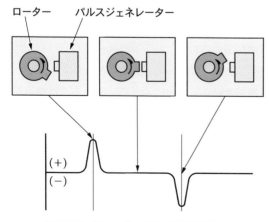

パルスジェネレーターからの出力波形

パルスジェネレーターは、ローターの
リラクタ（突起部）の角がジェネレー
ターのピックアップを横切る瞬間に図
のような正電圧パルスと負電圧パルス
を発生させます。リラクタの数やリラ
クタの間の角度は、気筒数やシリン
ダーレイアウトなどエンジン型式に
よって異なります。

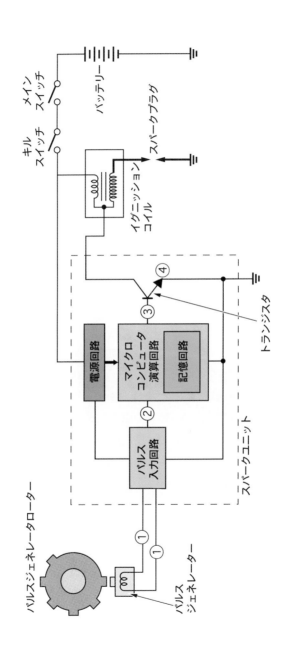

7-8 | ポイント点火

トランジスタ点火が登場するまでは、ほとんどのオートバイ用エンジンで採用されていたのが「ポイント点火」です。すべての動作が機械的に行われ、「ポイント」と呼ばれる接点が設けられています。使用するうちに接点は摩耗するので定期的なメンテナンスが不可欠です。

ポイント点火のしくみ

　「**タイマープレート**」と呼ばれる基盤に「**コンタクトブレーカー**」「コンデンサー」「カム」など、システムを構成する部品が設置されています。

　先端に「**ポイント**」と呼ばれる接点を備えたコンタクトブレーカーには、常に電気が流れており、クランクと連結されたカムの回転運動で接点が離れたときにイグニッションコイルの1次電流を遮断し、2次コイルに高電圧を生じさせます。おむすび型をしたカムは、1回転するごとにコンタクトブレーカーの可動部分を一瞬持ち上げ、ポイントを開きます。ポイントが開くことでイグニッションコイルの1次電流が遮断され、2次側コイルに高電圧が誘起して、スパークプラグに点火エネルギーを供給します。

　接点を利用した方式であることから「**接点点火方式**」と呼ばれ、そこから進化したトランジスタ点火は「**無接点点火方式**」といわれます。接点点火方式はポイントが必ず摩耗するので、使用していくうちに点火時期がずれてしまうなど不具合が起こります。定期的に接点を磨くなどの整備・調整が必要不可欠な点火システムです。

セミトラ点火とフルトラ点火

　カムの突起部分だけに触れる接点を持ったセンサーで、クランクの位置を読み取り、点火時期を決定するのが「**セミトラ式点火**」です。ポイントにはトランジスタのベース電流を流し、スイッチとしての役割のみをさせています。

　これに対して、トランジスター式点火システムは「**フルトランジスタ**」あるいは「**フルトラ**」と呼ばれます。点火システムは、ポイント→セミトラ→フルトラと進化してきました。

■ポイント点火のしくみ■

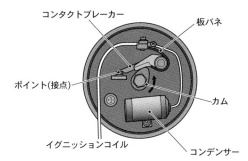

ポイントが閉じているとき

クランクと連結されたカムは回転していますが、カムの突起部分（カム頂）はコンタクトブレーカーに触れておらず、ポイント（接点）は閉じたままの状態です。コンタクトブレーカーには常に電気が流れていますから、イグニッションコイルの1次電流は流れたままの状態を保ちます。なお、コンデンサーは、ポイント接点の荒れの原因となる断続時のアーク（火花）を防止するためにあります。

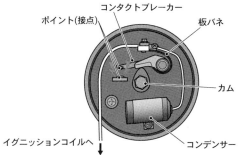

ポイントが開いたとき

ポイントカムは1ヶ所だけ突起部分（カム頂）を持っており、コンタクトブレーカーを一瞬だけ押し上げポイントを開きます。このタイミングが点火時期であり、イグニッションコイルの1次電流が遮断されることにより、高電圧の2次電流が発生します。使っているうちに接点は摩耗するので、「ポイントギャップ」（接点の隙間）の調整や接点の清掃を定期的に行う必要があります。

7

電装関係

■セミトランジスタ点火とフルトランジスタ点火■

セミトランジスタ点火

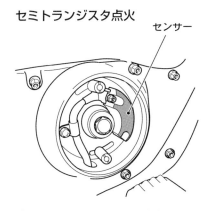
センサー

フルトランジスタ点火

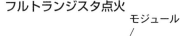
モジュール

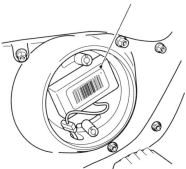

ポイントを進化させたセミトラ点火は、クランクと連結したカムの頂上だけがセンサーの接点に触れることで、エンジンの回転を読み取ります。トランジスタがポイントの代わりにスイッチングを行うので、ポイントの焼損・摩耗を防ぎ、安定した点火エネルギーが得られます。

マグネットセンサーを利用して、電流の制御を行うのがフルトラ式です。ポイントのように接点がないので消耗品がなく、定期的なメンテナンスの必要がありませんが、故障した場合はモジュールごと交換になります。より安定した強い火花が飛ばせるのが大きなメリットです。

エンジンの回転が上がると、ゆっくり回っていたときと同じタイミングで火花を飛ばしていては間に合いません。エンジンの状況に合わせて、火花を飛ばすタイミングを早めていくことを「進角」といい、その装置を「進角装置」といいます。現行車では電子制御されているのが一般的です。

点火時期と進角

　燃焼室の混合気に点火するタイミングのことを「**点火時期**」あるいは「**点火タイミング**」（Ignition Timing）といいます。理論上、4ストロークエンジンでは、圧縮行程が終わってピストンが上死点に達した時点で着火が行われますが、スパークプラグの火花が飛んでから燃焼室内の混合気が完全に燃焼するまでには少し時間がかかります。つまり、混合気の燃焼による膨張ガスの圧力を最大限に生かすには、ピストンが圧縮上死点に達する少し前に着火する必要があります。

　点火時期は上死点の手前にあるほど「早い」といい、上死点に近いほど「遅い」と表現され、エンジンの回転数によって変化させていく必要があります。エンジンの回転数が上がればピストンの往復運動が速まり、低回転時と同じタイミングで着火していたのでは間に合いません。そこで火花を飛ばすタイミングを早めます。これを「**進角**」といい、遅くすることを「**遅角**」といいます。

最適な点火時期とは

　大きな燃焼パワーを得るには、上死点で点火するのが理論上ではベストですが、実際に混合気が燃焼する時間を考えればピストンが上死点に達する少し前に点火すると、最適なタイミングとなります。スパークプラグが点火し、混合気が燃え広がって圧縮・膨張のエネルギーが最大になるまでには僅かながらタイムラグがあるからです。圧縮上死点前の点火時期はメーカー設計時に指定されており、例えば「BTDC20」と表された場合は圧縮上死点前20度ということになります。

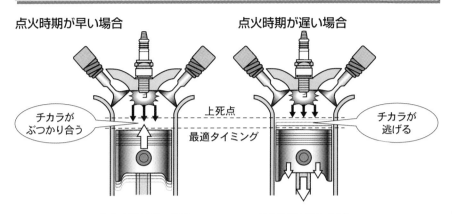

■タイムラグを計算に入れた点火時期■

点火時期が早い場合

点火時期が遅い場合

チカラが
ぶつかり合う

上死点

最適タイミング

チカラが
逃げる

点火時期が早い場合

点火時期が早すぎると、上がってくるピストンを逆方向へ押し戻そうとする力が働いてしまい、ノッキングなどの異常燃焼が発生してエンジンを壊す恐れもあります。

点火時期が遅い場合

点火時期が遅すぎる場合は、混合気が燃焼しきったときにピストンが下がっており、圧力が足りずにパワーが出ません。エンジン内に熱がこもりオーバーヒートの要因となります。

ピストン上死点は「TDC」(Top Dead Center)、上死点前は「BTDC」(Before Top Dead Center)、そして上死点後を「ATDC」(After Top Dead Center)と表します。「BTDC 20」と表される場合は上死点前20度いう意味。ピストンの位置はクランクの回転角度に対応しますので、上死点を0度としてクランクシャフトの回転角度で表されます。下死点は「BDC」、Bottom Dead Center の略です。

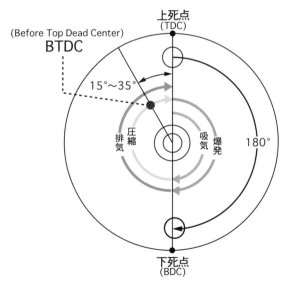

(Before Top Dead Center)

BTDC

上死点
(TDC)

15°〜35°

排気 圧縮 吸気 爆発

180°

下死点
(BDC)

進角（Spark Advance）

エンジンには点火時期を早めたり遅くする機構「**進角装置**」が必要になりますが、現在は電子制御化されています。「**デジタル進角**」では、エンジン回転数や吸入空気量などをセンサーで読み取り、コンピュータの ROM に記憶させた「**点火時期コントロールマップ**」（Ignition Timing Map）に基づき、点火時期や進角曲線を決め、電気信号でスパークユニットへ送り出します。

点火時期コントロールマップと ECU の高性能化

フューエルインジェクション車では、エンジンの回転数だけでなく、スロットル開度や吸気圧力も読み取って最適な点火時期を決定しています。あらゆる状況に対応した点火タイミングがコンピュータの ROM に記憶されており、それに基づいて点火時期を決定します。

点火マップは「スロットル開度」「エンジン回転数」と関連した 3 次元グラフで表され、よりきめ細かく点火ユニットを制御するために、マルチエンジンの場合は各シリンダーごとに独立したものが与えられています。

コンピュータの ROM には、点火時期コントロールマップのほか、フューエルインジェクションの燃料噴射時間を決める「**吸気負圧連動マップ**」「**スロットル連動マップ**」もメモリーされています。

フューエルインジェクションシステムの進化に伴って、ECU の記憶領域である ROM がメモリーすべきデータ量は増加し、数多くの情報を短時間で処理する CPU の能力は、ますます高性能化が求められており、登場当初は 8 ビットだったものが 16 ビットになり、現在では 32 ビットに進化しています。

遠心式自動進角装置ガバナーコントローラー

ポイント点火やセミトラ式が採用されていた頃は、「**ガバナー**」と呼ばれる遠心力を利用し、自動的に進角を調整する「**ガバナー進角式**」が使われていました。ガバナーはポイント・カムのシャフトに取り付けられ、回転するとともにバネで繋がれた 2 つのガバナーウエイトが、遠心力によって外側に広がり、カムの角度を変えます。

点火時期コントロールマップ

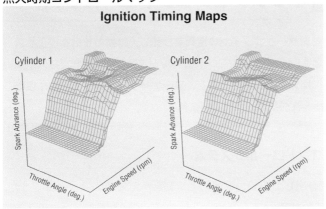

Ignition Timing Maps

Cylinder 1

Cylinder 2

Spark Advance (deg.)

Throttle Angle (deg.)

Engine Speed (rpm)

吸入負圧連動マップ

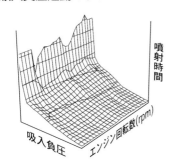

噴射時間

吸入負圧　　エンジン回転数(rpm)

スロットル連動マップ

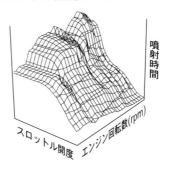

噴射時間

スロットル開度　エンジン回転数(rpm)

■ガバナーの構造■

低回転時

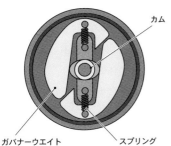

カム

ガバナーウエイト　　スプリング

高回転時

進角度

高回転時

ガバナーウエイト

スプリング

ガバナーはポイントカムに取り付けられ、クランクシャフトの回転による遠心力を利用して自動進角し、最適な点火時期に調整します。スプリングによって固定されていたガバナーウェイト（オモリ）は、エンジンが高回転になり遠心力が高まるにつれ開いていき、点火時期を早めていきます。

トラクションコントロールシステム

前後ホイールのセンサーからタイヤの空転を検知し、駆動力を自動補正。スリップを減少させる「トラクションコントロールシステム」は、近年ではスポーツモデルを中心に増加中のシステムです。コーナーリング時などの操作性を妨げないよう技術・性能が高められています。

トラクションコントロールシステム

エンジンが生み出した駆動力を最終的に路面へ伝えるのはタイヤですが、地面とのグリップ力を超えてしまうとスリップして駆動力を地面に伝えることができなくなってしまいます。エンジンが発生した駆動力を前進する力に変えることができなくなるばかりでなく、車体も不安定になり操縦不能や転倒する恐れも出てきます。これを防ぐのが「**トラクションコントロールシステム**」(Traction Control System) です。

前輪と後輪の回転速度の差をセンサーで読み取り、ECU が空転を検知すると点火や燃料供給量を絞って駆動力を瞬時にカット。空転がおさまれば駆動力を回復し、グリップを取り戻します。アクセルの開け過ぎやグリップ力の低下で発生する加速時のスリップを抑制し、駆動力の消耗を最小限に食い止めてくれるシステムです。

また、レースなどモータースポーツでは、意図的に後輪をスライド（空転）させて車体の向きを変えるテクニックが用いられますが、このときトラクションコントロールシステムが働き、タイヤのスライドを止めてしまうとライダーのコーナーリングテクニックを邪魔することになってしまいます。

そこでいま実用化されているシステムでは、ライダーのコントロール範囲を超え、車体への外乱となる過剰なスリップ時のみを制御するよう研究・開発が行われ、コントロールユニットおよびシステム全体の能力が高められています。ロードレースなどモータースポーツシーンで登場し、近年ではスーパースポーツモデルを中心に増加中のシステムです。

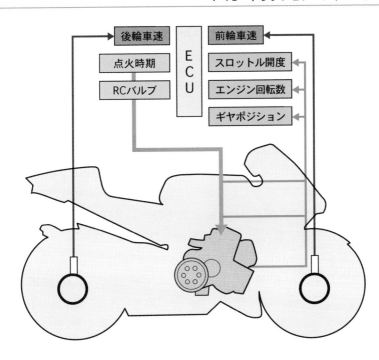

上の図はホンダ NSR500 のトラクションコントロールシステムです。前後輪の回転数をセンサーで検知し、ECU が後輪のスリップ状態を演算し点火時期や RC バルブ制御によって駆動力の最適化を行なっています。ECU は路

面状態やタイヤの特性に合わせた点火時期、RC バルブ制御マップを内蔵しており、スイッチによってモードの切換えが可能となっています。写真は 1989年ホンダNSR500。

7

電装関係

先進的なトラクションコントロール

　BMWのダイナミック・トラクションコントロール（**DTC**）では、デジタルエンジンマネージメント「BMS-X」が、ABSセンサーで計測した前輪と後輪のスピードを比較し、センサーボックス（傾斜感知器）のデータを分析することにより、後輪のスピンを感知します。

　タイヤの空転を感知した場合は、エンジンコントローラーが瞬時に点火時期を遅らせ、燃料噴射にも介入。スロットルバルブの位置を修正するなどして駆動トルクを減らすことで、タイヤのグリップをただちに復活させるという仕組みです。

　また、ドゥカティ・トラクションコントロール（**DTC**）は、ホイールスピンの許容度に応じてプログラムされた8段階のレベルを持っています。介入度が最強となるレベル「8」では、ごく少ないホイールスピンでもDTCが作動し、ライダーの安心感を高めるようにシステムから相当量の介入が行われますが、レベル「1」では高いスキルを持つライダーのために介入が低く抑えられています。

　ライディングモードにあらかじめ設定されているDTC各レベルは、ユーザーがカスタマイズし、設定メニューに保存することも可能です。

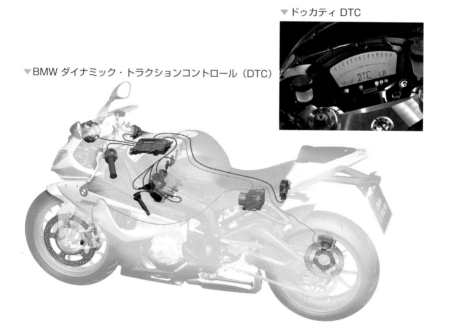

▼ドゥカティ DTC

▼BMW ダイナミック・トラクションコントロール（DTC）

アプリリア・トラクションコントロール（ATC）

　慣性プラットフォームとライドバイワイヤシステムにより、リアホイールがスリップした際に駆動力を抑えるだけでなく、リーンアングルに合ったコーナー脱出時におけるテールスライドを制御するシステムが、ATC（アプリリア・トラクションコントロール）です。

　走行中でも左ハンドルバーにあるジョイスティックを使って、8段階の介入レベルを選べます。

　また、キャリブレーション機能「学習能力」を持っているのも特徴。従来のシステムは、単一のサイズおよびある種類のタイヤを対象として設計され、最適化されていますが、その結果、トラクションコントロールの多くの利点がしばしば失われることになります。

　ATCではその限界を克服。ライダーが所定の手順で起動すると、システムはその車体のタイヤサイズやファイナルレシオを記憶し、ファインチューニングされたトラクションコントロールを実行することが可能です。

▼ホンダ VFR1200F の TCS（トラクションコントロール・システム）

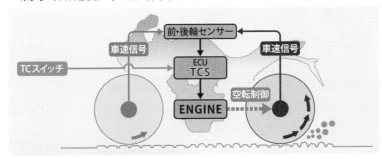

フェアリング内にシンプルな ON/OFF スイッチを設置した VFR1200F の TCS。作動時はメーターパネル内の T/C インジケーターの点滅で、駆動力が過剰であることをライダーに知らせます。

7

電装関係

7-11 エンジンマネジメントシステム

スイッチ操作1つで、エンジンの出力特性を好みや状況によって切り替えることができる電子制御機構が「エンジンマネジメントシステム」です。「ドライブモードセレクター」などとも呼ばれ、ライダーの好みや状況によって最適なエンジン出力をもたらします。

最適な出力特性を状況によって選べる

燃料噴射（空燃比）や点火時期などを司るエンジン制御マップを切り替えることで、メーカーが予め設定しておいた複数のパワー特性を瞬時に引き出すことができる**ドライブモードセレクター**。それぞれのマップは、さまざまなコンディションのデータなどをもとに開発され、マップ間の切り替えも瞬時に行うことが可能です。

これにより、高速クルージングと混雑路走行時で異なるマップを使用するなど、乗り手の好みや状況に応じてエンジンの出力特性が選択可能となりました。選ばれたモードは常に、メーターパネルなどで確認できます。

S-DMS（スズキ・ドライブ・モード・セレクター）

スズキ HAYABUSA の「**S-DMS**」（スズキ・ドライブ・モード・セレクター）は、右ハンドルバーにあるスイッチにより、3つの走行モードから任意のモードを選び、切り替えを可能としました。

エンジンの出力特性は選択したエンジン制御マップによって変更され、「Aモード」は全てのスロットル開度域で最大の出力が得られる特性。「Bモード」はスロットル開度に対してリニアで且つ、フラットなトルクとなる特性、「Cモード」は出力を下げ全てのスロットル開度でBモードよりもさらにソフトなスロットルレスポンスとしています。

S-DMSマップインジケーター

S-DMSスイッチ

■ ヤマハ D-MODE

　エンジン制御マップの切り換えによるモード切替でも、ヤマハの**D-MODE**ではスロットルレスポンスの変更を主としているのが特徴です。

　MT-09 では、右側のハンドルスイッチを操作することで「STDモード」「Aモード」「Bモード」の 3 つのモードを選ぶことができます。

　エンジンのリニアで鮮明なトルク感とスムーズな走行フィーリングを全域にわたって体感できる「STDモード」をベースに、より元気が良い「Aモード」、落ち着いた「Bモード」というイメージです。

　STDモードとAモードは最高出力こそ同じですが、Aモードの方がアクセル開度に対するエンジンレスポンスが早く、アグレッシブなエンジン特性となっており、ベテランライダーが乗っても楽しめるパフォーマンスを与えています。

　一方、穏やかなBモードでは最高出力もエンジンレスポンスも抑え、雨天走行時や初心者ライダーが選ぶと、より安心したライディングが可能になります。

▼ヤマハ MT-09

▼ホンダ CRF450R

モトクロッサーにもエンジンモードセレクトスイッチとインジケータが採用されています。ホンダ CRF450R/250R では、通常のコースコンディションでの走行に適したモードを「STANDARD」とし、主にマディ路面のスロットルコントロール性を重視した「SMOOTH」、レスポンシブなパワー特性で、主にソフト路面でのパワー感を重視した「AGGRESSIVE」といった具合に、3つのモードを設定。さまざまな路面状況での扱いやすさに配慮しています。

■ 6軸「IMU」搭載による電子制御システム

　走行中の車体には「前後」「左右」「上下」の3軸方向の加速度と、「ピッチ」「ロール」「ヨー」の3軸方向の角速度、合わせて6軸の力が働いています。それぞれの動きをセンサーから検出し、情報を瞬時に演算フィードバックすることで車体がどういう状況にあるのかを精密に把握した上で、エンジンと車体の挙動を制御するのが、**6軸「IMU」**（Inertial Measurement Unit）を搭載した電子制御システムです。

　初採用したのは2015年発売のヤマハYZF-R1/YZF-R1Mでした。それまでの5軸タイプのIMU（2011年～）より精度の高い6軸を検出し、情報は32bitのCPUにより8ms（1秒間に125回）という超高速で演算され、センサーハイブリッド推定技術により、車両の姿勢やタイヤの横滑りを高い精度で導き出します。

　車体の傾きに伴うトラクションコントロール、後輪スリップ時の点火カットなど、駆動力を無駄なく路面に伝えるのはもちろん、ブレーキ性能を補正するユニファイドブレーキシステムも搭載し連携。さらに上級仕様車YZF-R1Mでは電子制御サスペンションも採用され、IMUそして各センサーの情報に基づき減衰力を状況に合わせて瞬時に最適化するのです。

▼6軸「IMU」を搭載した電子制御システム採用の「YZF-R1」（2015年）

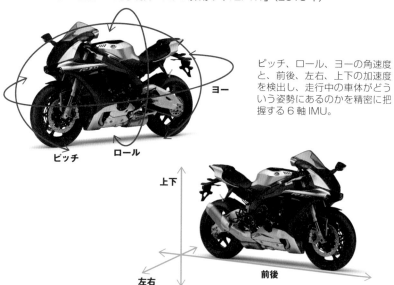

ピッチ、ロール、ヨーの角速度と、前後、左右、上下の加速度を検出し、走行中の車体がどういう姿勢にあるのかを精密に把握する6軸IMU。

ヨー

ピッチ　ロール

上下

左右　前後

進化するライディングモード

　CBR1000RRには、走行状況やライダーの好みに合わせ、走行フィーリングを任意に選択できる5種類の「ライディングモード」が設定されています。パワーセレクター（P）、セレクタブル トルク コントロール（T）、セレクタブルエンジンブレーキ（EB）の各制御レベルの組み合わせから「ライディングモード」を設定します。

　CBR1000RR SP（2018モデル）ではさらに「オーリンズ Smart EC（S）」の制御レベルも加わり、前後サスペンションは車載された各制御ユニットからの車体情報をSCU（サスペンションコントロールユニット）が受け取ることで、ライディング状況を常に判断し、公道やサーキットなどそれぞれの走行状況に最適な圧縮側、伸び側の減衰力が設定されます。

▼CBR1000RR ライディングモード一覧表

MODE 走行フィール	P パワーセレクター 5段階 出力特性 | スロットル レスポンス		T Honda セレクタブル トルク コントロール 9段階+OFF	EB セレクタブル エンジンブレーキ 3段階	S ÖHLINS Smart EC MANUAL 3 MODE A　3 MODE
MODE 1 速く走る	フルパワー	リニア	制御介入 小	小	A1
MODE 2 楽しく走る	1〜3速 出力抑制	力の立ち上がり やや穏やか	制御介入 中	小	A2
MODE 3 安心して走る	1〜4速 出力抑制	力の立ち上がり 最も穏やか	制御介入 大	大	A3
USER 1 好みで選択	任意選択		任意選択	任意選択	任意選択
USER2 好みで選択	任意選択		任意選択	任意選択	任意選択

▼オーリンズ Smart EC システム制御概念図

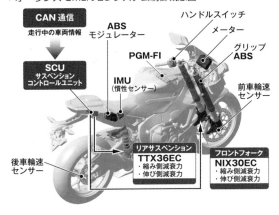

7
電装関係

■ ローンチコントロール

　電子制御によって点火時期を標準より遅らせ、急激なトルク変動を抑える
ことで発進時のタイヤ空転を減少させる機能を「**ローンチコントロール**
（Launch Control）」といいます。

　2012年モデルのカワサキKX450Fは、市販モトクロッサーとしてこれ
を初搭載しました。横一線でスタートするモトクロスレースでは、第1コー
ナーへいかに素速く進入できるかが重要なポイントとなります。ただしトッ
プクラスのライダーでも、スタート時に450ccクラスの強烈なパワーを制
御することは高度なスロットル操作とクラッチワークが求められ、容易では
ありません。ローンチコントロールモードでエンジンパワーを少しだけ弱め
てスタート時のトラクションを最大化し、好スタートを実現します。

　ハンドルに設けたボタンを押すことでエンジン制御マップが切り替わり、
ローンチコントロールモードになります。このモードでは、スタート直後の
ギヤが1速あるいは2速のときにのみ電子制御が働き、ライダーが3速に
シフトアップした途端に解除。標準のエンジンマップへ戻ります。

　また、「スズキ ホールショット アシスト コントロール（**S-HAC**）」では
2つのモードを選択できるようにし、路面コンディションに応じて使い分け
ができるようにしました。AモードをコンクリートWARN等の硬い路面や滑りやす
い路面用とし、Bモードをトラクションの良好な一般ダート用に設定。シス
テムの解除は「①発進してから6秒後」「②5速へシフトアップ」「③スロッ
トルオフ」のいずれかの条件を満たしたときに行われます。

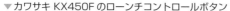
▼カワサキ KX450F のローンチコントロールボタン

■ スーパースポーツのローンチコントロール

　ローンチコントロールはモトクロッサーだけでなく、スーパースポーツへ
の搭載も進んでいます。スズキ GSX-R1000 ABS（2017 モデル）では、
右ハンドルバーのスイッチでシステムをオンにすると、スロットルバルブ開
度と点火タイミングを制御する専用マップに切り替わり、スロットルグリッ
プポジション、スロットルバルブポジション、エンジン回転数、ギヤポジショ
ン、前後の車輪速を計測します。

　発進の瞬間、システムは効果的なスタートのために理想的なエンジン回転
数を保持。クラッチがミートされると、エンジン回転数の制限はなくなり、
スロットルバルブ開度は、力強い加速のために理想的なトルクに保つようコ
ントロールされます。これは 3 軸 6 方向の車両の動きと姿勢を検知して制
御する高度なトラクションコントロールシステムと連携したもので、スロッ
トルバルブ開度と点火タイミングを制御しながら、前後の車輪速を検知する
ことで可能となっています。

　ローンチコントロールシステムは 4 速にシフトアップするか、スロットル
を閉じた時点で自動的に解除されます。

▼スズキ GSX-R1000 ABS

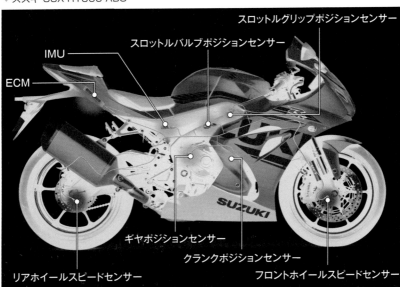

7
電装関係

ACC（アダプティブクルーズコントロール）

　ライダーが設定した速度を維持しつつ、前走車との適切な車間距離を保つように車速を自動的に調整するACC（アダプティブクルーズコントロール）がオートバイにも搭載されています。ミリ波レーダーを使用した前方レーダーセンサーが、走行車線上の前方をスキャン。同一車線上の前走車に照準を合わせるため、レーダーは狭い範囲でのスキャンを実行します。

　前方のレーダーセンサーとIMUの計測数値、前後輪の速度、そしてライダーが設定した車間距離からABS-ECUとECUが協調して出力調整をおこない速度を制御・維持します。減速時はエンジンブレーキまたはABS-ECUがブレーキを作動させ、停止時は四輪自動車用システムとは異なりライダー自身のブレーキ操作を必要とします。

▼BMW R1250RT（2021年）

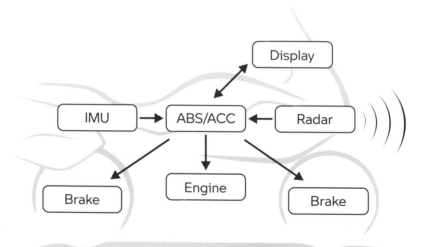

走行車線上の前方をスキャンするボッシュ製のレーダー。

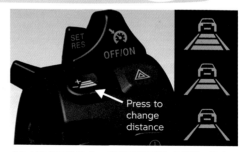

ハンドルにあるスイッチで車間距離を3段階に設定できます。

▼アドバンスト ライダー アシスタンス システム（カワサキ Ninja H2 SX）

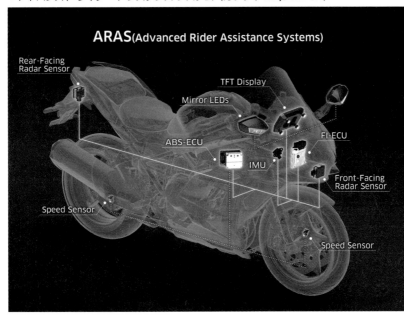

7

電装関係

ボッシュ（ドイツ）の二輪車向け先進運転支援システム「アドバンストライダーアシスタンスシステム」は ACC（アダプティブ クルーズ コントロール）、衝突予知警報、死角検知の３つの要素からなる二輪車の包括的な先進運転支援システムです。レーダーセンサー、ブレーキシステム、エンジン制御システム、HMI（ヒューマンマシンインタフェース）といったボッシュが持つ技術を組み合わせることで、ライダーが安心感を持って運転できるようにサポートします。日本の二輪車メーカーとしては、カワサキが Ninja H2 SX（2022 年）に初採用しました。

▼DUCATI_MULTISTRADA V4S（2021 年）

高効率バルブとマルチリフレクターの組み合わせで、飛躍的に明るさが増したヘッドライト。カッティングが必要だった旧式のヘッドライトレンズでは、平らであることが求められていましたが、マルチリフレクターのクリアレンズでは自由自在に形状設計が可能。空力特性の向上も実現しています。

マルチリフレクター

　従来のヘッドライトでは、電球（バルブ）の光を前面のレンズにカッティングを入れて、一定の範囲に配光していましたが「**マルチリフレクター**」では、反射板（**リフレクター**）に複雑な角度を付け、多面的な形状によって光の方向を調整します。つまり、表面のレンズを使わなくても、配光が可能になりました。

　そこでマルチリフレクターでは、カットが刻まれたレンズが排され、クリアカバーを装着。レンズの制約がないため、形状も自由に設計可能となり、空力を高める面でも大きな貢献をもたらしています。

マルチリフレクター化し、さまざまなレンズデザインが可能になったヘッドライト。

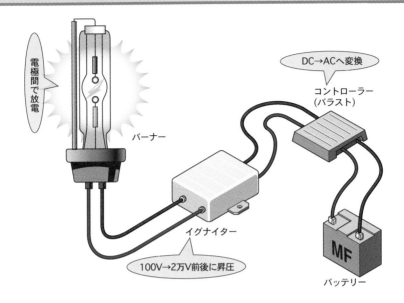

■HID■

電極間で放電

バーナー

DC→ACへ変換

コントローラー
（バラスト）

イグナイター

100V→2万V前後に昇圧

MF

バッテリー

HID（High Intensity Discharge）ランプ

ハロゲン電球の約 2 倍の明るさで寿命は約 4 倍！ にもかかわらず消費電力は 2/3 という高効率を誇るのが「**HID ランプ**」です。

一般的な電球の場合、「**フィラメント**」と呼ばれる抵抗体に通電させ加熱発光しますが、HID ではフィラメントを持たず電極間の放電を利用し発光します。

バッテリーからの直流 12V の電圧を「**コントローラー**」あるいは「**バラスト**」などと呼ばれる装置で交流に変換し、これを瞬間的に「**イグナイター**」が 2 万ボルト前後にまで増幅。「**バーナー**」内の電極間で放電させて、これを光源にする仕組みです。バーナーはバルブに相当するもので、フィラメントバルブよりもサイズが大きいのが特徴。取り付けるにはスペースが必要になります。

なお、バラストとイグナイターは、一体式になったものもあります。

メーカーによっては、HID ヘッドランプをディスチャージヘッドランプ、あるいは封入されているガスの名称からキセノンランプとも呼びます。写真はホンダ GOLDWING。

■ハロゲンランプ■

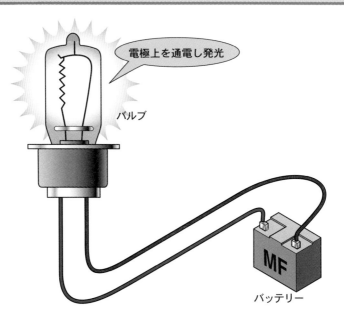

電極上を通電し発光

バルブ

MF

バッテリー

ハロゲンランプ（Halogen Lamp）

フィラメントに通電し、これを白熱させた際の発光を利用する。その原理は一般的な白熱電球と同じですが、ガラス球内の不活性ガス（窒素やアルゴンなど）に加えて微量のハロゲンガス（主にヨウ素や臭素など）を封入。不活性ガスのみを封入する通常の白熱電球よりも明るく、演色性にも優れます。

マルチリフレクターヘッドライトが登場するまでのオーソドックスなヘッドライト。

■さまざまなヘッドライト■

マルチリフレクタータイプの60W
ハイビームとプロジェクター55W
のロービームを組み合わせた異形
ヘッドライトはスズキ・ジェンマの
もの。未来感覚ともいえる個性豊か
なフロントマスクを演出しています。

リトラクタブルライト

　オートバイのヘッドライトは、1998年に常時点灯が義務化になっていま
すので、もはや唯一無二の存在といえるでしょう。スーパーカーなどで採用
されたリトラクタブルヘッドライト（格納式前照灯）としたオートバイも存
在しました。1984年式のスズキGSX750S3です。

スズキの社内デザインが担当。モーターサイクルでは唯一となるリトラクタブルライトと、先代
カタナのデザインを流麗にリファインしたシルエットで注目を集めました。

7

電装関係

■ キセノンライト（BMW）

BMW ではオートバイ専用に設計されたロービームキセノンヘッドライトを開発しました。従来のハロゲンランプよりも、電力消費を 30％ 少なくし、照射寿命を大幅に延長。青みがかった光線の明るさは、従来のハロゲンランプのおよそ 2 倍となります。

また、リフレクター用の円筒形ビームダイヤフラムが、不要な迷光や眩しさを防ぎ、夜間や視界が悪い状況で道路をより明るく均一に照射。

ガス放電の原理で点灯され、2 つの電極間に生じるスパークが、キセノンが充填された電球の中でイオン化ガスの「チューブ」を形成し、そこを電流が通過することでガスが発光します。

キセノンライトのスペクトル構成は昼間の天然光と非常に似ているため、ライダーの視界の快適性を大幅に向上しました。

■ アダプティブキセノンヘッドライト（BMW）

標準装備のメインヘッドライトは、位置補正機能付きのキセノンプロジェクトモジュールと反射ミラーで構成されています。

前輪と後輪のサスペンションに取り付けられたポジションセンサーが、ヘッドライトの高さを決めるためのデータを提供。ピッチが一定に保たれるため、ヘッドランプは走行モードや荷重の大小に関わらず、直線道路走行時に予め決められた箇所を常に相応しい状態で照らすことが可能です。

また、オプションの**アダプティブヘッドライト**では、標準の固定式反射ミラーを回転式に変えたステップモーターを搭載。ミラーは傾斜機能の一部として軸を中心に回転し、車両の横揺れ角を補います。

つまり、ロービームは傾斜と縦揺れの両方を補うことを可能にしました。どちらの動きも重ね合わせられるため、光がコーナーにまっすぐ届き、コーナリング時の道路へのヘッドライト照射が大幅に改善。安全性も飛躍的に向上しました。

なお、車両の傾斜は中央に設置されたセンサーボックスにより測定されます。データは「CAN バス」と呼ばれるデータネットワークを通じて伝達され、トラクションコントロール DTC にも用いられます。

▼BMW K1600GT 系 キセノンヘッドライト

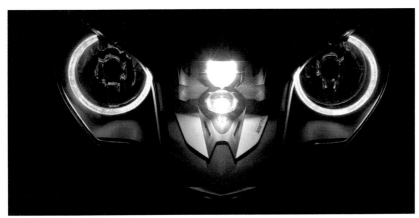

車体の傾きによって照射方向を瞬時に変え、コーナーの奥を照らすア
ダプティブキセノンヘッドライト。車高の変化により、上下角も自動
調整する優れものです。K1600GT 系のイメージを決定づけるヘッ
ドライトまわりは、四輪の BMW でお馴染みとなっているリング形の
LED 光ファイバーポジションランプが常時点灯します。

LED（Light Emitting Diode）

　省エネルギーで寿命も長いLED（発光ダイオード）は、オートバイでもインジケーターランプやテール＆ブレーキランプに採用されています。フィラメントがなく球切れの心配が無用。スペース効率も良く、量産によるコストが下がったことで、ヘッドライトや補助ランプへの導入も始まっています。

▼ホンダ HAWK11

軽量で衝撃に強く長寿命。一般家庭の照明用光源としても普及してきた LED は、オートバイの灯火類にも採用済みです。青白く鋭い眼光が、高性能スポーツモデルによく似合います。

▼カワサキ Z900RS

ヘッドライトのほか、テールランプとウインカーランプにも LED を採用。

デイタイムランニングランプ（DRL）

他の交通から昼間時の被視認性を高めるデイタイムランニングランプ（DRL）は四輪車で先に普及し、オートバイも国際基準に合わせて 2020 年 9 月、国内の保安基準で認可されました。DRL 採用車は調光機能を持ち、周囲が一定の暗さになった際にヘッドライトが自動で点灯するシステムが義務付けられます。前照灯と DRL の同時点灯は禁止です。

▼ホンダ X-ADV（2021 年）

国内モデルとしては、初めてデイタイムランニングライトを採用したホンダ X-ADV（2021 年）。日中はハイビームとロービームとの中間にある導光部が強く発光し、車両の存在感を強調。夜間は車両が外部の明るさを検知し自動的にロービームへ切り替えます。写真上が DRL、下が夜間時のヘッドライト点灯状態。DRL 認可によって、フロントマスクのデザイン自由度が飛躍的に向上しました。

道路運送車両の保安基準により定められている灯火類の色などに関する決まり

ヘッドライト / 第 32 条
（前照灯、補助前照灯、
側方照射灯）

白色または淡黄色であり、そのすべてが同一であること。1998 年 4 月 1 日以降の国内すべての生産車両では、エンジンがかかっている場合には常に点灯している構造になっている。

クリアランスランプ / 第 34 条
（車幅灯）

白色 / 淡黄色または橙色であり、そのすべてが同一であること。オートバイは原則不要であるが、付ける場合はウインカーまたはハザードを作動させているときに消灯する構造でなければならない。

ライセンスランプ / 第 36 条
（番号灯）

白色であること。夜間後方 20m の距離からナンバープレートの数字等の表示を確認できなければならない。前照灯を点灯しているときは、番号灯も絶えず光る構造になっている必要がある。

テールランプ / 第 37 条
（尾灯）

赤色であること。二輪車は後面に 1 つ備えればよいが、両側に備える場合は車両中心面に対して対称の位置に。照明部の上縁の高さは地上 2.1m 以下、下縁の高さは地上 0.35m 以上。

パーキングランプ / 第 37 条の 3
（駐車灯）

前面に備えるものにあっては白色、後面に備えるものにあっては赤色であること。ただし、車体の両側面に備える方向指示器と構造上一体となっている駐車灯にあっては橙色でもよい。

ストップランプ / 第 39 条
（制動灯）

赤色であること。昼間に後方 100m の距離から点灯を確認できること。尾灯と兼用の場合は、同時に点灯したときの光度が尾灯のみを点灯したときの光度の 5 倍以上となる構造でなければならない。

ウインカー / 第 41 条
（方向指示器、補助方向指示器）

橙色であること。方向指示を表示する方向 100m の距離から昼間において点灯を確認でき、点滅回数が毎分 60 回以上 120 回以下でなければならない。運転手が作動状態を確認できること。

ハザードランプ / 第 41 条の 3
（非常点滅表示灯）

橙色であること。自動車は必ず備えなければならないが、二輪自動車、側車付 2 輪自動車には装着の義務はない。備えている場合は左右対称に取り付け同時に点滅しなければならない。

車幅灯・側方反射器が義務化へ

　2023年9月以降に発売となる新型車においては、車幅灯（ポジションランプ、方向指示器と兼用）と側方反射器（サイドリフレクター）を義務化。デイタイムランニングランプ同様、国際基準への仕様統一となりました。

▼スズキ KATANA（2022年）

側方反射器
（サイドリフレクター）

オートバイはクルマに比べ小さく、他の交通のドライバーから見落とされやすい傾向があります。周囲に存在を気づかせるために、オートバイのヘッドライトは1998年から常時点灯式となっています。したがって、ヘッドライトを点灯／消灯するスイッチはなくなりました。ウインカーは前後ともバイクを真正面／真後ろから見て、左右対称の位置にあり、テールライトの明るさは夜間300m後方から確認できるよう義務づけされています。また、夜間の被視認性を高めるための反射板（リフレクター）も法規に則った位置に備えなければなりません。

7

電装関係

LED プロジェクターヘッドライト

　光をレンズで拡大し照射するプロジェクターヘッドライトもLED化され、オートバイに用いられています。ヤマハではロービームとハイビームを一体型としたバイファンクションタイプをMT-09/SPやMT-07（2021年）に採用。ロービームは照射エリアとエリア外の境界の明暗差が少なく穏やかなので、境界付近での良好な視認性を得られます。

LEDプロジェクターヘッドライトを採用したヤマハMT-09/SP。ポジションランプを左右に独立配備し、フロントマスクをコンパクトにしています。

■ コーナリングライト

　IMU（慣性計測装置）からのフィードバックによって、旋回時に車体の傾き（バンク角）に応じて順番に点灯するコーナリングライトを備えるモデルもあります。カワサキ Ninja H2 SX SE+（2019 年）では、サイドカウルに左右それぞれ 3 灯の LED コーナリングライトを装備。カーブで車体が傾き出すと、最上段のライトが点灯し、さらにバイクを寝かし込んでいくと 2 段目、3 段目と追加で光っていきます。夜間もライダーの視野方向を照らすことができ、カーブを曲がる際の視認性を向上、安全運転をサポートします。

▼カワサキ Ninja H2 SX SE+（2019 年）

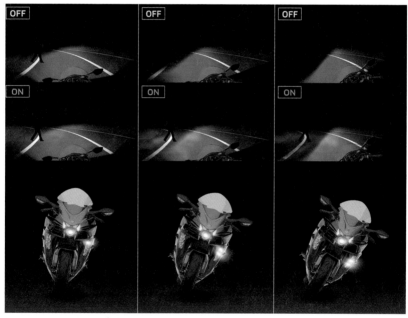

3 灯の LED コーナリングライトをサイドカウルに装備。車体のバンク角に応じて上から順に点灯し、カーブの先を照らします。

7

電装関係

1968 年 ヤマハトレール DT-1

　60 年代半ばまで、国内におけるオフロードバイクの概念は単にロードバイクを
ベースにした改造車両でしかなかった。ところが海外では、ハスクバーナやブルタ
コなどがすでにオフロード専用マシンを開発・販売しており、国内でもスズキ、カ
ワサキがそれに追従。スリムな車体に単気筒エンジンを搭載するモトクロッサーで
レースを席捲しはじめた。

　そこでヤマハは、1968 年に「トレール DT-1」をデビュー。エンジンはレース
用モトクロッサー YX26 をベースに量産車として新設計。プライマリーキック始
動の 5 ポートピストンバルブエンジン、セリアニー式フロントフォークを装備し、
従来になかったまったく新しいジャンルとして注目を集め、瞬く間に大ヒットモデ
ルとなった。ヤマハは DT-1 の市場導入に合わせ、全国の二輪販売店の協力を得な
がら各地で「トレール教室」を開催し、オフロードファンを一気に拡大させた。

第**8**章

駆動機構

エンジンで発生した動力は、そのままの形ではオートバイを走らせることができません。クラッチ、トランスミッションを経て、初めて車輪を駆動します。クラッチは動力の接続機構で、ギヤチェンジやスタート時、あるいは停車時などにエンジンの回転力がトランスミッション側に伝わらないよう一時的にカットでき、そしてトランスミッションは、走行条件に合わせて回転力を都合良く変化させる装置です。

8-1 減速、駆動系の基本

エンジンで発生した回転力は、そのまま後輪に伝わるのではなく、「1 次減速機構」「変速機」「2 次減速機構」という 3 段階で「減速」され、運転状況に見合った状態で駆動輪へ伝わります。減速することで、回転速度を落とす引き替えに、回転する力を得ているのです。

■ 減速

　ガソリンと空気を混ぜた混合気を圧縮・燃焼して得たピストンの往復運動を、コンロッドを介してクランクシャフトの回転運動に置き換えるエンジン。エンジン回転数（rpm）というのは、クランクシャフトが 1 分間にどれだけ回るかを表したものですが、3000rpm なら 1 分間で 3000 回転という凄まじい速さで回転しています。

　この回転力をそのままリアタイヤに伝えたとしても、100 ～ 300kg 以上も重量のあるオートバイの車体を動かすことはできません。

　そこで「**減速**」、回転数を落として、より強く回る力を得る必要があります。テコの原理によって、同じ仕事量のまま回転数を落とすと、それに比例して回転力は大きくなります。たとえば歯数の違う大小 2 つの歯車（ギヤ）を組み合わせた場合、力を入力するギヤの歯数を 10、受け側を 20 にすると、受け側では 2 倍の力が得られます。つまり、回転速度を 1/2 に落とすことで 2 倍のトルクが得られるというわけです。減速する比率を「**減速比**」といい、回転数を半分に落とすなら減速比は 2、1/3 にするなら「減速比 3」と表します。

　通常、オートバイの駆動系ではこの原理を使って「1 次減速機構」「変速機（トランスミッション）」「2 次減速機構」の 3 段階で減速して、走行状況に見合ったトルクをエンジンから取り出します。

　なお、エンジンの性能は「パワー」と「トルク」で表されることが多くありますが、パワー（エンジン出力）とは「一定時間にどれだけの仕事ができるか」を表すもの、トルクとは「軸を回そうとする力」を示します。

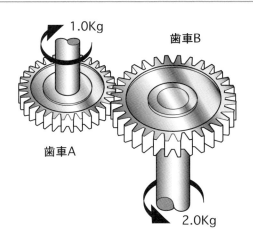

1.0Kg

歯車B

歯車A

歯車A　歯数10：歯車B　歯数20
のとき
歯数A　2回転：歯車B　1回転
減速比＝2

2.0Kg

2つの歯数の異なるギヤ「歯車A」と「歯車B」を噛み合わせて歯車Aを1kgの力で回転させます。このとき、歯車Aの歯数を10、歯車Bの歯数を20とすると、歯車Bは歯車Aが2回転すると1回転し、2kgの力が生まれます。つまり、歯車Aの回転数が半分になる引き替えに、歯車Bの力は2倍に倍増。変速比はBの歯数÷Aの歯数で求められ、この場合は20÷10＝2となります。

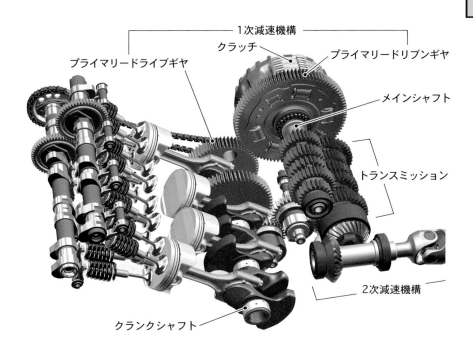

1次減速機構

クラッチ

プライマリードライブギヤ

プライマリードリブンギヤ

メインシャフト

トランスミッション

2次減速機構

クランクシャフト

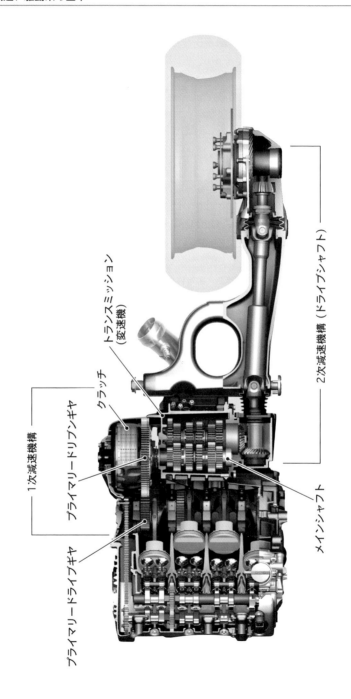

2次減速機構（ドライブシャフト）

トランスミッション（変速機）

1次減速機構

クラッチ

プライマリードリブンギヤ

プライマリードライブギヤ

メインシャフト

■動力伝達の手順■

クランクシャフト

クランクシャフトの1分間に1000〜1万rpm以上もの超高速回転を、そのまま後輪に伝えてもオートバイを走らせることはできません。

1次減速機構

クランクシャフトに直結したドライブギヤから動力を取り出し、まずはじめに大きく減速します。

クラッチ

乗り手のレバー操作に合わせて、トランスミッション手前で動力を伝えたり切ったりコントロールします。

トランスミッション

ギヤの組み合わせを変えることで、運転状況に合わせた最適なトルクを生み出します。現代のオートバイでは5〜6段が一般的です。

2次減速機構

トランスミッションを経た動力を、駆動輪であるリアタイヤへ伝えます。前後2丁のスプロケットで最終減速比が決まるのです。

8
駆動機構

駆動系の基本

　エンジンが生み出した回転力を、クランクシャフトから取り出すのが「1次減速機構」、その動力の伝達を断続しコントロールするのが「クラッチ」、減速比を4〜6段に変えて走行状況に見合ったトルクにするのが「トランスミッション」、チェーンやシャフトドライブでリアタイヤに伝える部分を「2次減速機構」といいます。そして、以上の装置の繋がりを「駆動系」（**パワートレイン**）と呼びます。それぞれの役割や構造は、次のページから詳しく説明しましょう。

1次減速機構

クランクシャフトの回転力をまず最初に取り出すのが「1次減速機構」です。高速回転を続ける回転力をクラッチの前で一度大きく減速し、回転数を下げてからクラッチそしてトランスミッションへ伝えます。「ギヤ式」と「チェーン式」の2つがあり、減速によって、大きなトルクが生まれます。

1次減速機構の仕事

　クランクシャフトの高速回転を取り出し、クラッチの前でまず最初に大きく減速するのが「1次減速機構」です。回転数を大幅に落とすのは、クラッチの焼けやトランスミッションでの変速時に生じるショックを減らすためです。

　クランクシャフトに直結している駆動側を「**プライマリードライブギヤ**」、クラッチ側のメインシャフトに繋がっている受け側を「**プライマリードリブンギヤ**」といい、プライマリードリブンギヤは、クラッチハウジングと一体になっています。

ギヤ式とチェーン式

　1次減速機構はギヤ式がもっともポピュラーですが、チェーン式やチェーン・ギヤ併用式も採用されています。

　ギヤ式はコンパクトで高回転向きですが、ギヤとギヤが接触するためノイズが発生しやすく、ギヤの高い加工精度も必要です。

　チェーン式は静粛性に優れていますが、ギヤ式ほど減速比を大きくできず高回転には不向きです。広いスペースが必要になり、別体の「プライマリーチェーンケース」を設けています。強大なトルクがかかる「**プライマリーチェーン**」（1次チェーン）には頑丈な二重チェーンが使われており、遊びを調整するなど定期的な点検・整備が必要です。

　かつてはベルト式（**プライマリーベルト**）もあり、オイル潤滑の必要がないのが利点でしたが、発熱に対処するためにカバーを取り払うなどの必要がありました。

ギヤ式

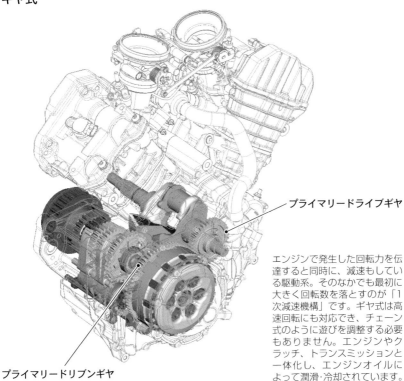

プライマリードライブギヤ

プライマリードリブンギヤ

エンジンで発生した回転力を伝達すると同時に、減速もしている駆動系。そのなかでも最初に大きく回転数を落とすのが「1次減速機構」です。ギヤ式は高速回転にも対応でき、チェーン式のように遊びを調整する必要もありません。エンジンやクラッチ、トランスミッションと一体化し、エンジンオイルによって潤滑・冷却されています。

チェーン式

プライマリーチェーン　プライマリーケース

写真は別体のプライマリーチェーンケースをエンジン左側に備えたチェーン式です。チェーンは耐久性の高い二重チェーンが用いられ、スプロケット部には「コンペンセイター」という急激に力がかかったときにスプリングによって力を逃がすダンパー機構が用いられています。このダンパーのおかげで、チェーンやミッションに対する負担が軽減されます。

8

駆動機構

8-3 クラッチ

エンジンとトランスミッション（変速機）の間で、発進、停止、変速時など
エンジンのパワーをトランスミッションに伝えたり遮断するのが「クラッチ」
の役目です。ディスクを押しつけたり離したりして、動力を伝えたり切った
りしますが、まずは手のひらを使って、その原理を考えてみましょう。

クラッチの原理

　エンジンで発生した回転力を断続するのが「**クラッチ**」の仕事ですが、そ
の構造は手のひらを合わせて考えると解りやすいでしょう。

　右腕をエンジン、左腕をトランスミッション、そして手のひらをクラッチ
だとします。まず、手のひらを強く押した状態が、クラッチをつないだ状態
です。強く押し合った手のひらは、しっかり噛み合って滑りませんので、右
手だけを回そうと思っても左手が一緒に回ります。つまり、右腕のエンジン
の出力が、左手のトランスミッションへそのまま伝わります。

　そして手のひらを離した状態がクラッチを切った状態です。当然、右腕を
動かしても左腕は動きません。実際の操作では、クラッチレバーを握った状
態にあたります。

　ならば、軽く手のひらを合わせた状態が「**半クラッチ**」です。力の加減次
第で手のひらの摩擦力が弱くなり、右腕を動かしても左腕に力が伝わらない
滑った状態であったり、手のひらが滑りながらも少しだけ右手の力が左手に
伝わる状態など、微妙な操作によって繊細なコントロールが可能になります。

クラッチの構造

　実際のクラッチでは、クランクにつながる右の手のひらが「**フリクション
プレート**」、トランスミッション側で動力を受けとる左の手のひらが「**クラッ
チプレート**」であり、両手が密着しているときは「**クラッチスプリング**」の
力で押されている状態です。クラッチレバーを握ることでスプリングが押さ
れて縮み、密着していたプレートが解放されます。2枚のプレートが離れる
ことでお互いに空回りし、動力が断たれます。

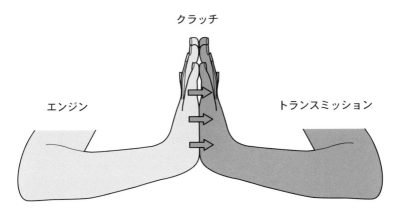

クラッチ

エンジン　　　　　　　　トランスミッション

手のひらを合わせた状態がクラッチがつながった状態だとすると、右腕のエンジンの動力は左腕のトランスミッションへ伝達されます。そして手のひらを離せば、動力は断たれる。右の手のひらがフリクションプレート、左がクラッチプレートです。

■ エンジンの動力をトランスミッションに伝える動力伝達装置 ■

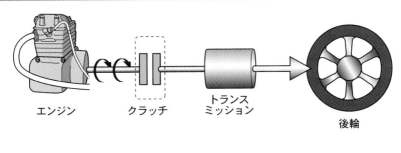

エンジン　　　　クラッチ　　トランス
　　　　　　　　　　　　　　ミッション　　　　　後輪

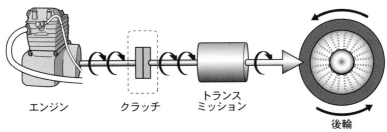

エンジン　　　　クラッチ　　トランス
　　　　　　　　　　　　　　ミッション
　　　　　　　　　　　　　　　　　　　　　　　　後輪

クラッチがなければエンジンの動力は絶えず後輪に伝わったままになってしまいます。
オートバイを停止させたり発進させるには、クラッチが必ずなければなりません。

8

駆動機構

277

クラッチのしくみ

オートバイによく使われる「**湿式多板クラッチ**」の場合、摩擦材（コルクやゴムモールド）でできた「**フリクションプレート**」と、金属製（鉄板やアルミニウム）の「**クラッチプレート**」が交互に 7 〜 10 枚ずつ組み込まれ、フリクションプレートは「**クラッチハウジング**」（クラッチシェル）、クラッチディスクは「**クラッチボス**」（クラッチハブ）にそれぞれ填め込まれています。

　クラッチハウジングは、外側がプライマリードリブンギヤになっていることが多く、絶えずクランクと一緒に回転し続けます。

　クラッチボスはミッション側のメインシャフトに直結され、常にクラッチディスクと一緒に回ります。

　互い違いに収まったフリクションプレートとクラッチディスクの外側には「**プレッシャープレート**」があり、「**クラッチスプリング**」の力を受けてフリクションプレートとクラッチディスクを密着させています。2 枚のプレートが密着することでクラッチハウジングとクラッチボスは一緒に回り、エンジンの回転力がミッション側へ伝わるのです。

　クラッチレバーを握ると「**クラッチレリーズ**」（クラッチリフター）が動いて「**プッシュロッド**」を押し、プッシュロッドはプレッシャープレートごとクラッチスプリングを押し込みます。バネが縮むことで、押しつけられていた 2 枚のプレートは圧着状態から解き放たれ、フリクションプレートもクラッチディスクも空回り。エンジンの動力が断たれます。

フリクションプレートとクラッチプレートが交互に納まるクラッチの断面図。クラッチスプリングの力によって、密着したり引き離されたりしています。

■湿式多板クラッチ■

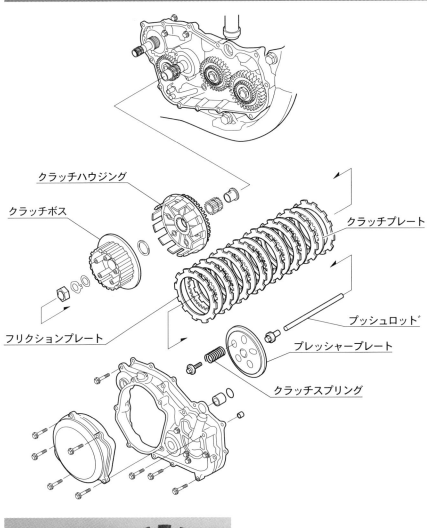

クラッチハウジング

クラッチボス

クラッチプレート

プッシュロッド

フリクションプレート

プレッシャープレート

クラッチスプリング

クラッチハウジング（クラッチアウター）と
クラッチボス。クラッチハウジングの外周は
ギヤが切られて、プライマリードリブンギヤ
になっています。つまり、クランクの回転と
一緒に絶えず回転を続けます。

■クラッチのしくみ■

フリクションプレート=エンジン側

クラッチプレート=ミッション側

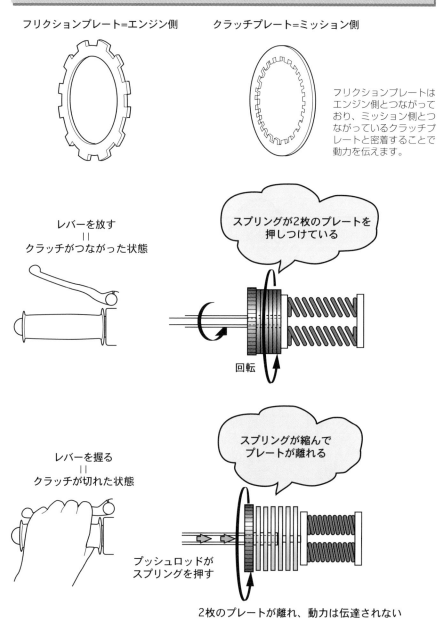

フリクションプレートは
エンジン側とつながって
おり、ミッション側とつ
ながっているクラッチプ
レートと密着することで
動力を伝えます。

レバーを放す
＝
クラッチがつながった状態

スプリングが2枚のプレートを
押しつけている

回転

レバーを握る
＝
クラッチが切れた状態

スプリングが縮んで
プレートが離れる

プッシュロッドが
スプリングを押す

2枚のプレートが離れ、動力は伝達されない

さまざまなクラッチ

　オートバイに使われるクラッチは「多板式」と「単板式」、「湿式」と「乾式」があり、小径のクラッチ板で枚数を増やした「**湿式多板クラッチ**」がよく使われています。クラッチを別体にし、専用のクラッチオイルを入れたものもありますが、エンジンやトランスミッションと一体式であることが多く、その場合はエンジンオイルで潤滑・冷却されます。湿式多板クラッチは比較的耐久性が高くコンパクト、騒音が出にくいのが優れている点です。

　湿式と構造的には同じ「**乾式多板クラッチ**」はオイルにまったく浸っておらず、走行風でクラッチを冷却します。オイルの攪拌（かくはん）抵抗、つまりオイルによる馬力ロスが少ないので、レーシングマシン向きのクラッチとして一部のスポーツモデルに採用されましたが、フリクションプレートとクラッチプレートの間にオイルがないためダンパー効果がなくシビアな操作が必要です。

　また、オイルによるメカノイズの吸収も期待できないため、近年の騒音規制厳格化もあり、市販車に採用される例は少なくなっています。

　一般的に多板式はスペースやレイアウトの都合上、軸方向のスペースに余裕がある横置きエンジンに有効的に使われますが、BMW やモト・グッツィなどの縦置きエンジンには、四輪自動車でもポピュラーな「**乾式単板クラッチ**」が使われます。

クラッチ

8

駆動機構

■さまざまなクラッチ■

湿式多板

プレートがオイルに浸かっているため、磨耗が少なく静粛性も高いのが湿式多板。扱いやすい操作性も利点であり、オイルで冷却されるため、熱によるすべりも低減されます。

乾式多板

オイルの抵抗がないためクラッチの切れが良く、より強い力を伝えられるのが乾式多板です。熱対策のため本体が外部に露出しているので、定期的なメンテナンスが必要です。

乾式単板

縦置きエンジンに用いられるのが乾式単板。クラッチ容量を稼ぐにはプレートを大径化する必要があるため、横置きエンジンではスペースの確保が難しくなります。

大径ディスクが必要となる
乾式単板クラッチ

油圧式クラッチ

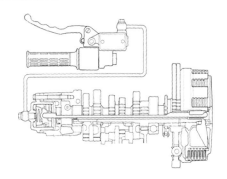

クラッチレバーを握った力は、クラッチワイヤーがレリーズ機構に伝え、プッシュロッドがプレッシャープレートを押し、スプリングを縮めますが、レバーの力を油圧で伝える「**油圧式クラッチ**」もあります。レバーの油圧がマスターシリンダー内のピストンを押し、オイルホースを通ってレリーズ機構に伝わります。

機械式（ケーブル式）に比べ、油切れやケーブルの劣化などによる操作荷重の増加がなく、軽いレバータッチでスムーズなクラッチ操作が行えます。さらに、ディスクの摩耗などによるクラッチの調整も自動的に行われるため、オイルレベルの点検以外はこまめなメンテナンスが不要になります。

スリッパークラッチ（バックトルクリミッター）

シフトダウンや減速時に発生する大きなエンジンブレーキにより、リアタイヤがロックする場合があります。このとき、自動的に半クラッチ状態をつくりだし、トルクを逃がしてくれるのが「**スリッパークラッチ**」です。

クラッチスプリングを押すプレッシャープレートにカム機構を備え、動力伝達方向と逆の方向、つまりタイヤからエンジンを回す力（バックトルク）が一定以上かかったときに、クラッチスプリングの力を緩めプレートを滑らせます。

ハードなライディングに対応したレーシングパーツですが、クラッチ操作が軽くなり、雨天時や緊急回避時などでも車体の姿勢を崩さないなどメリットは多く、走りを向上させるシステムとして人気を集めています。

8
駆動機構

8-4 トランスミッション(変速機)

オートバイは急坂を登ることもあれば、平坦な道を時速100km以上で巡航することもあります。つまり、農耕馬の力強さとサラブレットの俊足、その両方が求められます。そこでエンジンの回転を複数のギヤの組み合わせを使って変速し、状況に応じた力に置き換えるのが「トランスミッション」です。

■ トランスミッションの仕事

停まった状態のオートバイを発進させたり坂道を登るときには、大きな力が必要になりますが、平坦な道を一定速度で走り続けるには、風圧やタイヤなどの抵抗に逆らうだけの力で済みます。このように、オートバイを走らせるために必要な力は、走行状況によって変化します。

そこで、エンジンから供給される回転力(トルク)を、車速や走行状況によって都合良く変速(回転速度を変更)させるのが「**トランスミッション**」(**変速機**)の仕事です。複数のギヤを組み替えることで「**変速比**」を変え、回転の伝達を行わない「**ニュートラル**」も作り出します。

停まっている車体を発進させるには、大きな減速比を持つギヤの組み合わせを使います。これが「**ローギヤ**」(1速あるいは1段)です。車体が動き出したら、2速→3速→4速という具合に少しずつ減速比の小さいギヤの組み合わせにシフトチェンジし、市街地から高速道路まであらゆる状況に合わせて減速比を切り替え、エンジン回転数や駆動力をコントロールします。

■ 変速比

回転数を変える(変速する)ことでトルクを変化させることが可能です。ギヤ(歯車)などで変速を行う場合の入力側と出力側の回転数の比を「変速比」といい、出力側を1回転させるのに、入力側が何回転するかで表されます。ギヤの場合、変速比は歯車の歯数の比(ギヤレシオ)と同じになります。

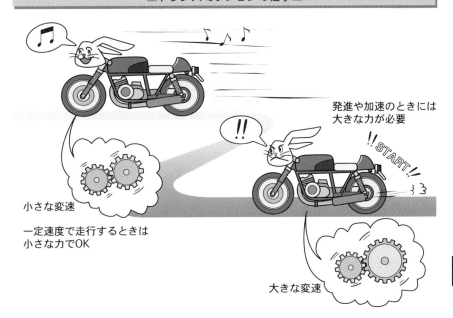

■トランスミッションの仕事■

発進や加速のときには
大きな力が必要

小さな変速

一定速度で走行するときは
小さな力でOK

大きな変速

8

駆動機構

▼トランスミッション

オートバイは極低速のノロノロ運転で走る場合もあるし、時速 100 k m
を超えるような高速で走行することもあります。エンジンが生み出した回
転力を効率良く使うためには、複数の変速比が必要になります。こうした
変速比を切り替える装置を「トランスミッション」といいます。

トランスミッションの構造

　　トランスミッションは、クランクシャフトから1次減速機構そしてクラッチを経た回転力を受け取る「**メインシャフト**」と、後輪へ駆動力を渡す「**ドライブシャフト**」（**カウンターシャフト**）という平行する2本のシャフト（軸）から成り立ち、それぞれに変速比の異なったギヤの組み合わせが配置されています。オートバイでは4〜6段の変速段数を採用することがほとんどですが、これはそれぞれのシャフトに4〜6個のギヤが取り付けられていることを意味します。

　　「**常時嚙み合い式**」と呼ばれる通り、2本のシャフトに備わったギヤは絶えず嚙み合っていますが、嚙み合いが外れない範囲で軸上を横に移動できます。

　　1対のギヤは、どちらか一方がシャフトに固定され、もう一方はフリーとなってシャフト上で空転できる構造になっています。「**ニュートラル**」のときは、すべてのギヤが真っ直ぐに嚙み合った状態であり、どちらかのギヤが空回りするので動力が伝わりません。

　　ギヤが入るときは、チェンジペダルの操作で「**シフトドラム**」が回転し「**シフトフォーク**」が左右にスライドします。シフトフォークはシャフトに固定されているギヤを動かし、隣合わせのフリーに回転するギヤに嚙み合わせて動力を伝達します。スライドするギヤには「**ドッグ**」と呼ばれるツメが付いており、隣接するギヤにはそのツメを受ける穴が設けられています。

▼カセット式トランスミッション

アプリリアRSV4の先進的なカセット式トランスミッション。通常、ミッションの脱着作業は、エンジンを車体から下ろしクランクケースを開けるという大掛かりな手順を踏む脱着作業となってしまいますが、カセット式ならクランクケースを分解せずに側面から取り出すことが可能となり大幅な作業時間の短縮となります。レーシングユースを考え、メンテナンス性に優れた構造となっているのが特徴です。

■トランスミッションのしくみ■

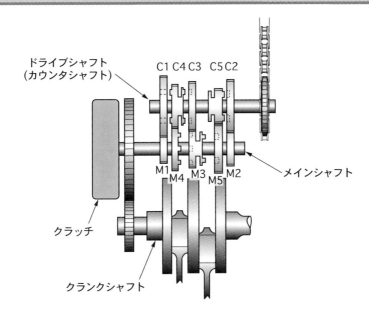

ドライブシャフト
（カウンタシャフト）

C1 C4 C3　C5 C2

メインシャフト

M1　　　　M2
　　M4　M3　M5

クラッチ

クランクシャフト

　メインシャフトギヤは小さい方から M1、M2、M3……と数え、カウンター
シャフトギヤは大きい方から C1、C2、C3……と数えます。シャフト上を
移動できるのは、シフトフォークと連結されているギヤだけです。

　上のイラストでは M1、M3、M2 そして C4、C5 のギヤは、各シャフト
の溝と噛み合っています。たとえば 3 速に入る場合、C4 のギヤが横に動い
てドッグが C3 の穴に入ると、メインシャフトの動力は「メインシャフト
→ M3 ギヤ→ C3 ギヤ＋ C4 ギヤ→カウンターシャフト」という経路で動力
が伝わります。

8

駆動機構

▼ニュートラルのとき

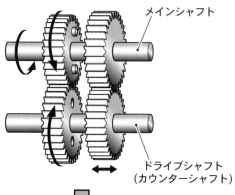

メインシャフト

ドライブシャフト
（カウンターシャフト）

対になったギヤすべてが真っ直ぐに
噛み合った状態の場合、どちらか一
方のギヤは空転を続けるので駆動力
は伝わりません。この状態がニュー
トラルです。

▼ギヤが入っているとき

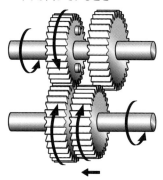

シフトフォークが「ドッグ」と呼ばれるツメの
付いたギヤをスライドさせ、隣にある空転して
いるギヤにつなげます。すると、必要な経路の
ギヤに動力が伝わります。

■シフトドラム■

ライダーがチェンジペダルを操作すると
「シフトドラム」が回転し、「シフトフォー
ク」が移動します。シフトフォークは、
変速の度に回転するシフトドラムの溝に
沿って移動します。シフトフォークのも
う一方の先端はギヤの溝にはまっている
ため、シフトフォークが移動すればギヤ
も動きます。

L. シフトフォーク

シフトドラム

R. シフトフォーク

トランスミッションの操作

　ギヤチェンジは、乗り手がシフトチェンジレバーを左足（かつての英国式では右足チェンジもあった）で操作することで行われます。一般的な「リターン式」では、「1→N→2→3→4→5→6」という配置で、たとえばニュートラルにギヤを入れる場合、1速から軽くペダルをかき上げるか2速から軽くペダルを踏み込みます。

　「N→1→2→3→4→N→1→2→3……」と、シフト位置に終わりのない「ロータリー式」では、トップギヤからさらにシフトアップすると、ニュートラルに戻ってしまいますが、現行車の多くは安全性に配慮し、走行中は「トップギヤ→ニュートラル」のギヤチェンジはできないようになっています。

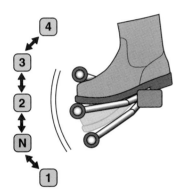

リターン式

発進時はシフトチェンジレバーを下げて1速に入れ、スピードが乗ってくるにつれ、「2速→3速→4速→」とレバーをかき上げていくリターン式。ロードレーサーでは、アップダウンが逆になった「逆シフト」を採用する場合もあり、またクルーザーなどでは「シーソーペダル」を装備することもあります。
シーソーペダルの利点は、つま先で踏めばシフトダウン、カカトを下げればシフトアップ、いずれも足のウラを使えばいいので、靴を傷めません。

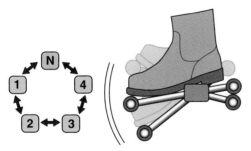

ロータリー式

「ニュートラル→1速→2速→3速→4速→ニュートラル」と、エンドレスにギヤチェンジができるロータリー式。現在では小排気量のビジネスバイクなどに採用されているだけとなりました。シーソーペダルを備える場合が多く、つま先とカカトの両方でシフト操作ができます。

8

駆動機構

別体式トランスミッションと潤滑油

　　トランスミッションはオイルによる潤滑・冷却・洗浄が必要ですが、国産車などではスペースの都合上エンジンと一体にし、エンジンオイルを流用する場合がほとんどです。

　　しかし、オイルをガソリンと一緒に燃やしてしまう２ストロークや、大きなクランクケースを持つエンジンなどではミッションケースを別体にし、専用の「**ミッションオイル**」（ギヤオイル）を用います。

　　ハーレーダビッドソンの場合、「ビッグツイン」と呼ばれる大排気量シリーズでは、エンジン、プライマリーケース、トランスミッションがそれぞれ完全に別体で、いずれにも専用のオイルが入っています。

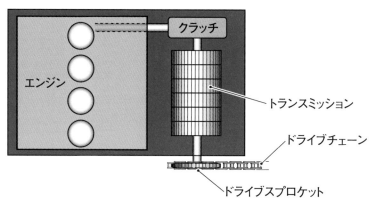

■一体式■

並列エンジンなどコンパクトなクランクケースを持つモデルでは、クラッチやトランスミッションを別のケースに分けずにエンジンと一体式にし、軽量コンパクトなパワーユニットを形成します。潤滑油はエンジンオイルを共用です。

■別体式（たとえばハーレーダビッドソンの場合）■

ビッグイン

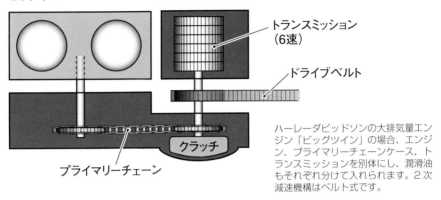

トランスミッション
（6速）

ドライブベルト

プライマリーチェーン

クラッチ

ハーレーダビッドソンの大排気量エンジン「ビッグツイン」の場合、エンジン、プライマリーチェーンケース、トランスミッションを別体にし、潤滑油もそれぞれ分けて入れられます。2次減速機構はベルト式です。

スポーツスター（空冷時代）

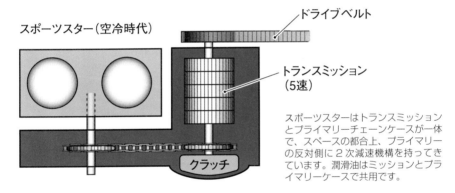

ドライブベルト

トランスミッション
（5速）

クラッチ

スポーツスターはトランスミッションとプライマリーチェーンケースが一体で、スペースの都合上、プライマリーの反対側に2次減速機構を持ってきています。潤滑油はミッションとプライマリーケースで共用です。

8

駆動機構

■ ギヤ抜けとは

　トランスミッションのギヤは、側面にあるドッグ（突起部）を噛み合わせて回転を伝達しますが、ドッグの角が摩耗などで丸くなってしまうと、相手のギヤを確実に捕まえることができなくなり、ギヤ抜けを起こしてしまいます。

　また、シフトフォークの摩耗や変形、ストッパーレバーやスプリングの摩耗・損傷、さらにシフトドラムのガタなどもギヤ抜けの原因に考えられます。

2次減速機構

トランスミッションを経たエンジンの動力を駆動輪であるリヤタイヤに伝えるとともに、最終的な減速比を決定するのが「2次減速機構」（最終減速機構）です。チェーン式、ベルト式、シャフトドライブ式の3タイプが用いられ、それぞれにメリットがあり、モデルによって使い分けられています。

チェーンドライブ式

2次減速機構でもっとも一般的なのが「**チェーンドライブ式**」です。トランスミッションのドライブシャフトの端に取り付けられた「**ドライブスプロケット**」と、リアホイール側の「**ドリブンスプロケット**」をチェーンで結び、そのギヤ比で「最終減速比」（ファイナルレシオ）を決定します。

チェーンは構造がシンプルで軽量、切って詰めることもできます。フリクションロスが少なく、他の方式に比べコストも安いのがメリットです。デメリットを敢えてあげるなら、最終減速比をあまり大きくできないことや、チェーンが伸びることから張りをこまめに調整し、給油などの定期的なメンテナンスが必要なことですが、チェーン自体の性能が飛躍的に向上し、難点の多くは解消されています。

ドライブチェーン

■チェーンドライブ式の構成■

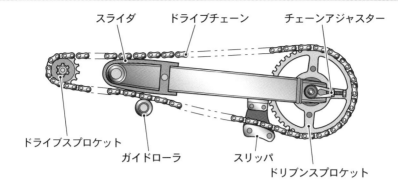

スライダ　　ドライブチェーン　　チェーンアジャスター

ドライブスプロケット

ガイドローラ　　　　スリッパ

ドリブンスプロケット

■Xリングチェーン■

ローラー
スプロケットとの噛み合いによる衝撃を吸収し、
ブシュやピンを割れや異常摩耗から保護します。

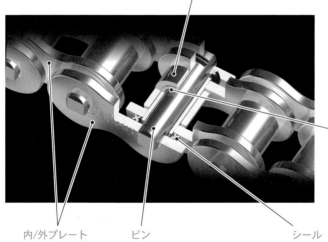

ブシュ
ピンを支える軸受け
として働きます。

内/外プレート
プレートは、ピンと
ともに荷重を支える
強度部材です。

ピン
内/外プレートとともにチェーン
にかかる全荷重を支え、せん断・
曲げ・衝撃などに耐える強度部
材です。また、リンクが屈曲す
る軸として働きます。

シール
ピンとブシュの間に
封入されたグリース
を保持し、ピンの摩
耗・伸びを防ぎます。

■ シールチェーン

　200ps にも迫る強大なパワーを受け止め、時速 300km の高速走行にも耐えるドライブチェーン。その飛躍的な進歩に貢献したのが「**シールチェーン**」です。

　ジョイントピンとブシュの間にグリースを封入し、O リングでグリスが漏れないように密封（シール）してあります。ジョイントピンの摩耗と伸びを防ぎ、ドライブチェーンの耐久性を大幅に向上させました。

　「**ノンシールチェーン**」に比べ、耐摩耗性や静粛性に優れる「**O リングチェーン**」ですが、O リングを X 形状にし、フリクションロスの大幅削減と優れた耐摩耗性を両立したのが「**X リングチェーン**」です。

　O リングがプレートに押し潰れるのに対し、X リングはねじれによってプレートの圧力を吸収。X 形状の隙間にもグリスが入ることで、自己潤滑によりシールが劣化しずらく、グリースの漏れ、異物の浸入を防ぎます。

シールチェーンは、ジョイントピンとブシュの間にシールを設けてグリースを封入。最近ではシールをX 形状にした「X リングチェーン」（D.I.D）も登場し、耐摩耗性をさらに向上。フリクションロスも大幅に削減しています。

■ シャフトドライブ式

　2 次減速機構は、チェーンドライブ式のほかにも「**シャフトドライブ式**」
があります。トランスミッションからの動力をドライブシャフトが 90 度向
きを変えて受け取り、リアタイヤのギヤボックスに伝達します。「**スパイラル・
ベベルギヤ**」によって回転方向を直角に再び変換し、リアタイヤを駆動する
というしくみです。

　ギヤボックスには専用のオイルが入れられているため、駆動する歯車は常
にオイルで潤滑されており耐摩耗性に優れます。チェーンドライブ式よりも
静かでメンテナンスフリーなどの利点がありますが、重量が大きくなること
が難点です。

シャフトドライブ式では、トランスミッ
ションからの回転をベベルギヤで 90 度
変換し、ドライブシャフトを介した後に
再びギヤボックス内のベベルギヤで回転
方向を戻します。ユニットを密閉しオイ
ルを入れておくことで、確実に潤滑・防
錆ができ、給油や調整といったメンテナ
ンスの手間が省けることが利点ですが、
重量が大きくなり、コストがかかります。

8

駆動機構

ベルトドライブ式

　チェーンドライブ式と同じような構造ですが、金属チェーンの代わりに「コグドベルト」（歯付きベルト）を使用するのが「**ベルトドライブ式**」です。コグドベルトは、ポリウレタンなどをベースにガラス繊維やアラミド繊維などを配合し、高強度を得ており、その寿命はチェーンドライブを凌ぎます。

　ベルトの内側には凸凹の歯がついており、「**プーリー**」と呼ばれる歯車としっかり噛み合うようになっています。1本のベルトであるがゆえに、金属プレートが連結するチェーンのような摩擦がなく、メカノイズや衝撃も大幅に減少。給油も必要ありませんので、メンテナンスフリーでクリーンです。

　チェーンドライブの場合は、適度なたるみ（遊び）を大きめに取り、モトクロッサーのように大きなサスストロークがある場合でも、外れたり切れる心配がありませんが、ベルトドライブの場合は比較的しっかり張った状態を保つ必要があるため、サスストロークによる張りの変化が少ないモデルに相応しいといえます。

　チェーンのように切って詰めたり、スプロケットのように手軽に交換して最終減速比を変更することはできません。

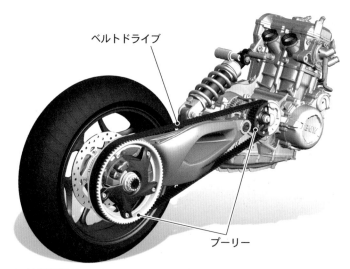

ベルトドライブ

プーリー

2次減速機構がリアタイヤの右側、左側、どちらを通っているかは、エンジンやトランスミッションなどのレイアウトの都合により決定されます。BMW F800S/ST のベルトドライブはリアタイヤの右側です。

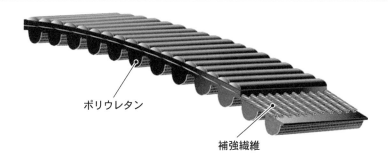

■ハーレーダビッドソンのベルトドライブ■

ポリウレタン

補強繊維

　ハーレーダビッドソンでは全モデルにベルトドライブ式を採用しています。ドライブチェーンのように給油をする必要がないので、オイルの飛散がなくクリーン。メンテナンスフリーで乗り心地がソフト。さらに低騒音という利点があるからです。

　ハーレーダビッドソンでベルトドライブが最初に採用されたモデルは、1980年の「FXBスタージス」です。当時は2次減速機構だけでなく、1次減速機構にもベルトが使われましたが、プライマリーケースが高温になり摩擦によるトラブルが発生するなどし、1次減速機構は現在のようにチェーンが使われるようになりました。

　ビッグツインモデルではリアタイヤの左側、スポーツスターでは右側にベルトドライブが設置されています。

スクーターのクラッチとミッション

2 つのプーリーとドライブベルト（V ベルト）の組み合わせで、無段階に変速比を変えられるのが、スクーターに採用される「V ベルト式無段変速機構」です。「自動遠心クラッチ」との組み合わせで、クラッチ操作を不要にし、継ぎ目のないスムーズな加速を実現しています。

■ V ベルト式無段変速機構

スクーターに用いられる連続可変トランスミッション（Continuously Variable Transmission = CVT）は、エンジン（クランクシャフト）側とリアタイヤ側に取り付けられた 2 つのプーリー（滑車、シーブともいう）と、それを結ぶドライブベルト（V ベルト）から構成される「V ベルト式無段変速」が一般的です。

エンジン側の滑車（**シーブ**）を「**ドライブプーリー**」（駆動側シーブ）、リアタイヤ側を「**ドリブンプーリー**」（被駆動側シーブ）といい、低速ではドライブプーリーの有効径を小さく、高速では大きくし、減速比を無段階に自動で変更させることが可能です。

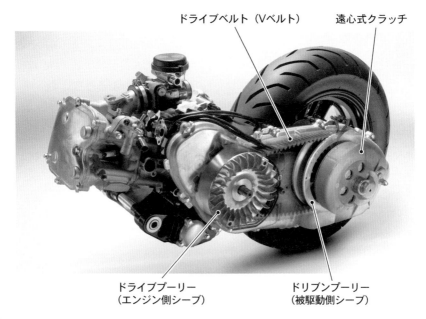

ドライブベルト（Vベルト）　　　遠心式クラッチ

ドライブプーリー　　　　　　ドリブンプーリー
（エンジン側シーブ）　　　　　（被駆動側シーブ）

■Vベルト式無段変速機のしくみ■

低回転時

エンジン側のドライブプーリーは、低速時は溝幅が広くドライブベルトがかかる
部分の径は小さい。リアタイヤへ出力するドリブンプーリー（被駆動側）は、その
逆に溝幅が狭く、ベルトのかかる径が大きい。

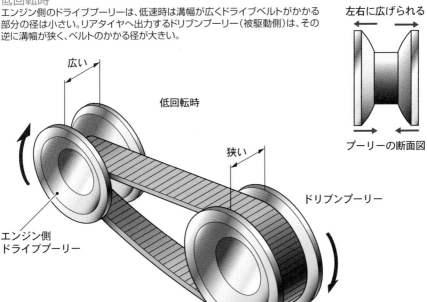

左右に広げられる

プーリーの断面図

広い

低回転時

狭い

ドリブンプーリー

エンジン側
ドライブプーリー

リアタイヤ側
（被駆動側）

8

駆動機構

高回転時

高速回転すると、エンジン側のドライブプーリーの溝幅が狭まり、ドライブベ
ルトは外周へ押しやられていきます。リアタイヤへ出力するドリブンプーリ
ーは溝幅が広がり、ベルトのかかる部分の径が小さくなる。

狭い

高回転時

広い

エンジン側
ドライブプーリー

リアタイヤ側
（被駆動側）

299

V ベルト式無段変速機のしくみ

プーリーは同形状の 2 つの円すい形の頂点どうしが向かい合わせに重なった形状をしており、2 つの円すいは遠心力によって近づいたり離れたりし、ドライブベルトがかかる部分（プーリーの有効径）を自然に変化させます。

回転数を上げていくと、ドライブプーリー内側のガイド（溝）に組み込まれたオモリ（**ウエイトローラー**）に遠心力がかかり、そのオモリが外周方向へ移動します。ウェイトローラーが外側に移動することで、2 つの円すい形の間隔が狭まり、ドライブベルトは外側へと押し上げられ、ベルトは外周を回ろうとします。

ドライブベルトの長さは一定のため、ドライブプーリーの有効径が大きくなれば、ドリブン側のベルトは内側に押し下げられ有効径を小さくします。

このように、前後のプーリーの有効径を変化させることで、減速比を最大から徐々に小さくし、ショックのない無段変速を可能にしているのです。

ドリブンプーリー
（被駆動側シーブ）　　　　　　　　　リアサスペンション

ドライブプーリー　　　ドライブベルト　　遠心式クラッチ
（エンジン側シーブ）　　（V ベルト）

スクーター・コミューター用のベルト式無段変速機構（CVT）は、エンジン側シーブと後輪側の被駆動側シーブを V ベルトでつなぎ、後輪（リアサスペンション）の上下動とともに動くリアアームに収まっています。

■ ヤマハ Y.C.A.T.

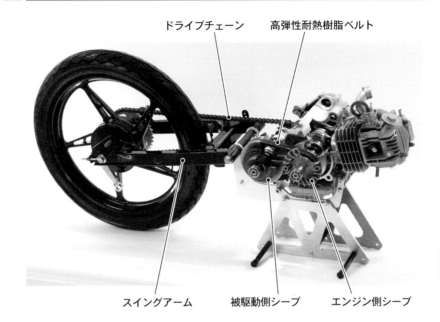

ドライブチェーン　　高弾性耐熱樹脂ベルト

スイングアーム　　被駆動側シーブ　　エンジン側シーブ

　ヤマハは、100 ～ 125cc のモペット型バイクの自動無段変速機構として、「Y.C.A.T.」（Yamaha Compact Automatic Transmission）と呼ぶコンパクトな CVT ユニットを実用化し、ベトナム向け製品を皮切りにアセアン地域で導入するモペット型モデルに採用しています。

　「Y.C.A.T.」は、スクーター用で実績がある CVT を大幅に小型化したもので、エンジン側と後輪軸間に連結されていた変速ベルトをエンジン内に組み込むことで、モペット型車両の外観のままオートマチック化を可能にしたシステムです。シーブ間の距離を通常のコミューター用 CVT と比べ約 40%、ベルト全長は約 60% に短縮し、パワーユニットのコンパクト化に貢献。従来型モペット用エンジンとほぼ同サイズのクランクケースに収まるサイズを実現しています。

Y.C.A.T. 開発の背景

　アセアンの二輪車需要は、インドネシア・ベトナム・タイ・マレーシア・フィリピンの5カ国合計で年間1500万台規模（2021年）を示し、主体は100cc ～ 125ccのモデルたちです。この中ではCVTモデル（Vベルト式無段変速機オートマチックコミューター）への人気が高まっていますが、一方では従来からのモペット型二輪車（前後17インチ／変速機付き）にも根強い人気があります。安心感のある走行性、積載性など高い実用性が支持の理由で、1台を家族で共用することも多く、モペット型車両のオートマチック化を望む声も多いといいます。「Y.C.A.T.」は、この背景を踏まえモペット型二輪車の実用性・走行性をそのままに、オートマチックの扱いやすさを備える新世代モペット提唱につながるシステムとしてヤマハが開発したものです。

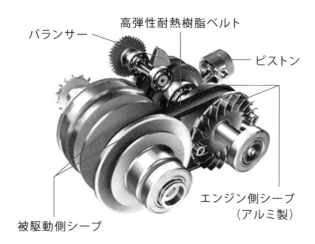

　　　　　　　　　　高弾性耐熱樹脂ベルト
バランサー　　　　　　　　　　　　　　　ピストン

　　　　　　　　　　　　　　　　エンジン側シーブ
　　　　　　　　　　　　　　　　（アルミ製）
　　　被駆動側シーブ

CVT システムの仕組みと着眼点

　スクーター・コミューター用のCVTは、エンジン側シーブと後輪側の被駆動側シーブをVベルトでつなぎ、リアアームに収まります。変速比を無段階で変えるため滑らかな走行性を備え、コミューター用には最適な駆動方式ですが、走行中シーブとの摩擦で熱が生じるため、外気が効率よく行き届くよう、ベルトには一定の長さを確保する必要がありました。

　ヤマハでは、ベルト素材・構造とシーブ特性に着眼点をおき、素材と仕組みについての解析と実走テストを積み重ね、熱への問題を克服。クランクケース内に収まるコンパクトな CVT ユニットを開発しました。

Y.C.A.T. の特徴

　「高弾性耐熱樹脂ベルト」は、166 個に連なる樹脂ブロック（H 型断面）と、ゴムで包まれた心線（アラミド）が密着する構造からなります。樹脂ブロックはベルトがシーブと密着する力（側面からの力）を受け持ち、心線はベルトを回転させる力（駆動力）を受け持つよう役割分担することで、優れた耐久性（ゴムベルト比約 2 倍＝ヤマハ調べ）を持ち、高弾性による優れた駆動レスポンスや、優れた燃費性能にも貢献します。

　このベルトに合わせ、「専用シーブ」も開発。高回転域、前後シーブはベルトの密着で高負荷がかかり冷却性が求められますが、Y.C.A.T. ではエンジン側シーブにアルミダイキャスト製を採用し、クロームメッキ処理で十分な硬度を確保。被駆動側シーブには、ミクロン単位で表面粗度を最適設計したステンレス製を採用。表面の適度な凹凸は、優れた動力伝達性とベルト親和性を備えています。

▼高弾性耐熱樹脂ベルト

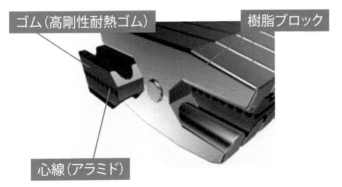

ゴム（高剛性耐熱ゴム）　　　樹脂ブロック

心線（アラミド）

8

駆動機構

■ Y.C.A.T. の性能安定化を図るベルト室設計

　外気を積極的にベルト室に取り込み、ベルト室内で空気が効率的に流動してベルトおよびシーブ冷却を促進できる設計としたため、特殊な冷却デバイスを備えることなく効率的に冷却性を確保しています。また吸・排気ダクトの形状を見直し、吸気と排出に伴うノイズを最小限としました。

▼ベルト室のエア通過イメージ

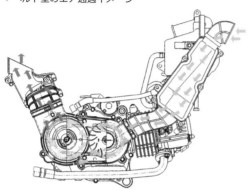

▼ヤマハ LEXAM

「Y.C.A.T.」をエンジンに組み
込だ 115cc のモペット「ヤ
マハ LEXAM」（レグザム）。
アセアン市場向け、2010 年。

▼Y.C.A.T. の特徴
①従来型のコミューター用 CVT では達成できなかったユニットのコンパクト化
②車両の設計自由度の拡大（シフトペダル廃止による居住性の向上など）
③「高弾性耐熱樹脂ベルト」の採用による良好なレスポンスの達成と、伝達効率の向上（エンジン単体でゴムベルト比 20％の効率向上）

スズキの燃料電池エコスクーター

　スズキは燃料電池を動力とするコンセプトモデル「BURGMAN　FUEL CELL SCOOTER」（バーグマン・フューエル・セル・スクーター）を2009年の東京モーターショーで披露しました。

　燃料電池とは「電池」と呼ばれているものの「発電装置」といった方が相応しく、空気中にほぼ無限にある水素と酸素を反応させて電気エネルギーを取り出すことができ、二酸化炭素を出さずに水のみを排出します。

　コンセプトモデルでは、固体高分子型燃料電池をリアシート下に、燃料となる700気圧の高圧水素タンクをフロア下に搭載。発電された電気はシート下のリチウムイオンバッテリーに蓄電され、駆動は交流同期モーターで行う環境に優しいシステムです。

▼BURGMAN　FUEL CELL SCOOTER

8
駆動機構

自動遠心クラッチのしくみ

Vベルト式無段変速機では、エンジン（クランクシャフト）の回転力（動力）はベルトによってドライブプーリーからドリブンプーリーへと伝えられ、ドリブンプレートとともにクラッチアッシーも回転します。「**自動遠心クラッチ機構**」は、ドリブンプーリー（リアタイヤ）側に組み込まれ、リアホイールのハブに連結されています。

ドリブンプーリーとともに回転する「**クラッチウェイト**」には「**クラッチシュー**」が組み付けられており、エンジンの回転が低いときにはスプリングの力でじっとしていますが、エンジンの回転が上がるにつれ、クラッチウェイトに遠心力が生じ、外側へ広がろうとします。

一定の回転数を超えると（回転が上昇して車体を発進させることができるトルクが発生したとき）、クラッチウェイトの外側に広がろうとする力がスプリングに打ち勝ち、クラッチシューが「**クラッチアウター**」の内側（摩擦面）に押しつけられ（密着し）、回転力が伝わります。

スクーターが停車するなどしてエンジンの回転数が落ちれば、クラッチウェイトに働く遠心力も小さくなるので、クラッチアウターと接触していたシューがスプリングの力で内側に戻され、動力がカットされるというしくみになっています。

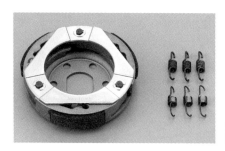

自動遠心クラッチのクラッチアッシー。写真はデイトナ製のホンダ・ライブディオ ZX 用軽量強化キット。

■ 回転が伝達されていない状態（クラッチが繋がっていない状態）■

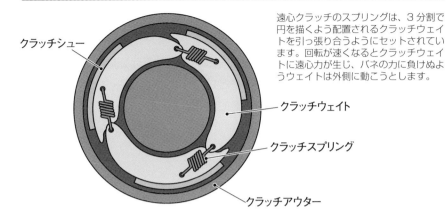

クラッチシュー

クラッチウェイト

クラッチスプリング

クラッチアウター

遠心クラッチのスプリングは、3分割で円を描くよう配置されるクラッチウェイトを引っ張り合うようにセットされています。回転が速くなるとクラッチウェイトに遠心力が生じ、バネの力に負けぬようウェイトは外側に動こうとします。

■ 回転が伝達されている状態（クラッチが繋がっている状態）■

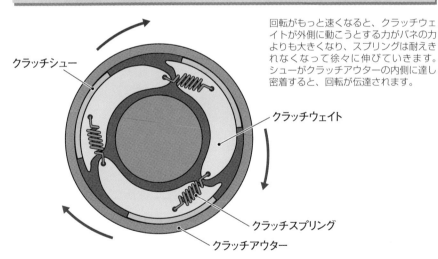

クラッチシュー

クラッチウェイト

クラッチスプリング

クラッチアウター

回転がもっと速くなると、クラッチウェイトが外側に動こうとする力がバネの力よりも大きくなり、スプリングは耐えきれなくなって徐々に伸びていきます。シューがクラッチアウターの内側に達し密着すると、回転が伝達されます。

8

駆動機構

アイドリング時のようにエンジン回転数が低いときは、クラッチウェイトにかかる遠心力が弱いためクラッチミートができず空転状態を保ちますが、アクセルを開けプーリーが高回転で回るにつれクラッチウェイトの回転数も上昇し、遠心力によって外側へ広がったクラッチシューがクラッチアウターの内壁に密着します。つまり、クラッチがミートされ、エンジンが発生した駆動力がリアタイヤ側へ伝わるのです。

ホンダのオートマチックテクノロジー

　1958 年ホンダは、オートマチック時代の先駆けとして、自動遠心クラッチ機構を備え、クラッチ操作なしでギヤを変速しながら運転できる「**スーパーカブ**」を発売。1977 年発売のスポーツバイク「エアラ」（750cc）には、大型二輪車初のオートマチック機構として**トルクコンバーター**を搭載。さらに 1980 年発売の「タクト」には無段変速機構「V マチック」を採用します。

▼1958 年スーパーカブ C100

▼1977 年エアラ

▼1980 年タクト

CV マチック

　そして 2009 年、既存の V ベルト式無段変速機構をよりコンパクトにした「**CV マチック**」を発表。V ベルト式無段変速機構自体の基本構造は従来のスクーターと同じですが、プーリーの軸間を約半分にしてコンパクト化し、クランクケース右側に変速機室を配置します。

　CV マチックエンジンのサイズは前後長・左右幅ともに、ベースとなるマニュアル・トランスミッション（以下 MT）エンジンに比べ、やや大きくなりますが、MT エンジンのフレームに搭載可能なサイズに収めることができ、ベース車両の特長を活かしたままオートマチック化することができます。

カブタイプ　　　　　　　　　　　スクータータイプ

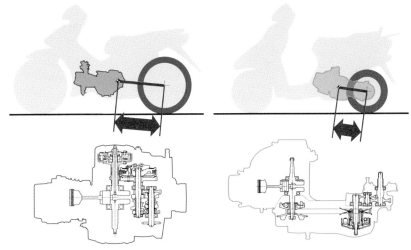

カブタイプは、エンジン搭載位置により、スクータータイプと比べ容易に大きなタイヤサイズを選択できる。

8

駆動機構

カブタイプとスクータータイプ

　カブタイプは通常のオートバイのように、エンジン側に遠心式クラッチとギヤチェンジが必要なミッションを搭載し、チェーンドライブ式の2次減速機を採用していますが、スクータータイプではスイングユニットにVベルト式無段変速機構が収まり、リアタイヤ側に遠心式クラッチが備わります。

　カブタイプのメリットは、スクータータイプに比べ、容易に大きなタイヤサイズを選択ことができることで、東南アジアなど新興国での悪路走行などでは大きなメリットとなります。

フルオートマチック化を望む声が高まっていたスーパーカブタイプに導入されたCVマチックエンジン。Vベルト式無段変速機構をクランクケース右側に配置した。

■エンジンサイズの比較■

従来のカブタイプ　　　スクータータイプ　　　CV マチック

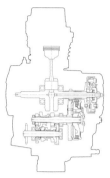 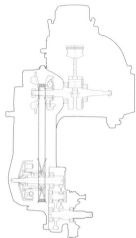 

■CV マチックとマニュアルトランスミッション車■

Sideview　　　　　　　　　　　Topview

 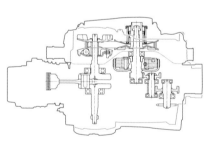

エンジンサイズ比較　　■CVマチック
　　　　　　　　　　　■マニュアルトランスミッション

CV マチックエンジンは搭載位置を大きく変える必要がないなど、車体設計の自由度に優れたものとしていることがわかります。

■ 効果的な冷却マネジメント

Ｖベルト式無段変速機構は、ベルトとプーリーの摩擦熱、そしてエンジン油温などにより変速機室の温度が著しく上昇してしまいます。軸間を短くしたプーリーとベルトをエンジンのクランクケースに搭載するCVマチックの場合、既存のＶベルト式無段変速機構以上にその影響が大きく、変速機室の冷却がより重要となります。

CVマチックでは導風プレートとリブ形状、そして導風構造に工夫を凝らすなどにより、冷却風を変速機室全体へくまなく行き渡らせ、変速機室内の温度を下げる冷却構造を採用しています。

さらに走行風の当たりやすいシリンダーブロック側方に、小型オイルクーラーを配置。変速機室と隣接するオイル室のオイルを積極的に冷却することで、変速機室の温度上昇を抑えています。こうした変速機室の効果的な冷却は、変速機の耐久性向上に大きく寄与します。

また、冷却用の吸・排気ダクトは、両方とも変速機室上部に配置。道路冠水が多発するような環境下においても、ダクトが水面上に出ている限りは変速機室に水が入ることがなく、走行不能となるベルトのスリップは発生しません。

▼ ホンダ CV マチック

新開発の冷却機構を採用することで、ドライブベルトに発生する熱負荷の問題を解消。ベルトの耐久性を確保しながら、ドライブプーリーとドリブンプーリーの軸間が短くコンパクトな構造を実現しています。

8
駆動機構

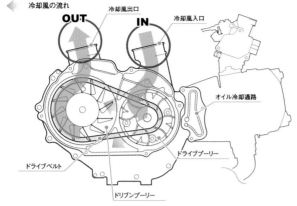

冷却風の流れ
冷却風出口
冷却風入口
OUT
IN
オイル冷却通路
ドライブベルト
ドリブンプーリー
ドリブンプーリー
ドライブプーリー

CV マチック

外気を上から吸って上に吐き出す構造なので、冠水路面などでもダクトが水面上に出ていれば変速機室に水が入ることがなく、ベルトのスリップは発生しない。小型オイルクーラーでエンジン油温を下げることで、変速機室温度も下げている。

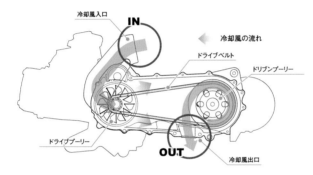

冷却風入口
IN
冷却風の流れ
ドライブベルト
ドリブンプーリー
ドライブプーリー
OUT
冷却風出口

既存のベルトコンバーター

外気を上から吸って下に吐き出す構造となる既存のベルトコンバーター。冠水路面などでは、下部の排気ダクトから水が入ってしまうので、ベルトのスリップが発生し走行不能になってしまう。

耐久性を確保する湿式クラッチ

既存のVベルト式無段変速機構が乾式の遠心式クラッチを使用しているのに対し、CVマチックはスーパーカブやATVで採用実績のある湿式タイプの遠心式クラッチを組み合わせて採用することで、高い耐久性を確保しています。

耐久性に優れるドライブベルト

ドライブベルトが短くなり、従来よりも屈曲回数が多くなることへの対策として、ベルトの材質に高弾性ゴム材を採用することで、従来のスクーターと同等以上の耐久性を持たせています。

▼ホンダ SUPER CUB C100（1958 年）

日本が世界に誇る「ホンダ・スーパーカブ」は 1958 年 8 月に初代モデル「スーパーカブ C100」を発売以来、現在まで延べ 160 ヵ国以上で販売され、世界中で愛用されているロングセラーとなっています。「需要のあるところで生産する」というホンダの企業理念のもと、1961 年に台湾でノックダウン生産を開始して以来、生産拠点を拡大。2017 年にはカブシリーズ生産累計 1 億台を突破し、現在では世界 15 ヵ国 16 拠点で生産を行っています。

▼ホンダ HUNTER CUB CT200（1964 年）

1964 年には有名なハンターカブ（CT200）が発売になる。ハンターカブは、その後 CT 110 として輸出向けに生産され、アメリカ・オーストラリア・カナダなど世界各国で人気を博す事になります。

8-7 エンジンの始動機構

外部からクランクシャフトを回転させ、エンジンを始動させるための装置が
エンジン始動機構です。バッテリーの電力でモーターを動かし、ボタンひと
つでエンジンが始動できる「セル式」(電気式)と、オーソドックスな「キッ
ク式」の2つがあります。

■ セルスターター式（セルフ式）

直流式の「**セルモーター**」をバッテリーの電気で動かし、クランクシャフ
トに連結する一連のギヤを回転させることでエンジンを目覚めさせるのが
「**セルスターター式**」(セルフ式スターター式)です。

バッテリーの性能が向上し、小型化したことで、小排気量や軽量を求めら
れているオフロード車などにも標準装備されるのが一般的になり、現在では
スクーターから大排気量モデルまで、ほぼすべてのモデルに搭載されるよう
になっています。

セルモーターを回すには大きな電流が必要になるため、「**スターターリ
レー**」(**マグネチックスイッチ**)という電磁石を使ったスイッチが、バッテリー
とセルモーターの間に設けられています。

スターターリレーから送られる電流によってセルモーターが動くと、ピリ
オンギヤがクランクシャフトに繋がる一連のギヤを回し、クランクを回転さ
せます。

エンジンが始動すると、クランクの回転の方がモーターよりも速くなりま
すが、「**常時噛み合い式**」では減速ギヤに「**ワンウェイクラッチ**」(オーバー
ランニングクラッチ)を設けて空転させ、エンジンの動力が逆にモーターへ
伝わってしまわないよう対策されています。

また、「**ソレノイド**」という連動スイッチを介して、電磁力でピニオンギ
ヤをスターターギヤに飛び込ませる方式もあります。

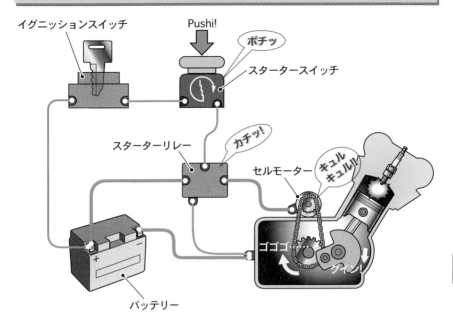

■セルスターター式のしくみ■

イグニッションスイッチ

Pushi!

ポチッ

スタータースイッチ

スターターリレー

カチッ!

セルモーター

キュル
キュル!!

ゴゴゴ……

グイン!

バッテリー

駆動系に備わる始動装置

　セル式にせよキック式にしろ、エンジン始動装置はクランクを回すための
ものですが、なぜミッション系に組み込まれているのでしょうか。それはま
ず、スペース的な問題がひとつ。キックスターターやセルモーターを搭載す
る十分な場所がエンジン内部にはありません。そして何よりも、クランクを
回すには大きな力が必要になります。それならば、減速されたギヤを回せば
負担を小さくできます。となれば、もっとも都合の良いのはミッションとな
るわけです。

　例えば、クラッチアウターのドリブンギヤは大きいので、そこにスターター
ギヤをつければ小さな力でもクランクを回すことができます。そう考えると、
リアタイヤを回し、クランクを回転させることもできますが、これが「**押し
がけ**」です。

　ミッションを2速か3速に入れ、クラッチを握って車体を押し、勢いが
ついたところでクラッチを繋ぎます。するとクランクが回り、エンジンを始

動させることができます。重たいバイクも下り坂を利用すれば可能。バッテリーが上がったときなどに有効な手段です。

キック式スタート

セルスターターが登場するまでは、ベーシックな始動方式だったのが「**キックスターター式**」です。セルスターターの登場後も、2ストローク車や小排気量のスクーター、軽量化が求められるオフロードモデルなどに採用されてきましたが、最近のモデルではほとんどがセルフ式または**セル／キック併用式**になっており、キック式だけを採用する機種は少なくなっています。

プライマリー式とセカンダリー式

キックスターター式にも方式の違いがあり、現代のオートバイではほとんどが「**プライマリー式**」です。ライダーがキックペダルを踏み下ろすと、**キックスタータードライブギヤ**が回り、アイドルギヤを介して**プライマリードリブンギヤ**（クラッチアウター）に回転が伝わります。そしてキックペダルの回転は、1次減速機構を逆方向に伝わり、クランクシャフトを回転させるというしくみです。

一方「**セカンダリー式**」では、キックペダルの回転力はクラッチアウターではなく、トランスミッションのドライブシャフト側の1速ギヤに伝わります。そこからメインシャフト側の1速ギヤを経て、クラッチ板を通り1次減速機構を回転させるという流れです。プライマリー式よりも部品点数が少なくできるメリットがありますが、キックペダルの回転力がトランスミッションからクラッチに伝わっているため、クラッチが繋がっていなければ回転がクランク側に伝わりません。

つまり、プライマリー式ではニュートラルギヤ以外でもクラッチレバーを握っていれば、エンジンを始動することができますが、セカンダリー式ではギヤがニュートラルでなければ、いくらキックペダルを踏み込んでも、エンジンの始動ができないというわけです。

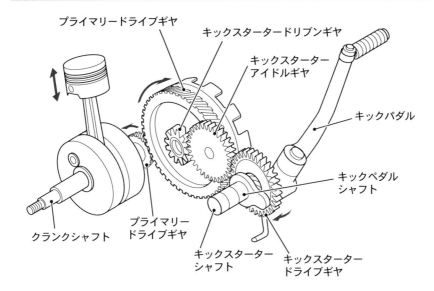

■プライマリー式キックスターター■

プライマリードライブギヤ

キックスタータードリブンギヤ

キックスターター
アイドルギヤ

キックパダル

キックペダル
シャフト

クランクシャフト

プライマリー
ドライブギヤ

キックスターター
シャフト

キックスターター
ドライブギヤ

キックスタータードライブギヤ

　エンジンが始動した後も、キックスタータードライブギヤがクランクシャフトと繋がった状態を保てば、エンジンからの動力がキックペダルを回転させてしまいます。これを防ぐため、ドライブギヤを片方にだけ回るラチェットギヤやワンウェイクラッチを採用するなどしており、さらにドライブギヤが軸上をスライドし、ギヤの噛み合いを外す構造もあります。

デコンプ機構（デコンプレッション＝圧抜き）

　圧縮比の高いエンジンでは、キックペダルを踏み下ろすのに混合気が大きな抵抗になってしまいます。そこで、排気バルブを少しだけ開き、圧縮された混合気を一時的に抜いてキックを軽くするのが「**デコンプ機構**」です。

　「**バルブリフター**」というカムをカムシャフトの横に設け、専用のワイヤーでこれを作動させます。デコンプレバーを引いてライダーが操作する「**手動式**」と、キックアームの動きと連動する「**オートデコンプ**」があります。

8

駆動機構

進化するトランスミッション

イージーライディングへの要求は年々高まりを見せていますが、大排気量モデルでは従来の MT 車がまだまだ主流です。しかし、モーターサイクルらしい乗り味を損なわずにそれを実現する新機構も登場。フルオートモードとマニュアルミッション感覚の両方が楽しめます。

HFT（Human-Friendly Transmission）

「油圧機械式無段変速機 HFT（Human-Friendly Transmission）」は、1つの軸上に発進機能から動力伝達、そして変速機能まで持つ無段変速機です。

その基本構成は、エンジンの動力を油圧に変換するオイルポンプと、その油圧を再度動力に変換して出力するオイルモーターからなり、それぞれ複数のピストンとディストリビューターバルブ、ピストンを作動させる斜板、出力軸と一体化されたシリンダーからなります。

スクーターに搭載されるベルト式の無段変速機とは異なり、サイズはマニュアルトランスミッションとほぼ同じで、車体デザインの自由度を高めるとともにダイレクト感と優れた応答性を実現。空走感のないエンジンブレーキを発生させ、オートバイらしいスポーツ性の高い走りを実現させます。巡航時にはロックアップ機構が働き、伝達効率のロスを抑えることで、燃料消費率の向上にも寄与します。

また、HFT の変速は電子制御で行うため、搭載する機種によって変速特性を自由にプログラムすることが可能です。HFT 搭載モデルであるホンダ DN-01（680cc の大型スポーツクルーザー）では、変速ショックのない伸びやかな加速でクルージングに適した「D モード」、優れたレスポンスで俊敏なスポーツ走行を可能にする「S モード」の 2 種類のフルオートモードと、マニュアルミッション感覚の走行を可能にする「6 速マニュアルモード」が選択でき、乗り手の意志により自在に切り替えることができます。

HFT

マシンデザインの自由度を広げるコンパクトなユニット。DN-01 の場合、動力はクランクシャフト→ HFT →ニュートラル／ドライブ切替部→カウンターシャフト→後輪へ伝わる。

V 型 2 気筒 680cc エンジンを搭載するスポーツクルーザー、ホンダ DN-01。クラッチ操作を必要とせず、簡単な操作でスポーティなライディングを可能にしています。

8

駆動機構

■ HFT の構造

　クランクシャフトの回転は、オイルポンプ外周の歯車に伝えられ油圧が発生。その油圧をオイルモーターが回転運動に変換し、動力を出力軸へ伝える。オイルモーターの出力は、電気モーターによって電子制御されます。

　赤い部分はオイルポンプを、青い部分はオイルモーターを示します。オイルポンプ、オイルモーターはそれぞれ斜板とピストンを持ち、シリンダーにはオイルポンプ側とオイルモーター側のピストン部分が組み込まれ、出力軸と一体化した構造になっています。また、ポンプ斜板の傾きは固定され、モーター斜板の傾きは自在に変えられるようになっています。

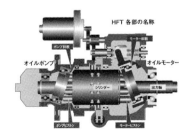

■ 電子制御式シフトコントロール（HFT）

　HFT の変速は電子制御によるものです。エンジン回転数やスロットル開度など、さまざまな情報信号を ECU が受け取り、コントロールモーターを動かします。このコントロールモーターの回転はボールねじで直進運動に変換され、モーター斜板の傾きを変化させます。

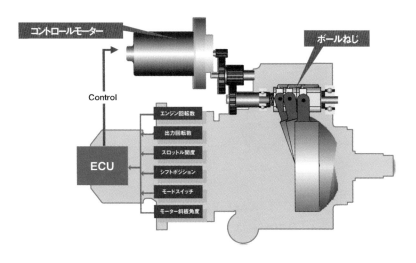

■ ロックアップ機構（HFT）

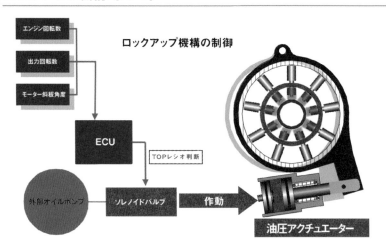

　ロックアップ機構の作動を行う油圧アクチュエーターのコントロールも電子制御で行われます。エンジン回転数、出力回転数、斜板角度などから TOP レシオになったことを判断し、ソレノイドバルブに外部オイルポンプからの油圧を流し、偏芯リングの位置を切り替えます。

YCC-S の構造

マニュアルトランスミッション車のシフト機構やクラッチ構造など、エンジン内部の構造に大きな手を加えることなく、従来、左手および左足で操作していたクラッチ・シフト操作を、それぞれアクチュエーターに置き換えることで自動化を図っているのが「**YCC-S**」（Yamaha Chip Controlled Shift）です。

2つの電動式アクチュエーターは、YCC-S コントローラー（ECU）によって、エンジン回転数、車速、スロットル開度、ギヤポジション、足および手で操作されるシフトスイッチの入力により最適に制御されます。

YCC-Sを搭載するヤマハFJR1300ASでは、マニュアルシフト車であるにもかかわらず、クラッチレバーがない。

クラッチアクチュエーター

クラッチアクチュエーターは、車両への搭載性と従来のモーターサイクルとの共用化を図る狙いから、直接駆動ではなくDC モーターの駆動力を減速機構を介して油圧シリンダーの動きに換え、従来のMT 車同様の油圧機構によりクラッチの制御を行う機構となっています。軽量コンパクトな設計とし、エンジン背面、車両中央の空間に配置し、ベース車両のバランスを崩すことなく、**マスの集中化**に寄与します。

8
駆動機構

■ YCC-S（Yamaha Chip Controlled Shift）■

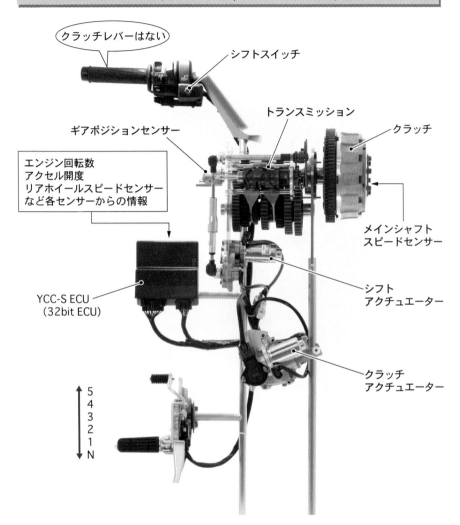

クラッチレバーはない

シフトスイッチ

トランスミッション

ギアポジションセンサー

クラッチ

エンジン回転数
アクセル開度
リアホイールスピードセンサー
など各センサーからの情報

メインシャフト
スピードセンサー

YCC-S ECU
（32bit ECU）

シフト
アクチュエーター

クラッチ
アクチュエーター

5
4
3
2
1
N

従来のクラッチ操作を不要とし、エンジン回転数とスロットル開度に応じて
クラッチの動きを最適に制御。微速発進から加速、減速、全開加速まで各状
況に応じスムーズな走行性を引き出します。「YCC-S ECU」へは走行中、
エンジン回転数、車速、ギヤポジション、スロットルポジションセンサーな
どからの情報が常に伝達され、ライダーのギヤ選定に対し瞬時に演算処理を
行いクラッチ系とシフト系へ作動指示を行います。

■ シフトアクチュエーター

　シフトアクチュエーターは、モーター出力をコンパクトに配置された減速機構を用いて出力軸に伝達し、その出力軸に回転角度センサーを設けて回転角フィードバックを行います。シフトチェンジしたい場合は、2系統の変速指令入力があります。

　①フットシフトスイッチ：通常のシフトペダルと同形状のペダルにより、変速入力を行います。ペダルを上げるとシフトアップで、下げるとシフトダウン。通常のオートバイと同じです。

　②ハンドシフトスイッチ：左側グリップの基部にシーソータイプのスイッチを設置。左手の人差し指で、手前にスイッチを引くとシフトアップ、親指で前方にスイッチを押すとシフトダウン指令。このスイッチは、ハンドセレクトスイッチを押すことで使用可能となります。

あくまでもライダーの操る楽しさを残すために、自動シフトアップ／ダウン機能は織り込んでおらず、ギヤチェンジはシフトチェンジレバーあるいは左手によって行う。シフトアクチュエーターは、モーターの基本設計をクラッチアクチュエーターと共通とし、低コスト化を図っています。

ハンドシフトスイッチ

フットシフトスイッチ

YCC-S コントローラー（ECU）

YCC-S制御専用のコントローラーを、エンジン制御ECUとは別に新規開発。エンジン制御ECU、ABS制御ECUと情報を共有化し、優れた制御性を実現しています。

8
駆動機構

YCC-S の運転操作

エンジン始動

　前後いずれか、もしくは両方のブレーキをかけた状態で、エンジンスタートスイッチによりエンジン始動可能となる。

発進

　1〜5速のいずれかでスロットルを開いてエンジン回転速度が上昇すると、コントローラーがクラッチを繋ぎ発進する。ただし、停車状態も含めた低車速時に2速以上での発進を行った場合、メーター内ギヤポジション表示の点滅により警告を発し、1速による発進を促す。発進時のクラッチ状態は、主としてエンジン回転速度に応じた最適な制御を行うので、スロットル操作によりエンジン出力を調整することで、微速発進なども可能となっている。

シフトアップ

　停車時にはニュートラルから1速へのシフトアップのみ可能であるが、走行中は1速から順次5速までシフトアップできる。走行中のシフトアップ時には、エンジン制御ECUと協調して点火時期制御を行い、スロットルを開いたままのシフトアップも可能とした。

シフトダウン

　走行中は5速から順次1速までシフトダウンが可能であるが、1速からニュートラルへは停車時のみシフトダウンできる。走行中は、クラッチの回転数差を半クラッチで吸収することにより、スムーズなシフトダウン可能。

停車

　走行中のギヤ段にかかわらず、減速時にはエンジンストールする前にクラッチを切り、停車可能となる。このとき自動的にシフトダウンすることはなく、1速やニュートラルとするにはライダーが操作を行う。

■ クイックシフター

　シフトアップおよびシフトダウンに伴うクラッチとスロットル操作を不要としたのが「**クイックシフター**」です。スポーツ走行時などで、より「次のコーナーに集中する」ことをサポートするとともに、渋滞時などの頻繁なシフトアップ / ダウンに伴うクラッチ操作からも解放してくれます。

　シフトロッドに配置されたストロークセンサーが、シフトペダルの操作荷重を信号に変換。ECU が持っている車速、エンジン加減速状態、ギヤポジションの情報と合わせることで、燃料噴射停止タイミング、スロットルバルブ開度、点火時期を制御し、ミッションギヤの駆動荷重を抜くことでシフトを行います。

　シフトフィールの作り込みでは、シフト荷重、ストローク量、制御の介入タイミングなどにより、ライダーに違和感を抱かせない、自然で上質な操作感を実現。また、シフトペダルにかかる踏力の強さに応じた制御介入のタイミングを、シフトアップ側、ダウン側双方調整可能（CBR1000RR SP の場合、3 段階ずつ）とし、ライダーの好みに合わせたシフトフィーリングを選ぶことが可能です。

▼ CBR1000RR SP（2018 モデル）クイックシフター ストロークセンサー部

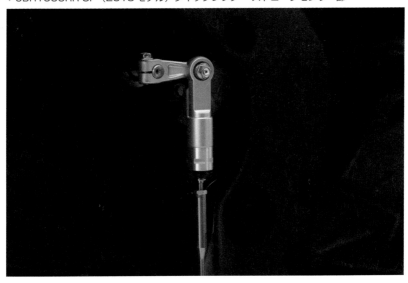

8

駆動機構

双方向クイックシフトシステム

　スズキGSX-R1000 ABS（2018モデル）の「**双方向クイックシフト
システム**」では、シフトアップ時に自動的に出力をカットし、トランスミッ
ションギヤドッグに噛み合っている駆動トルクの負荷を瞬間的に抜きます。
アクセル全開でも滑らかでスピーディなシフトアップが可能となり、連続的
な加速を得ることができます。

　そしてシフトダウン時は、スロットルのブリッピングやクラッチレバー操
作をすることなく、自動的にスロットルバルブを開き、エンジン回転数を次
のギヤ比に見合う回転数まで上げ、スピーディかつスムーズなシフトダウン
を行うことが可能です。クイックシフトシステムは、シフトリンケージの動
きとストローク、シフトカムの回転、スロットルバルブポジションを検知し
ています。

▼スズキGSX-R1000 ABS（2018モデル）

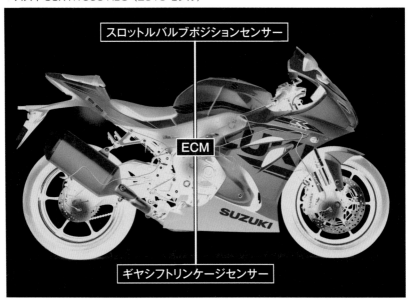

シフトアップ：点火を遅らせる、シフトダウン：スロットルバルブを開く

デュアルクラッチトランスミッション

　従来の四輪車用デュアルクラッチトランスミッションは、横置き軸配置システムの場合、軸方向の寸法を短縮することが困難であり、出力軸の多軸化などで対応しています。横置きエンジンのオートバイの場合、四輪車同様の複雑な構造を持つデュアルクラッチトランスミッションを搭載することは困難であるうえ、車体を傾ける時に必要なバンク角の確保やライダーの足との干渉を考慮する必要があるなど、さらに厳しいレイアウト上の制約がありました。ホンダの「**デュアルクラッチトランスミッション**」では、既存のマニュアルトランスミッションをベースにしてこうした数々の課題を「メインシャフトの二重化」「専用設計の直列配置クラッチ」「エンジンカバーに集約した油圧回路」によって解決。軸方向の延長を最小限に抑え、モーターサイクルとしてのパッケージングを成立させました。

　またシフト機構についても、独立したシフターをそれぞれダイレクトに作動させる四輪車用の一般的なシステムに対し、オートバイのシフトドラム機構をベースとした、シンプルなシステムを開発しています。

◀CRF1100L アフリカツイン

8
駆動機構

■ デュアルクラッチトランスミッションの構造

　ホンダの**デュアルクラッチトランスミッション**は、メインシャフト上で奇数段（1-3-5 速）をインナーシャフト、偶数段（2-4-6 速）をアウターシャフトに同軸上に配置し、トランスミッションを**2 軸レイアウト**としています。インナーシャフト / アウターシャフトはそれぞれ独立したクラッチを持ち、このクラッチの切り替えにより、短時間かつ駆動力の途切れがないスムーズな変速を実現します。

　つまり、奇数段と偶数段 2 つのミッションそしてクラッチを備え、ライダーが変速するたび交互に切り替えるという構造。ギヤチェンジに費やす時間を、従来のミッションでクラッチを切って変速している時間よりも大幅に短縮できるというわけです。

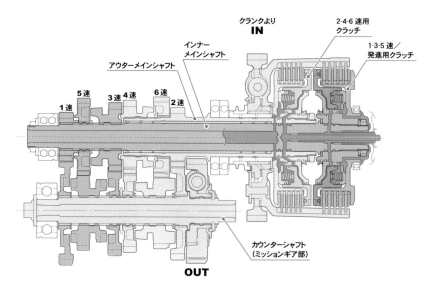

2 つのクラッチを同軸上に直列配置し、クラッチディスクの内側に制御用油圧ピストンを設けることで小型化を実現。横置きエンジンの横方向への張り出しも抑えた。

■デュアルクラッチトランスミッションの構造図■

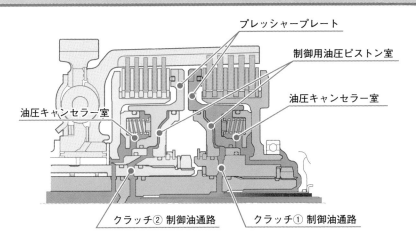

プレッシャープレート

制御用油圧ピストン室

油圧キャンセラー室

油圧キャンセラー室

クラッチ② 制御油通路　　　クラッチ① 制御油通路

クラッチ②　クラッチ①

2-4-6速用　　1-3-5速／
クラッチ　　　発進用クラッチ

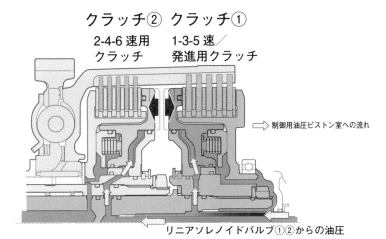

⇨ 制御用油圧ピストン室への流れ

⇦ リニアソレノイドバルブ①②からの油圧

　制御用油圧ピストン室にリニアソレノイドバルブ①②からの油圧が
掛かりプレッシャープレートが移動。これによりクラッチディスクが
押し当てられクラッチがつながる。
　この独立制御されたクラッチ①（奇数段）とクラッチ②（偶数段）を
協調制御することにより、駆動力の途切れない変速操作を瞬時に
行なっている。

■ 軽量・コンパクトな構造を実現

　リニアソレノイドバルブなどのクラッチ制御デバイスと、油圧回路をすべてエンジンカバーに集約することで、軽量・コンパクトな構造を実現しています。2つの制御デバイスで各々のクラッチを独立して制御することによって、スムーズな発進とショックレスな変速を可能にしたのです。

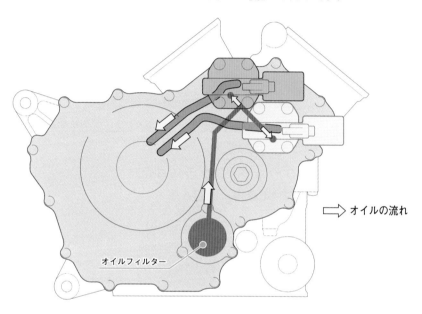

⇨ オイルの流れ

オイルフィルター

■ シフト機構

　シフト機構は、MT車と同様にシフトドラムの回転でシフターギヤを作動する。シフトドラムの回転はモーターにより駆動され、最適な位置へ制御される。2つのクラッチの変速切り替えは、すべて1本のシフトドラムの回転で行う。基本構造をMT車と同じものとすることにより、シンプル・軽量・コンパクトなシステムが可能となった。1速から2速に変速する場合、コンピューターが変速を検知すると、2速に予備変速を行い、2速ギヤの偶数段側クラッチをスタンバイ。1速ギヤの奇数段側クラッチを切り離すと同時に、2速ギヤのクラッチを接続することで、ショックの無い変速を実現しています。

▼ホンダ Rebel1100 Dual Clutch Transmission

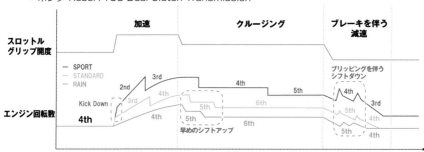

■ デュアルクラッチトランスミッションの操作

　操作はハンドルに設置したスイッチ類で行います。走行モードは2種類あり、走行状況に応じて的確なシフトアップ／ダウンを自動的に行う「ATモード」、そしてギヤの選択がシフトスイッチで任意にできる「MTモード」を、モードスイッチにより選択できます。※いずれのモードも、発進はオートマチック。

　さらに「ATモード」では、「Dモード」と「Sモード」の2つのシフトスケジュールマップが選択でき、搭載機種のコンセプトに合わせたマップ設定とすることができます。例えば「Dモード」のマップは燃費重視の走行から、よりペースを上げたスポーツ走行までをカバーできるような設定、さらに「Sモード」のマップはより高回転をキープするスポーツ走行に特化したシフトスケジュールとするような設定が可能です。

　トランスミッションとクラッチは、走行中プログラムされたシフトスケジュールに従い電子制御されます。またニュートラル以外なら何速に入っていても、D（S）スイッチを操作することで、「Dモード」または「Sモード」を自在に選択することが可能です。

　シフトアップはシフトアップスイッチを、また、シフトダウンはシフトダウンスイッチをそれぞれ操作します。一度操作するたびに1速ずつ変速。「ATモード」の際にこの操作を行うと、変速するとともに自動的に「MTモード」となります。

　また、停車すると自動的に1速に戻ります。

▼ホンダ CRF1100L アフリカツイン

モード			
AT	Dモード		通常走行時に選択、余裕のある快適な走行が可能。
	Sモード	レベル1	中回転域をメインとしたトルクフルな設定。
		レベル2	中間的なスポーツ設定。
		レベル3	高回転域を多用する最もスポーツ性を追求した設定。
MT			ライダー自らの意思で好みのギアを選択しながら走行が可能。

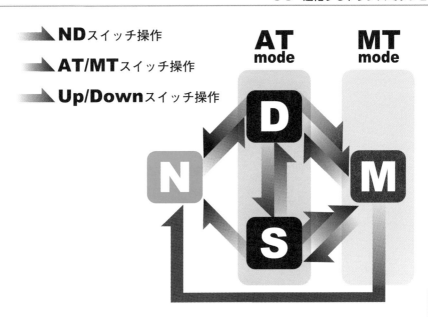

▼ホンダ Rebel1100 Dual Clutch Transmission

■左側ハンドルスイッチ

DCT仕様
シフトアップスイッチ

モードスイッチ
セレクト/決定

DCT仕様
シフトダウンスイッチ

■右側ハンドルスイッチ

シフトスイッチ
N/D/A⇔M切替（DCT仕様）

クルーズコントロールスイッチ ON/OFF
RES 加速 / SET 減速

8

駆動機構

ウォーキングスピードモード

　ホンダ・ゴールドウイングでは2017年モデルまで、モーター駆動による「電動リバース機構」を採用してきましたが、車両を切り返すときには「R」←→「N」←→「LOW」の操作を繰り返す必要がありました。

　これに対し、「DCT（デュアルクラッチトランスミッション）」を第3世代へと進化させた2018年モデルでは、そのトランスミッション構造を活かしてコンパクトにリバース機構を組み込んだ「**微速前後進機能（ウォーキングスピードモード）**」を採用し、操作をより簡単にしています。

　エンジン駆動力と電子制御クラッチを使うことで、左手ハンドルスイッチのプラスボタン、マイナスボタンだけで微速前後進を可能とし、切り返しや駐車場等での低速での取り回しがよりスマートに行えます。プラスボタンを押せば微速前進、マイナスボタンを押せば微速でバックするのです。

▼DCT ウォーキングスピードモード機構イメージ図

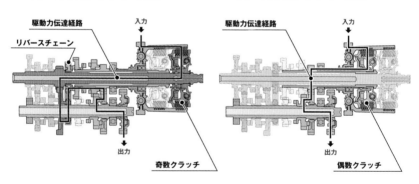

ウォーキングスピードモード　後進時　　　　　　ウォーキングスピードモード　前進時

駆動力伝達経路　　入力　　　　　　　　　駆動力伝達経路　　入力
リバースチェーン
出力　　奇数クラッチ　　　　　　　　　　出力　　偶数クラッチ

微速前後進機能の構造

　その機構は、二重管構造のメインシャフトのうち、偶数段につながっているアウターメインシャフトがカウンターシャフト上のギヤを介し、チェーンでインナーシャフトとつながる構造とすることで、アウターメインシャフトにカウンターシャフトを逆転させるリバースアイドルシャフトの役割を兼ねさせています。これにより、リバースアイドルシャフトを必要としない軽量コンパクトな構造のリバースシステムを実現しました。

　微速前後進（ウォーキングモード）作動時には、DCT の２つのクラッチを活かし、＃１クラッチで後進し、＃２クラッチで前進することを可能としたことで、ギヤの切替えなくクラッチ制御のみで微速前後進ができるのです。

　さらにスロットルバイワイヤシステムにより、エンジン回転数を一定に保ちながらクラッチ容量を緻密に制御することで速度をコントロールし、さまざまなシチュエーションにおける安心の車体取り回しを可能としています。

▼ゴールドウイング Dual Clutch Transmission〈AIRBAG〉左ハンドルスイッチ

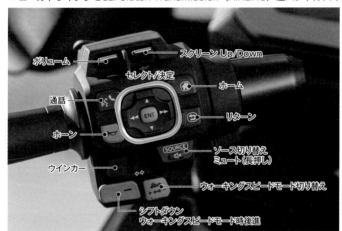

▼ゴールドウイング Dual Clutch Transmission〈AIRBAG〉右ハンドルスイッチ

8
駆動機構

かけがえのない仲間に会えるそれもみんなオートバイのおかげ

　ボクにはオートバイを通じて知り合えた、かけがえのない仲間たちがたくさんいる。ツーリングに行ったり、モトクロスをしたり、ときにはアクセルをビールのジョッキに持ち替えてオートバイなしの付き合いもある。

　仲間たちはみな、年齢も職業も、性別も住むところもバラバラ。自分の両親くらいに年齢の離れた人もいれば、10代の女の子だっている。オートバイがなければ、言葉を交わすことさえなかったかもしれない。

　オートバイの魅力は、走ることやカスタムを楽しむだけでなく、そんなかけがえのない仲間たちに出会えることも忘れてはいけない。高速道路のサービスエリアで気になるオートバイを見かけたら、気兼ねなく会話ができるし、ツーリング先なら対向車線を走るライダーと安全を祈ってピースサインだって交わせる（最近はピースサインを出す人が少なくなりましたけど……）。ときには、どこの誰だか知らない人と一緒に走っているときもある。みんなオートバイが繋いでくれた素晴らしき縁。これからも、気分が良いときはヘルメットのシールドを上げて「今日はいい天気ですね」と、交差点で隣に停まったライダーに声をかけてみたい。

オートバイに乗っていれば、どこの誰でも関係なく仲間だ。それは海外に行っても同じ。自然とスマイルがあふれ出る。

第**9**章

車体 / サスペンション

オートバイの骨格となるのがフレームですが、スポーツモ
デルにはアルミニウムが素材に使用され、高い強度が求めら
れます。オーソドックスなスチール製のフレームもまだまだ
使われており、美しいルックスや低コストが利点です。サス
ペンションは緩衝装置であると同時に車体と車輪を繋ぐ懸架
装置であり、フロントフォークはステアリング機構としての
役割も担っています。

車体のサイズや重量バランスなど、オートバイの特性を決定づける重要な役割を持つフレームは、エンジンやボディパーツ、サスペンション、電装部品などを搭載・装着するための、オートバイの骨格とも言うべきパーツです。

求められる高剛性と適度な柔軟性

高速域で走っているときに、フレームがグニャグニャ変形していては安定感に欠き乗っていられません。ハイスピードで走るには、フレームに高い剛性（曲げたり、ねじる力に対して寸法変化の小さいこと）が求められます。

しかし、フレームの剛性を上げすぎると、コーナリング限界が急激に現れるなどし、扱いにくさが出てきてしまいます。そこで現在では、オートバイのあらゆる走行シーン・状況をシミュレーションし、各部にどの程度の負荷がかかって、どんな方向にどのくらい変形する（しなる）のかをコンピュータを用いて分析し、フレーム形状や用いる素材、各部のボリュームが決定されています。そして、そのシミュレーションは、エンジンを搭載した状態で分析・計算するもので、フレーム単体ではなくパワーユニットを含めて総合的に考えられています。

クレードルフレーム

「ステアリングヘッドパイプ」と「スイングアームピボット」を結ぶ「ダウンチューブ」（アンダーループ）を持つ、オーソドックスな形状のフレームが「クレードルフレーム」（ゆりかご型フレーム）です。ダウンチューブを2本にした「ダブルクレードルフレーム」は、上下のフレームがエンジンを取り囲むようにパイプが配置され、ネイキッドモデルなどに採用されています。

また、ダウンチューブを1本だけのものを「シングルクレードルフレーム」、途中から2本になるものを「セミダブルクレードル」といい、剛性は低くなりますが軽いことがメリットとなります。オフロード車やミドルクラス以下のオートバイに使われており、素材はスチール（鉄）を用いる場合がほとんどです。

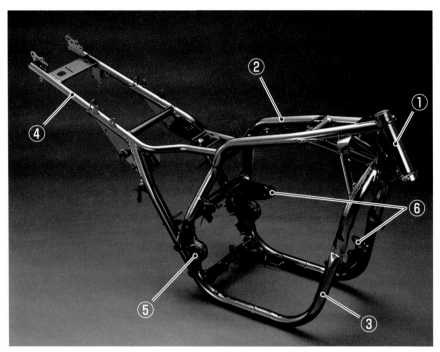

■ダブルクレードルフレーム各部の名称と役割■

①ステアリングヘッドパイプ

フロントフォークを装着するためのステムなど、ステアリング機構を取り付ける部分です。ステムシャフトがここに通され、ハンドルが左右に動きます。

②メインチューブ（メインフレーム）

エンジンの上を通るフレームの中枢です。フレームの強度を決定づける重要な部分で、パイプは1本の場合もあり「タンクレール」と呼ばれることもあります。

③ダウンチューブ

ヘッドパイプとスイングアームピボットをつないで、エンジンの下側をマウントするパイプです。エンジン脱着のため、取り外しができるものもあります。

④シートレール（サブフレーム）

シートやテールランプなどが取り付けられる部分で、脱着できる場合もあります。リア2本サスの場合は、その取り付け部も設けられ、強度も必要です。

⑤スイングアームピボット

スイングアーム前端部を支持する高い負荷がかかる部分です。このピボット部を中心にスイングアームが上下動し、その後端部は後輪を支持しています。

⑥エンジンマウント

ボルトやナットでエンジンを固定する部分。振動を和らげるためのラバーを介する場合を「ラバーマウント」、直付けの場合を「リジッドマウント」といいます。

9

車体／サスペンション

■ ダイヤモンドフレーム / バックボーンフレーム

　エンジン下部を支えるダウンチューブがなく、エンジン上部などをマウントし、フレームの一部としてエンジンを強度部材とするのが「**ダイヤモンドフレーム**」あるいは「**バックボーンフレーム**」です。レイアウトの自由度が高く、小排気量車などに使われるスチール製は、低コストで軽量というメリットがあります。

　ダウンチューブを省略したシルエット・設計思想は、フレームの素材をスチール（鉄）からアルミニウムへ転換したことで剛性と軽さを確保し、「**アルミツインスパーフレーム**」へと進化していきました。メーカーでは、スーパースポーツに採用する最新のフレームを「**ツインスパーフレーム**」といったり「**デルタボックスフレーム**」などと呼びますが、その諸元表ではフレーム形式を「バックボーン式」あるいは「ダイヤモンド式」と表しています。

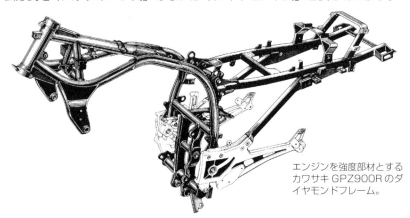

エンジンを強度部材とするカワサキ GPZ900R のダイヤモンドフレーム。

1984 年に登場したカワサキ GPZ900R は、最高出力 115ps という当時ではトップクラスのハイパワーエンジンを搭載していたが、そのフレームはハイテンションスチール（高張力鋼）製ダイヤモンドフレームを採用。小型・軽量化に貢献していました。

横から見て "T" の字を描く鋼板プレス製バックボーンフレームに空冷 4 ストローク SOHC123cc 単気筒エンジンを吊り下げるホンダ DAX125（2022 年）。

■ トラスフレーム

　細めのパイプを用いて、メインフレームをトラス（架橋）構造にし、軽量と高剛性の両立を狙ったのが「**トラスフレーム**」です。各部にかかる応力を分散させつつ吸収し、適度な柔軟性も得られます。角パイプの太さや肉厚を調整したり、クロスメンバーを追加することが比較的容易にでき、剛性バランスを自由に設計しやすい点も大きなメリットです。その一方、溶接箇所が多く手間がかかるため、コストがかかり大量生産には向いていません。

　昔からこれを採用し続けるドゥカティでは、世界最高峰の Moto GP クラスを走るロードレーサーにもこれを採用し、2007 年にはアルミツインスパーフレームの日本車勢を抑えてチャンピオンを獲得するほどの戦闘力を誇りました。欧州車はもちろん、国産メーカーでもトラスフレームは採用されており、アルミ製トラスフレームもつくられています。

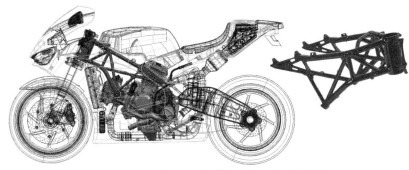

ドゥカティのトラスフレーム。エンジンにスイングアームをマウントします。

エンジンも強度部材として考えるトラスフレーム。ドゥカティだけでなく KTM などの欧州車、国産スポーツバイクにも採用されています。溶接が多く量産には不向き。

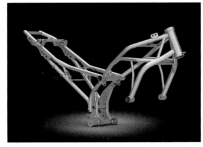

カワサキ Z650 のトレリスフレームは、パイプを可能な限り直線形状で構成し、曲げ部分の角度を小さくすることで、パイプに掛かるストレスを分散させています。

9

車体／サスペンション

進化を続けるアルミ製フレーム

　ロードスポーツモデルのフレームの進化には、レースが大きく関わっています。サーキットで勝つためにはエンジンの出力向上だけでなく、高速操縦安定性や旋回性など運動性能を総合的に向上させる必要があるからです。

　そのため各メーカーでは、フレームの剛性アップと軽量化が求められてきましたが、80年代に入るとアルミニウム製フレームがつくられ、市販公道向けモデルにも採用されるようになります（初登場は1983年のRG250ガンマ）。

　当初はスチール製パイプをアルミ製に置き換えたダブルクレードル式でしたが、ヤマハは1983年のワークスマシンYZR500に導入していたアルミ製ツインスパーフレームを、1985年に発売したTZR250に初採用します。

　その構成は、パワーユニットや燃料タンクを抱え込むように湾曲した形状を持つツインチューブフレーム方式で、エンジンを強度部材とする基本設計や思想は今日のアルミツインスパーフレームに通ずるレイアウトになっていました。

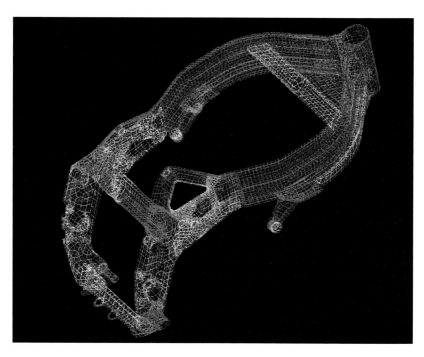

　2本のメインフレームは、プレス成形したアルミパネルを内側と外側からモナカ合わせに溶接したり、アルミ合金製の押し出し材を使って縦長の角断面にするなどし、箇所に応じて断面形状を自由に変化できます。さらに断面を日の字や目の字構造にすることで、ねじれ剛性を向上しました。

　その後も進化を重ね、現在では「**アルミツインスパーフレーム**」あるいは「**デルタボックスフレーム**」「**バックボーンツインチューブフレーム**」などと各メーカーごとに違った名称で呼ばれ、軽量化と高剛性を両立させるために構造力学を徹底追求。剛と柔を高次元でバランスさせたフレームに辿り着いています。

1983年に登場したスズキRG250ガンマには、市販車初となるアルミ製フレーム（ダブルクレードルフレーム式）が採用されました。

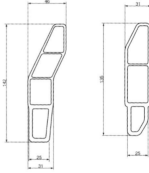

▲断面を日の字や目の字構造にし、メインフレームの剛性を得る。

レーサーレプリカがブームになった80年代には、50ccにまでツインチューブ式のアルミフレームが導入されました。ホンダNSR50（1987年）。

1986年にはアルミツインスパーフレームの市販レーサーRS250Rを、そのままフルレプリカしたホンダNSR250Rが登場します。

9　車体／サスペンション

アルミツインスパーフレーム

　パワーユニットやフューエルタンクを抱え込むように、大きく湾曲した形状を持つアルミツインスパーフレームは、高強度のステアリングヘッドなどにより高い剛性を実現したばかりでなく、アルミダイキャスト（高圧鋳造アルミ）材の壁厚を薄くすることで軽量化も図っています。

　またエンジンのコンパクト化により、フレーム設計の自由度が拡大。エンジンを重心に近い位置に、そしてフューエルタンクも可能な限り下方にマウントすることで、マスの集中化を徹底。さらに重心そのものをニュートラルなレスポンスが得られる位置とし、ライダーの走行感覚とマシンの動きが一体になれる、高次元の操縦性を獲得しています。

スーパースポーツに採用されるアルミツインスパーフレームは、中空構造のアルミダイキャスト材を用いた。

90年代のアルミツインスパーフレーム。形状は徹底追求され、進化を果たします。

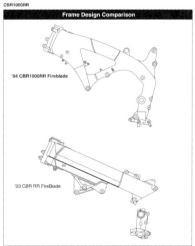

エンジンやサスペンションなどと同様に、フレームも急速に変化してきました。

▼BMW S1000RR

スーパースポーツモデルでは定番となったアルミツイン
スパーフレームはエンジンを抱え込むようなレイアウト。
シートレールは脱着式になっています。

▼ヤマハ YZF-R1

プレス成形板金

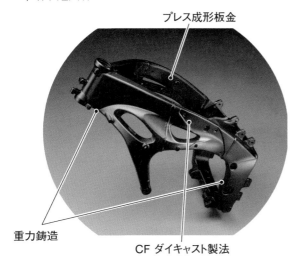

重力鋳造

CF ダイキャスト製法

ヤマハ YZF-R1 の「アル
ミデルタボックスフレー
ム」は、エアインダクショ
ンの吸入口からのダクトが
フレームを貫通するレイア
ウトを採用しています。そ
して 2009 モデルでは、
フレームの前方と後方を中
空の重力鋳造とし、内側に
はプレス成形パネル、外側
を「CF マグネシウムダイ
キャスト技術」を利用した
高圧鋳造物にしたハイブ
リッド構造になりました。
鋳造の利点は生産性が良い
ことですが、細部の形状や
肉厚を自由に設定できる点
も大きなメリットです。エ
ンジン特性や足まわりとの
バランスを徹底的に追求し
ながら、最適な剛性バラン
スを生み出しています。

アルミモノコックフレーム

　カワサキが採用する「**モノコックフレーム**」は、ボックス型によって剛性を高めたアルミ製フレームです。モノコック（Monocoque）とは、四輪自動車や航空機に用いられる「**応用外皮構造**」といい、外板全体で応力を受け止め高い剛性を発揮します。通常のフレームが生き物の背骨のようなイメージだとすると、モノコックフレームは貝殻や甲殻虫のように面全体で強度を保った構造となります。

　つまりそれはツインスパーフレームの2本のメインフレームの上にフタをしたような形状で、フレーム内の空洞部分にはエアボックスが設けられています。フレームが吸気通路を兼ね、フューエルタンクをシート下に配置したことから車体がスリムになり、マスの集中化と重量バランスの最適化も果たしています。

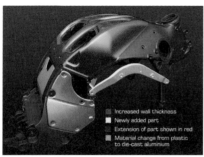

モノコックフレームを採用するカワサキ1400GTR。シートレールは十分な剛性を求めて、スチールが使われています。タンデムや大きな荷物を積載することを想定したGTらしい車体設計と言えます。

■ カーボン製モノコックフレーム

　ドゥカティでは 2009 年の MotoGP マシン「デスモセディチ GP9」で、それまで採用していたスチール製トラスフレームをカーボンファイバー複合材によるモノコックフレームにチェンジしました。軽くて強いカーボンファイバーは極めて剛性が高く、かつては国産メーカーも世界選手権用に開発を進めたこともありましたが、適度なしなりがなく柔軟性に乏しいことから採用が見送られました。ドゥカティのチャレンジでカーボン製フレームもまた、新しい可能性が広がってきています。

　カーボンファイバーは非常に高価な素材で、市販車にフィードバックされることは難しいと考えられていましたが、38 ページで紹介した BMW「HP4 RACE」ではメインフレームをフルカーボン製とし注目を集めています。

Moto GP マシン、DUCATI デスモセディチ GP9 が導入したカーボン製モノコックフレーム。

9

車体／サスペンション

アルミ製バイラテラルビーム・フレーム

　ヤマハ YZ450F では「**バイラテラルビーム・フレーム**」という独自のネーミングを与えたアルミ製フレームを採用しています。合計 16 のパーツを相互に溶接し、ハイソリッドダイキャスト、ハイドロフォーミング加工押し出し材、鍛造といった材料・工法を適材適所に配置。複雑な形状で、かつ優れた剛性が求められるヘッドパイプ部には、アルミを半凝固状態で成形するハイソリッドダイキャストを採用し、強度・剛性・しなりのバランスを徹底追求しました。

　また、フレーム縦方向の良好なしなり感、前方吸気に対応する吸気通路の確保、パイプの三次元曲げによる外観デザインの美しさにも配慮しています。

フューエルインジェクションの新採用に加え、前方ストレート吸気、後傾シリンダーという独自のエンジンレイアウトを採用した 2010 ヤマハ YZ450F。車体は「バイラテラルビームフレーム」と呼ぶ新フレームを採用し、これらの相乗効果で高い戦闘力を引き出しています。

■ フレームレス構造

　BMW ボクサーツイン R シリーズのシャーシーは、メインフレームを持たずにエンジンからトランスミッションまでのドライブトレイン系を強度メンバーとして使っているのが特徴です。スチールパイプフレームで構成され、エンジンハウジング上部のピボットから伸びる「**テレレバー方式**」のフロントサスペンションなど、BMW ならではの車体設計になっています。

　横から見ると重量物であるエンジンとミッションユニットを中心に、フレームや足まわり関係のパーツがくっついているような構造で、マスの集中化、低重心化に寄与していることがよく解ります。

エンジンをフレームの強度部材にする BMW ボクサーツインモデルは、最新の装備と運動性能をあわせ持つロングツアラー。上段はR1200GS、下段はR1200RT。

スクーターのフレーム

スクーターには乗り降りがしやすい「**アンダーボーンフレーム**」が使われているのが一般的です。乗り手は跨るというよりもシートに座るといった姿勢で運転し、足もとには広いフロアをつくり出します。エンジンはスイングユニットに収まり、原付スクーターでは 10 〜 12 インチ程度の小径ホイールが採用されてきました。

しかし、250cc 以上のビッグスクーターが登場し、タイヤは大径化。パワーユニットも強化され、当然ながらフレームの高剛性も求められてきます。2001 年に登場したヤマハ TMAX では、スポーツ性とユーティリティ性の高次元での両立を図るため、独自の CF アルミダイキャスト技術による「**アルミ製ダイアモンドフレーム**」を採用。左右のメインフレームは、エンジンを中心としてリアの CF ダイキャストフレームとボルトで締結。メインフレームとリアフレームの連結部にはアルミ押し出し材を使用しています。

また、メインフレームは各部肉厚を 2.5 〜 8mm とし、剛性を最適化。エンジンをリジッド懸架することで、エンジン本体を剛性部材として活用しています。

アンダーボーンフレームを採用するスズキ・アドレス V125G。前後ホイールは 10 インチで、エンジンおよび V ベルト無段変速機構はスイングユニットに納められています。

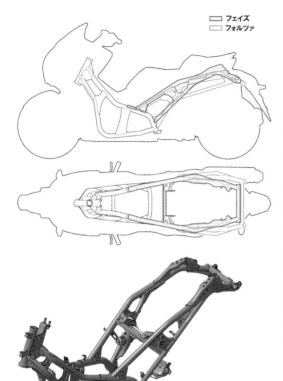

☐ フェイズ
☐ フォルツァ

ホンダ FAZE（2009 年）のフレームボディは、ベースとしたフォルツァ同様、高張力鋼管を採用したバックボーンタイプでした。より俊敏な特性を狙いとして、フレームピボットまわりを中心に剛性バランスの最適化を図りました。具体的には、縦剛性値をフォルツァ比＋ 14%とすることで、ブレーキング時の安定性と車体倒し込み時の軽快感を獲得。横剛性値はフォルツァ比マイナス 20% とし、ギャップ乗り越え時などの安定性を向上させることで、軽快な操縦性と安定性の両立を実現しました。また、幅方向を絞り込んだフレーム構成はコンパクトでスポーティなリアボディを可能としました。

9

車体／サスペンション

ヤマハ独自の CF アルミダイキャスト技術によるダイアモンドフレームを採用した TMAX。ヘッドパイプの上下に三つ叉（トップブリッジとアンダーブラケット）を配しフロントフォークをクランプするなど、スクーターとは別次元のスポーツ性能を狙っているのがわかる。ヤマハでは TMAX を「オートマチック・スーパースポーツ」というジャンルにカテゴリーさせています。

スポーティな走行性能とオートマチックの利便性を高い次元でバランスさせたオートマチックスポーツコミューター、ヤマハ TMAX Tech MAX。

9-2 | サスペンション

フロントとリア、それぞれのタイヤとフレームの間で、地面からの衝撃を吸収し、車体を安定させるのが「サスペンション」です。その性能や特性で走行時の車体姿勢を決定づけるため、乗り心地や操縦性に大きく関わってきます。

■ サスペンションが持つ2つの働き

　未舗装路はもちろん、舗装路でも路面は常に凹凸があります。オートバイの前後2つのタイヤから受ける衝撃を吸収し、車体を安定させる緩衝装置を「**サスペンション**」（Suspension）といいます。基本的な構造は、タイヤと車体の間に強力なコイルスプリングを入れ、その振動を吸収するための「**ダンパー**」（**減衰装置**）を備えます。

　コイルスプリングは伸縮方向以外にも自在に曲がってしまう性質があるため「**テレスコピック式フロントフォーク**」の場合では、筒状のパイプにオイルとセットして収め、「**スイングアーム式リアショック**」では、アームで車輪の動く範囲を決め、上下動または円弧を描いて一定の範囲内と方向で動けるようにしています。つまり、サスペンションの働きは緩衝機能だけでなく、車輪と車体を結び「支持・位置決め」する懸架装置としての役割も担っています。

　現在のオートバイでは、ほとんどが前輪にテレスコピック式フロントフォーク、リア側にスイングアーム式のサスペンションを採用していますので、前輪は直線的な上下運動、後輪はスイングアームの取り付け部を軸にした円運動をさせていることになります。

緩衝機能　　　　　　　　　　　　　懸架機能

衝撃を吸収

支持・位置決め

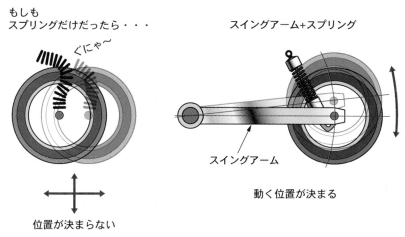

もしも
スプリングだけだったら・・・

ぐにゃ〜

スイングアーム+スプリング

スイングアーム

動く位置が決まる

位置が決まらない

▲スプリングだけでは車輪が動く方向を位置決めできないため、アームを加えて車輪が動ける範囲を制限し、懸架装置として機能させます。

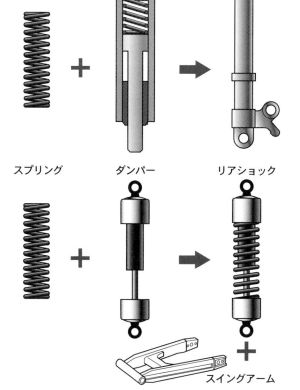

スプリング　　ダンパー　　フロントフォーク

コイルスプリングとダンパー機構を収めた2つのチューブがストロークすることで衝撃を吸収します。緩衝装置としての役割だけでなく、2本のフロントフォークで前輪を支持し、車輪が上下動するよう位置決めする懸架装置としての役割も兼ねます。

スプリング　　ダンパー　　リアショック

ショックユニットそのものには緩衝機能しかなく、車輪を支える懸架装置としての機能は果たせません。懸架装置として機能するには、スイングアームとの組み合わせが必要です。後輪はスイングアームの車体側取り付け部を軸に、円を描くよう動きます。

スイングアーム

9

車体／サスペンション

■一般的なオートバイのサスペンション■

正立フォーク

正立フォークは、インナーパイプを上側に配置する一般的なテレスコピックフォークです。

倒立フロントフォーク

倒立フロントフォークは、アウターチューブを上にして車体に取り付けことで高剛性が得られます。

モノショック

70年代半ば、ロングストローク化が進んだモトクロスマシンで生まれたモノショック。リンクを使うことでショックユニット自体のストロークを短くできることや軽量であること、また重心に近い位置に配置できることから、80年代にはロードスポーツバイクでもポピュラーな方式になりました。

ツインショック

ネイキッドモデルなどに採用されるツインショックサスは、取付け角度の自由度や放熱性が高く、メンテナンス性にも優れています。ショックユニットがスイングアームを両側から支えるレイアウトになっているため、モノショック式ほど高剛性なスイングアームを必要としません。前傾して取り付けることを「レイダウン」といいます。

■ 油圧式ダンパーの原理

　サスペンションはスプリングが伸縮（振幅）することによって衝撃を吸収しますが、バネだけではいつまでも伸縮を繰り返し、車体の安定性を低下させてしまいます。この伸縮を抑えるのが「**油圧式ダンパー**」（**油圧式ショックアブソーバー**）です。

　油圧式のショックアブソーバーはオイルを満たして密閉した筒を、先端にピストンを付けた「**ピストンロッド**」がスイングアームの上下動に合わせてストロークします。ダンパーピストンには「**オリフィス**」という小さな穴が開いていて、ピストンロッドを押したり引いたりすると、内部のオイルがこの穴を通って上から下あるいは下から上へ移動します。このとき生じる大きな抵抗力（流動体の粘性抵抗）が「**減衰力**」（**ダンピングフォース**）となります。

　オリフィスの穴の大きさや形状によって発生する抵抗力が変わってきますので、得られる減衰力を調整することができます。下記のイラストはダンパーの原理を説明したものですが、ダンパーピストンにワンウェイバルブを設けて伸び側と縮み側での減衰力をコントロールしています。実際のユニットでは、ダンパーピストンに「**シム**」と呼ばれるリーフバルブ（薄金属の板バルブ）を積み重ねるように設け、減衰力をきめ細かく設定することが可能です。

油圧式ダンパーの原理

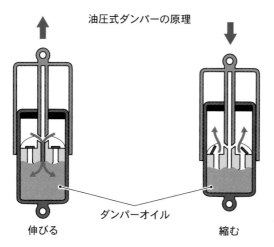

油圧式ダンパーの原理

伸びる　　　ダンパーオイル　　　縮む

縮み側（コンプレッション）では、ダンパーオイルはワンウェイバルブを通り、比較的抵抗なく移動できます。一方、伸び側（リバウンド）ではワンウェイバルブが閉じているため、ダンパーオイルは移動のためにオリフィス（小さな穴）を通らなければなりません。このとき生じる粘性抵抗で「減衰力」（ダンピングフォース）を得るのです。

9

車体／サスペンション

■ 窒素ガス加圧式

エマルジョンタイプ　　　　　　　ド・カルボンタイプ

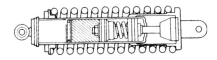 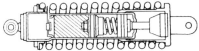

　　ダンパー室の上部に窒素ガスを封入し、ダンパーオイルに圧力を加えているのが「窒素ガス加圧式」です。ピストンの激しい動きによってピストンバルブ付近には真空泡が発生し、減衰力が不安定になる「**キャビテーション現象**」が起こりますが、窒素ガスによる加圧によってこれを押さえ込みます。これを「**エマルジョンタイプ**」といい、ガスがオイルに混入する「**エアレーション**」が起きないようセパレーターを設けたタイプもあります。

　　また、ダンパーオイルの空間と窒素ガスの空間を隔てるための境となる「フリーピストン」を設けたものを「**ド・カルボンタイプ**」と呼んでいます。

■ リザーブタンクタイプ

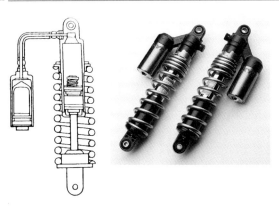

　　ハードな条件下での走行にも対応するのが「ド・カルボンタイプ」の発展型である「**リザーブタンク方式**」です。本体のほかにガス室を設けることで、ダンパーの設定可能なストローク量を長くとる

ことができます。また、減衰力により吸収したスプリングの運動エネルギーは熱エネルギーとなり、ダンパーオイルの温度を上昇させますが、サブタンク（別体タンク）を備えることで、発熱するダンパーオイルの冷却性が高まり、そしてまたより多くのダンパーオイルを持つことができます。

　　オイルとガスが混ざらないように、ゴム製の隔壁室（ブラダー）を設けてタンク内をオイル室とガス室に分けています。

■リアショックユニット各部の名称■

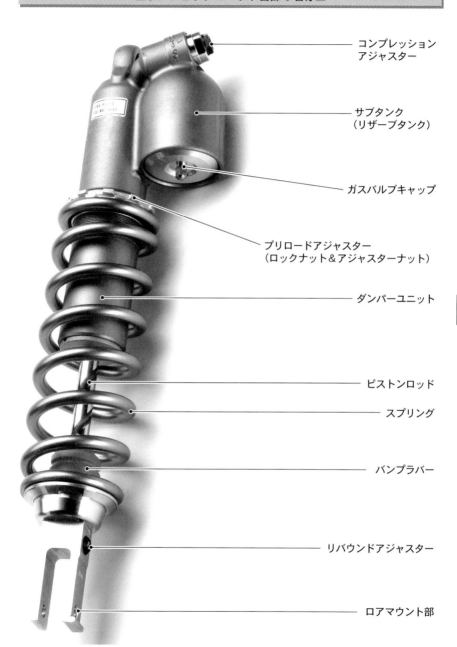

コンプレッション
アジャスター

サブタンク
（リザーブタンク）

ガスバルブキャップ

プリロードアジャスター
（ロックナット＆アジャスターナット）

ダンパーユニット

ピストンロッド

スプリング

バンプラバー

リバウンドアジャスター

ロアマウント部

9

車体／サスペンション

■ テレスコピック式フロントフォーク

　フロントタイヤの両側に左右一対で取り付けられ、前輪を支えながら衝撃を吸収するフロントフォーク。前輪と車体を結ぶ骨組みとしての役割を持つと同時に、衝撃吸収をするダンパーユニットの機能も有し、ブレーキ時の負荷を受け止める剛性も要求されます。「フォーク」と呼ばれるのは、自転車で同じ場所に付けられている食器のフォークに似た前輪支持・操舵部品に由来するものです。

　現在もっともポピュラーなのは、太さの違う2本のチューブ「**アウターチューブ**」と「**インナーチューブ**」が、望遠鏡（テレスコープ）のように出入り（伸縮）して衝撃を吸収する構造を持つ「**テレスコピック式フロントフォーク**」です。フォーク内部のオイルが隔壁に設けられたオリフィス（小さな穴）を通過する際に発生する粘性抵抗によって、減衰力を得る構造をしています。

インナーチューブ径43mmの倒立フォーク。現代のスポーツバイクはこれが主流です。スーパースポーツ等ではフォークチューブにDLC（ダイヤモンド・ライク・カーボン）コーティングを施し、しなやかな動きと高い路面追従性を実現しています。

正立式と倒立式

　太いアウターチューブ（正立式の場合はボトムケースともいう）を下（車輪）側に装着する「**正立式**」と、アウターチューブを上（車体）側にする「**倒立式**」があります。太いアウターチューブをステムに装着した方が、高い剛性が得られるというメリットが倒立式にはあり、スポーツ性の高いモデルに採用されています。

インナーチューブ

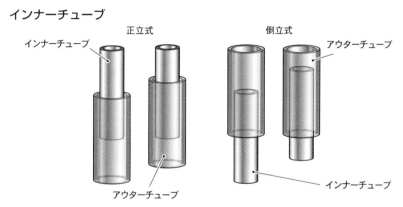

鋼鉄製高強度材でつくられているインナーチューブは、高度な加工技術と寸法制度が要求されます。シール軸となる表面はハードクロムメッキが施され、密封性と耐摩耗性に優れています。

アウターチューブ

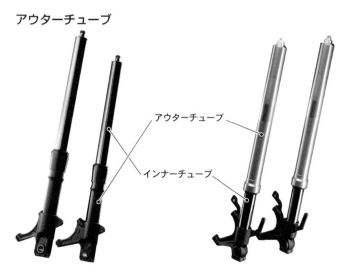

正立式のアウターチューブはインナーチューブに対して下側（底）に位置するため「ボトムケース」ともいい、主にアルミ鋳造材を用い、ブレーキキャリパーやフェンダー取り付けステーを付属します。より高剛性が求められる倒立式の場合は、高強度アルミ合金が一般的です。

9

車体／サスペンション

■ フローティングバルブ式とインナーロッド式

テレスコピック式フロントフォークは、減衰力の取り出し方で2種類に分けることができます。「**フローティングバルブ式**」（**フリーバルブ式**）と「**インナーロッド式**」（**カートリッジ式**）です。

フローティングバルブ式は、インナーチューブが伸縮すると、フォークオイルがシリンダーに設けられた「オリフィス」と呼ばれる小さな穴を通過し、シリンダーの中と外を出たり入ったりします。そこで発生する抵抗力（流動体の粘性抵抗）を利用して「**減衰力**」（**ダンピングフォース**）を生み出します。フローティングバルブ式のほとんどは正立フォークで採用されます。倒立式ではエアレーション（オイルにエアが混入する）などの問題があるからです。

倒立式だけでなく正立式にも採用されるインナーロッド式（カートリッジ式）は、インナーロッドとリーフバルブ（薄金属の板バルブ）によって安定した減衰力を生み出します。伸び側／圧側それぞれ単独の減衰力発生機構を持ち、フローティングバルブ式では装備しづらい減衰力調整ダイヤルを設けやすいという利点もあります。

フローティングバルブ式
フロントフォークを採用
するホンダCB223S。

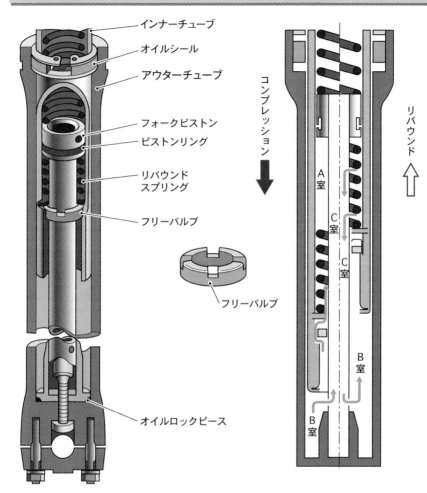

■フローティングバルブ式フォークの構造■

インナーチューブ

オイルシール

アウターチューブ

フォークピストン

ピストンリング

リバウンド
スプリング

フリーバルブ

フリーバルブ

オイルロックピース

コンプレッション

リバウンド

A室

C室

C室

B室

B室

9

車体／サスペンション

インナーチューブが伸縮する際、縮み方向（圧側＝コンプレッション）ではインナーチューブがストロークすることによりB室内のオイルは、インナーチューブのオリフィスを通りC室へ流れ、同時にB室のオイルはフリーバルブを押し上げながらA室にも流れます。これらの流れの抵抗が圧縮側の減衰力となります。

また、縮み方向（コンプレッション）のストローク全屈付近でインナーチューブ先端にテーパー状のオイルロックピースが挿入される形となり、B室内のオイル通路が塞がれます。このとき、B室内の油圧が急激に上昇（B室内のオイルロック状態）し、インナーチューブのストロークが制限されてフォークの可動部品の瞬間的な接触を防いでいます。

インナーロッド式（カートリッジ式）

　インナーロッド式は、リアショックのダンパー機構をコンパクトにしたものがインナーチューブに内蔵されていると考えればいいでしょう。ピストンに設けられたリーフバルブ（薄金属の板バルブ）や、シリンダー底部の可変バルブなどによって減衰力を生み出しますが、ピストンにどんなバルブを備えるかによって減衰力を自在に調整することが可能です。設定範囲は広く、伸び側と縮み側にそれぞれ独立した減衰力調整機構を持ち、外からそれをアジャストできるダイヤルも構造上、設置しやすくなります。

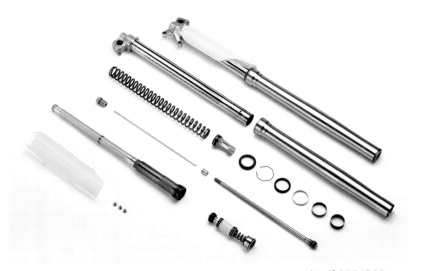

▲ホンダ CRF450R

スーパースポーツモデルはもちろん、モトクロッサーでも高性能なカートリッジ式フロントフォークが採用されます。写真はホンダ CRF250R。

■カートリッジ式フォークの構造■

縮み方向へのストローク
（コンプレッション）

伸び方向へのストローク
（リバウンド）

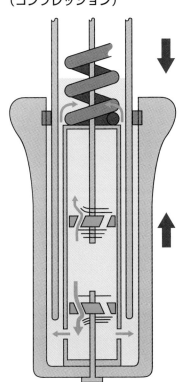

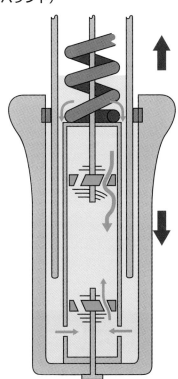

■ カートリッジ式フォークの構造

　カートリッジ内の圧力室にあるフォークオイルは、スプリングが伸縮され
インナーロッドから圧力を受けるたびにリーフバルブをたわませて別の圧力
室へ出入りしようとします。このとき生じる抵抗力で減衰力を生み出します。

　フロントフォークが縮む圧縮工程では、密閉容器であるシリンダー内部に
入り込んでくるピストンロッドの体積分のフォークオイルがベースバルブへ
流れる出すことで減衰力を生み出します。

　また、フロントフォークが伸びるときは、シリンダーとピストンロッドの
隙間のオイルがピストンへ流れることで減衰力が発生。1 つのカートリッジ
にて、伸側と圧側の両方向の減衰力を発生させているのが一般的です。

■ ビッグ・ピストン・フロントフォーク（BPF）

「次世代のフロントフォーク」として、2007年の東京モーターショーで公開され、2009モデルのカワサキ Ninja ZX-6R やスズキ GSX-R1000、2010モデルの XR1200X らから投入されたのが、SHOWA製の「**ビッグ・ピストン・フロントフォーク**」でした。

カートリッジ式では小径にならざるを得なかったピストンを約2倍に大径化することで、フォーク内のオイル接触面積を約4倍とし、ストローク初期のスムーズな作動性と高い安定性を発揮します。

シリンダーとロッドからなるカートリッジを排し、従来カートリッジに収まっていたピストンをインナーチューブ内に出して構造を簡素化。フォークスプリングをフォークレッグ（下部）に移動させたことで完全にオイルへ浸漬でき、フォークオイルの発泡を低減させ減衰力の安定化を実現しました。

カートリッジやサブピストンを廃止するなどカートリッジ式と構造はまったく異なりますが、外観上の目立つ違いはフォークトップに伸び側／圧側、両方の調整ダイヤル、そしてフォーク下端部にプリロード調整機構を装備しているという点です。

フォークのトップエンドにコンプレッションとリバウンドの減衰力アジャスターを配置。圧側は外側のロッド、伸び側は内側のロッドを調整し、減衰力を調整します。

フォークスプリングがフォークレッグに移設されたため、プリロード調整機構はフォークのボトム部に装備。ヘキサゴンレンチを用いてアジャストします。

BPFを採用したスーパースポーツたち

▲ カワサキ Ninja ZX-6R（2010年）

▲ スズキ GSX-R1000（2010年）

発想の転換とシール技術の進歩によって、インナーチューブそのものをシリンダーとして活用したのが「ビッグ・ピストン・フロントフォーク」です。従来のカートリッジ式フォークに用いられていたシリンダーをなくしたことで、構造は大幅にシンプルになり軽量化に直結。インナーチューブ43mm径の倒立フォークで、1本あたり1kg近い軽量化を実現しました。バネ下重量のこれほどまでの軽減は、運動性能に大きなメリットをもたらします。

■ セパレート ファンクション フロントフォーク（SFF）

減衰力と衝撃吸収力をそれぞれ分担したフロントフォークが、ショーワの**セパレートファンクションフロントフォーク**（SFF）です。左側フォークチューブにダンパーアッセンブリを、右側フォークチューブにスプリングを左右別々に装備。スプリングを 1 本にすることで、スプリングとインナーチューブのフリクションを大幅に低減し、フォークストローク全体のスムーズな作動を実現します。

また、より大きなダンパーピストンを使用することができ、スムーズな作動性だけでなく、確実な減衰性能を発揮します。

さらに、右側のフォークチューブからダンパーアッセンブリを取り外したことにより、プリロードアジャスターのスペースが広くなり、プリロード調整、車高調整がより簡単に行えるようになりました。

左右のチューブの強度を最適化し、スプリングを右側チューブに配置することで、ブレーキキャリパーとブレーキディスクが左側にあることによる左右の重量アンバランスを相殺しているのもメリットです。

▼カワサキ KX250F

SFF Type 2

プリロードアジャスター

ジョイントロッド

48 mm径インナーチューブ

右：スプリング

左：ダンピング
　　アッセンブリ

■ SFF-Air TAC（トリプルエアチャンバー）

　ショーワの最先端サスペンションテクノロジー「**SFF-Air TAC**（トリプルエアチャンバー）」は、左フロントフォークにダンピングアッセンブリ、右フロントフォークに3つのエアチャンバーで構成された**ニューマチックスプリング**を装備。軽量で低摩擦、イージーなアジャスト、加えてワイドなセッティングアジャストなど多数の利点を持ちます。

　インナーチューブの大径化が図れるだけでなく、軽量化も実現。従来のコイルスプリングの代わりに、空気で満たされたトリプルチャンバーがスプリングの役割を果たします。

　インナーチャンバーがメインエアスプリング、アウターチャンバーがサブエアスプリング、バランスチャンバーがバランスエアスプリングとなります。

　従来の標準的なフォークと比べ、メインスプリングが使用されていないため、フォーク特性を変更する際、容易なセッティングが可能となっているのも大きな利点です。

　バネレートと同様の意味を持つTACは、空気圧を調整しフォークを分解することなく容易に変更することができるため、最小限の工具を使い、その場で作業が可能になっています。

▼カワサキ KX450F

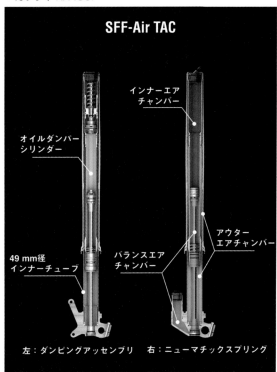

左：ダンピングアッセンブリ　右：ニューマチックスプリング

9

車体／サスペンション

■ エアサスペンション

ホンダCRF450R（2013年型）では、フロントフォークのスプリング反力の発生機構を、従来のコイルスプリングから圧縮空気によるものへと一変させ、1台あたり800gの軽量化を実現しました。

また、コイルスプリングを廃止したことにより、コイルスプリングとスライドパイプ内壁との摺動により発生するフリクションを取り去ることができたため、作動性が向上し、路面追従性が増したことでより良い旋回性を得ることができます。

コイルスプリングの廃止により生まれたフロントフォーク内のスペース有効活用により、ダンパーサイズを24mm径から32mm径に大径化し、乗り心地の向上にも寄与しています。

従来のようにハード/ソフトスプリングの交換によらず、封入エア圧の調整により容易に反力の調整ができるため、コースや路面状況の変化に素早く対応ができます。

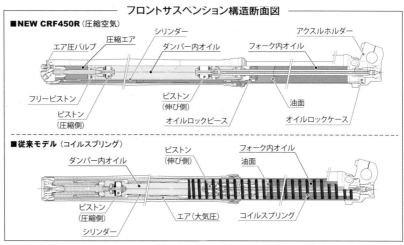

フロントサスペンション構造断面図

■NEW CRF450R（圧縮空気）
エア圧バルブ / 圧縮エア / シリンダー / ダンパー内オイル / フォーク内オイル / アクスルホルダー
フリーピストン / ピストン（圧縮側） / ピストン（伸び側） / オイルロックピース / 油面 / オイルロックケース

■従来モデル（コイルスプリング）
ダンパー内オイル / ピストン（伸び側） / フォーク内オイル / 油面
ピストン（圧縮側） / シリンダー / エア（大気圧） / コイルスプリング

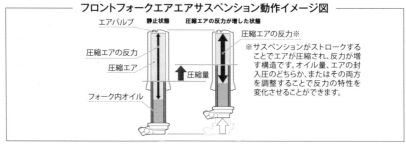

フロントフォークエアエアサスペンション動作イメージ図

エアバルブ　静止状態　圧縮エアの反力が増した状態
圧縮エアの反力
圧縮エア
フォーク内オイル
圧縮量
圧縮エアの反力※

※サスペンションがストロークすることでエアが圧縮され、反力が増す構造です。オイル量、エアの封入圧のどちらか、またはその両方を調整することで反力の特性を変化させることができます。

チタンコーディング／カシマコート

フロントフォークのインナーチューブやリアショックのピストンロッドに施す表面加工処理技術。チタンコーディングを施すことにより、面粗度が高まり、作動フリクションを大幅に低減させるほか、一般的なクロームメッキに比べて約2.5倍の表面硬度を持つため、チッピングなどによる傷付きも防止します。ブラック、ゴールド、パープルのほか、グラデーションなどもあり、見た目にも美しいのが特徴です。

また、カシマコートは硬質アルマイトに潤滑機能をもたせ、耐磨耗性を向上した潤滑アルマイト。前もって生成させたアルマイト（陽極酸化）皮膜の規則的に並んであいている無数の孔の中に、潤滑性物質である二硫化モリブデンを封入する特殊な技法を用います。

カシマコート処理はサスペンションだけでなく、ピストンのリング溝やピン穴部など、高温に於ける潤滑に大きな役割を果たすことが実証され、エンジン部品などムービングパーツへの使用が増加中です。

▼カワサキ KX450F

カシマコートが施されたフロントフォークのインナーチューブ。

▼ドゥカティ 1199 Superleggera

窒化チタンコーティングが施されたオーリンズ製のフルアジャスタブル倒立フォーク。

トップアウトスプリング

フル加速時あるいはフルブレーキング時など、フロントフォークが伸び切ったときの衝撃、外乱を緩和させるために組み込まれた比較的ソフトで小さなスプリング。これにより、アクセルオン時のフロントタイヤトラクション感が向上します。

9

車体／サスペンション

ボトムリンク式フロントフォーク

　小排気量のスクーターやビジネスバイクなどでは、「**ボトムリンク式**」のフロントフォークが使われていることがあります。フォーク下端の短いアームが回転運動することによってフロントタイヤが円を描くように動きます。フォークとトレーリングアーム、サスペンションユニットからなる「**トレーリングアーム式**」はアームをフォーク後端に配置。ビジネス車に多い「**リーディングアーム式**」はアームをフォーク前方に配置します。

　ボトムリンク式は構造上、サスストロークを長くとることができず、走行中の車輪の上下動によるトレール変化も大きくなります。しかし、構造が簡単でコストが抑えられるという利点もあります。

トレーディングアーム式

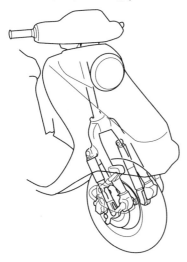

リーディングアーム式

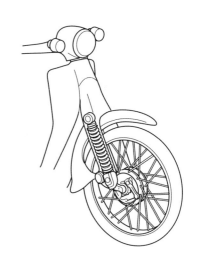

トレーディングアーム式を採用するスズキの50ccスクーター、レッツ5G。

スプリンガーフォーク

　1940年代以前のフロントサスペンションに用いられていた方式ですが、ハーレーダビッドソンでは、そのノスタルジックなスタイリングと構造をそのままに現代のモデルで蘇らせています。それが「**スプリンガーフォーク**」です。

　ハーレーダビッドソンでは1948年まで、スプリングが剥き出しのスプリンガーフォークが使われていましたが、その後はテレスコピック式に変更。しかし、1988年に現代のテクノロジーを導入し復活。2011年式まで採用され、そのルックスと独特の乗り味から根強い人気を得ました。

スプリンガーフォーク

ガーター式フロントフォーク

衝撃を吸収する緩衝装置は前側のフォーク（スプリンガーフォーク）で、後ろ側のフォーク（リジッドフォーク）は前輪を支えるための懸架装置に過ぎません。

上下のリンクが平行四辺形を変形させるようにストロークし、平行四辺形の対角に設けられたスプリングが衝撃を吸収するのが「ガーター式フロントフォーク」です。

スプリンガーフォーク採用の1936年ハーレーダビッドソンEL。ところでリアサスペンションはどこに……？　1958年まではリアショックのないリジッドフレームが使われていました。

ノスタルジックなスタイリングが魅力のスプリンガーフォークを採用したハーレーダビッドソンFLSTSBクロスボーンズ。2011年式で生産終了しました。

ステアリング機構としての役割

　テレスコピック式フロントフォークの役割を、路面からの衝撃を吸収する「**緩衝機能**」と、前後輪を支持する「**懸架装置**」の２つであると述べてきましたが、もう１つ重要な役割があります。それは「**操舵装置**」としての機能です。

　通常のテレスコピック式フロントフォークでは、左右のフォークパイプを「**トップブリッジ**」と「**アンダーブラケット**」で固定します。アンダーブラケット（三つ又）と「**ステムシャフト**」は一体になっている場合が多く、フレームのステアリングヘッドパイプにステムシャフトが通されます。

　ハンドルはトップブリッジやフォークパイプなどに取り付けられ、乗り手がハンドルを切ると、ステムシャフト（ステアリングヘッドパイプ）を軸にフロントまわりがゴッソリ動くというしくみです。

アンダーブラケット

ステムシャフト

テーパーローラーベアリング

フロントフォーク

ハンドルブラケット

トップブリッジ

フレームのステアリングヘッドパイプにステムシャフトが通されることで車体と接続される、フロントフォークを中心にしたステアリング機構。ステムシャフト下端には、ステアリング機構の回転を円滑にしながら上下の荷重に耐える「テーパーローラーベアリング」を備えます。

直進時

ライダーがハンドル操作を意識していない直進中であっても、ハンドルは絶えず細かく動いています。フロントフォークを寝かせて装着し、ホイールベースを長く設定するほど直進安定性が良くなる傾向があります。

旋回時

ライダーは進行方向へ身体を傾け、車体と一体になって旋回します。このときフロントフォークには、減速によって地面の方向へ縮み込もうとする力と、ステアリングが切れると同時にフォークを捻ろうとする力がかかります。

9

車体／サスペンション

■ ステアリング操作

　ライダーは極低速時においてはハンドル操作を意識しますが、二輪車の特性上、通常の走行では進行方向へ身体ごと車体を傾けてバイクが進む方向をコントロールします。乗り手が意識していないものの、たとえ高速で直進している状態でもハンドルは常に細かく動いており、オートバイはこの自動的な操舵でバランスが保たれています。

BMW のサスペンション

　衝撃を吸収しながらも操舵機構として働くテレスコピック式フロントフォークの場合、それぞれの機能がお互いに影響を及ぼすことが考えられます。例えば旋回中、フロントフォークには減速により地面方向へ縮もうとする力（路面にタイヤを押しつける力）と、ステアリングが切れることで2本のフォークをねじろうとする力が同時にかかり、それぞれが本来の機能をフルに発揮できないことがあり得ます。これを解消しようとBMWでは、緩衝装置と操舵機構を分けた「**デュオレバー**」または「**テレレバー**」を採用しています。スライダーチューブは操舵だけを担当し、衝撃の吸収はダンパーユニットと鍛造アルミ製のAアームが担います。

　ホイールを支持するためのアームとダンパーユニットを分離した設計により、ねじれ剛性を向上させ、ブレーキング時のノーズダイブ（車体の前傾姿勢）を抑えます。メインフレームを低い位置に通すことが可能になり、またリアには徹底した軽量構造の「**パラレバー**」が装備され、バネ下重量の軽減に貢献します。

　BMWではこれらをABSをはじめ、前ブレーキの操作で自動的にリアも作動する「**インテグラルブレーキシステム**」、ボタン1つでサスペンションの性能を変化させることができる「**ESA**」(Electronic Suspension Adjustment ／電子制御サスペンション）などと組み合わせ、タンデムや高速巡航時に安定感を発揮する乗車姿勢変動の少ない快適な乗り心地を実現しています。

ホイールを支持するアームをアルミダイキャスト製にしたBMWのデュオレバー。

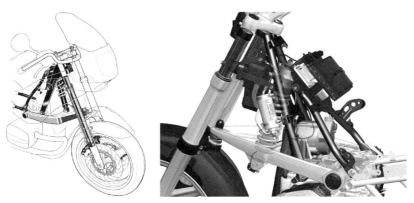

フロントブレーキを強くかけたときに起こるノーズダイブを抑え、ブレーキをかけたままでも
コーナーに進入できるスタビリティの良さを発揮するテレレバーシステム。

耐久性の高さやメンテナンスフリーなどのメリットがあるシャフトドライブ式ですが、加減速の際にリアが上下する「エレベーション」を起こすデメリットも持ち合わせていました。BMWでは、従来スイングアーム下側に配置されていたトルクロッドをスイングアーム上側に配置する「パラレバー」を採用。ファイナルギヤとスイングアームの間にピボットを設けることでシャフト駆動のクセを解消し、快適な乗り味を実現。2ピース構造を持つ鍛造アルミスイングアーム、コンパクトなギヤケースを採用し、高剛性と軽量化を両立しています。

9

車体／サスペンション

ボタン1つでサスペンション調整ができるESA（Electronic Suspension Adjustment）。乗車人数や荷物の量に応じてプリロードの調整ができ、減衰力も3段階に変えられます。

BMW独自のデュオレバー＋テレレバーのサスペンション機構を持つK1300S。

■ ダブルウィッシュボーン フロントサスペンション

　　ホンダ新型ゴールドウイングのフロントサスペンションは、四輪自動車に見られる「**ダブルウィッシュボーン式**」の構造としています。ホンダはオートバイ用として、これを新しく設計し直しました。

　　一般的なテレスコピック式フロントフォークでは、路面からのショックを吸収する際にアウターチューブとインナーチューブのスライド、また両者のたわみによる摺動抵抗が発生します。これに対し「ダブルウィッシュボーン式」ではショックを吸収するクッション機能と転舵を受け持つフォークホルダーを分離しています。両者を上下２つのアームで支える構成とすることで、クッションの摺動抵抗を低減させ、路面からハンドルに伝わるショックを従来より約30％低減しています。

　　また、ハンドルで操作するフォーク部の慣性マスを40％以上低減し、走行時のハンドリングをより軽快にしました。このリンク式の構造をとるにあたって、全ての軸受け部にベアリングを採用することで、ストローク、転舵ともさらなるフリクションの低減に寄与しています。

　　加えて、タイヤとハンドル双方の転舵軸をステアリングタイロッドで繋ぐ構造とし、完成車に対するライダーの理想的な位置を基準として、自然な操作フィールが得られるハンドル軸位置を設定しました。

▼ダブルウィッシュボーン フロントサスペンション構成図

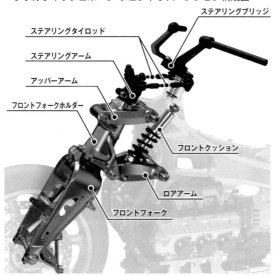

ステアリングブリッジ
ステアリングタイロッド
ステアリングアーム
アッパーアーム
フロントフォークホルダー
フロントクッション
ロアアーム
フロントフォーク

1695mmのホイールベースがもたらす安定感を活かしたまま、切り返しや進路変更など、市街地での頻繁なハンドル操作にも軽快なハンドリングで応え、加減速時や路面ギャップによるショックの少ないシルキーな乗り心地を実現しています。

居住性の向上と完成車コンパクト化への寄与

　ダブルウィッシュボーンサスペンションでは、上下アームの角度設定によりストローク軌跡を真上方向とし、前輪とエンジン部とのクリアランスを最小化しました。そして、その分エンジンを車体前方に寄せ、同時にエンジンヘッドの前後長を短縮することで、ライダーとパッセンジャーの乗車位置を従来よりも 36mm 前方に移動させています。これによりホイールベースを従来と同等としながら、前輪分担荷重を最適化し、軽快なハンドリングを実現しています。

　さらに、このサスペンション方式により、従来のテレスコピック式フロントフォークでの転舵に必要とされたクリアランスを詰めることを可能とし、ステアリング軸周りのスリム化も達成しました。

▼ダブルウィッシュボーン フロントサスペンションのフリクション低減イメージ図

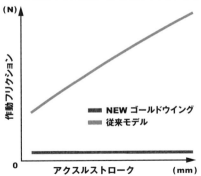

▼フロントタイヤストローク軌跡比較イメージ図

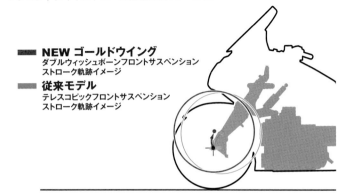

ステアリングダンパー

　ステアリングまわりに発生する余計な振れを緩和するのが「**ステアリング
ダンパー**」の役割です。ステアリングの舵角と転舵スピードに応じてハンド
ルの減衰トルクを変化させることで、従来の軽快性を損なうことなく安定性、
限界性、コーナーでの接地感を高め、操縦安定性を向上させます。

　かつては、ステアリング機構のフォークブラケットとフレームを車体側面
で結ぶように取り付けるのが一般的でしたが、90年代から横置き式が登場
し、電子制御式やモトクロッサー用のプログレッシブダンパーも採用されて
います。

カワサキ ZX-10R に採用される横置き式ステアリングダンパー。

ロードレースで普及した
ステアリングダンパーで
すが、オーリンズでは
1992年からモトクロス
用も市場へ投入。写真は
ロータリーステアリング
ダンパー SD2.0。ダン
パー本体はハンドルバー
下へ装着。ダイヤルを左
右に回すことで減衰特性
をコントロールします。

電子制御式ステアリングダンパー

　ステアリングヘッドの上面に配置される「**電子制御式ステアリングダンパー**」は、本体が車体フレーム側、内部に配置され減衰力を生み出すベーンがステアリング側に固定されています。ダンパー内部は、ベーンで左右にしきられる油室と制御油路で構成しており、作動油が充填されています。ステアリングと直結したベーンが回転すると、左右の油室間を移動する作動油の流れが生じ、その際に生じる作動油の流動抵抗が減衰力としてステアリングに伝達。制御油路にはメインバルブ・チェックバルブ・リリーフバルブ・アキュムレータが配置されます。

　メインバルブは、ECUで制御されるリニアソレノイドの作動に応じて、制御油路の開口状態を変化させます。チェックバルブは、メインバルブ作動のため、作動油の流れを一方向に規制。リリーフバルブはメインバルブと平行の油路に配置し、発生最大減衰力を一定以下に保ちます。アキュムレータは、温度による作動油の体積変化が生じた際、ダンパーの内圧を安定させるものです。

ホンダ・エレクトロニック・ステアリング・ダンパー（HESD）

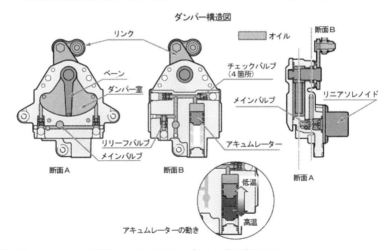

ダンパー構造図

ダンパー・システムの構成は、大きく３つのパートに分けられます。
1) 車両の状態を検出するための、車体スピードセンサー部。
2) センサー信号を基に制御マップによって、ダンパーを最適制御し、システムを診断するFＩユニットと共通のECUコントロール部。
3) ECUの制御に応じて、適切な減衰性能を発揮する、ステアリング・ダンパー部。

ステアリングサポートシステム

　ヤマハは二輪車の安定性に寄与し、軽快性の向上に貢献する新たなライダー支援技術として、四輪車のパワーステアリングとは異なるステアリングサポートシステム「Electric Power Steering」(EPS) を独自開発しました。ステアリングステム部に備えたセンサーでハンドルの動きやライダーの操作を検知し、電気式アクチュエーターによってステアダンパーとして機能したり、パワーステアリングのように操舵を補助します。

　トルクの検出には、電動アシスト自転車で実績のある磁歪式トルクセンサーを採用。軽量コンパクトなアクチュエーター（電気信号を物理的運動に変換する駆動装置）は、さまざまな二輪車製品への展開・装備を見据えたもので、路面の変化などによって発生するハンドルへの外乱を整え、主に高速走行時に機能するステアダンパーと、ライダーの意図に合わせてステアリング操作を補い、主に低速走行時に機能するステアアシストの２つの機能によって、ライダーにとって自然な制御を実現します。

　研究・開発のステージとして、2022年全日本モトクロス選手権に、EPSを搭載した「YZ450FM」と「YZ250F」がYAMAHA FACTORY RACING TEAMから出場。モトクロス競技のトップカテゴリーならではの過酷な使用環境の中で、開発を加速するための各種データを取得中です。

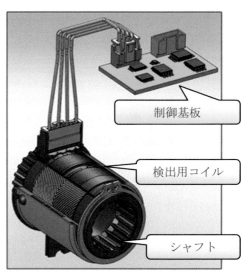

制御基板

検出用コイル

シャフト

自動運転などとは異なり、操るのは人間であることを前提に開発され、EPSの作動を気づかせずに、安定性向上や疲労度の低減を実現していく。

▼ステアリングサポートシステム Electric Power Steering(EPS)

さまざまな二輪車製品への展開・装備を見据えて、小型・軽量のアクチュエーターを開発。外乱によってハンドル操作ができないときはステアリングダンパーとして機能し、積極的に入力していきたいときはパワーステアリングとして役立つ。

9

車体／サスペンション

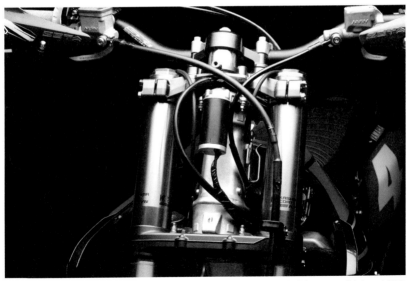

センサーやアクチュエーターはステアリングステム部に装備され、軽量かつコンパクト。市販車にも重量増やデザインの制限なしに搭載可能です。

プログレッシブステアリングダンパー

モトクロス競技の場合、すばやく方向転換するためにジャンプ時に空中で車体を傾け大きくハンドルを切るなどの特殊な動きを要します。そのことから、モトクロッサーにステアリングダンパーを採用する際、オンロードで使われている電子制御タイプのように、車速や加速度をパラメーターとして減衰モーメントを増減する機構ではその要求が満たされないという課題がありました。

そこでホンダでは、ステアリング舵角と転舵スピードに比例してハンドルの減衰トルクを変化させる「**プログレッシブ ステアリング ダンパー**」を開発。実戦に投入し、検証を重ねたうえで 2008 モデルの CRF450R ／ 250R から採用しています。

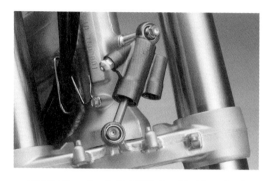 

「プログレッシブ ステアリング ダンパー」は、ハンドル操作に応じてダンパーストロークレシオを変化できるよう、筒型ダンパーをステアリングステム前方のフレーム部とハンドル操作により回動するステアリングボトムブリッジの間に取り付けました。これにより、舵角が 0 度の場合は減衰トルクの発生がなく、舵角が大きくなるにしたがってダンパーストロークが大きくなることで、減衰トルクが滑らかに増加する特性を実現できました。

また、ダンパーには伸び側と、それを戻す圧側の減衰力を別々に設定し、中立位置より切れる方向と、操舵されたステアリングを戻す方向の各々で最適な減衰トルクを得ることを実現。特殊なリンクを使うことなく、機構学的にプログレッシブな減衰モーメントをコントロール。従来の軽快性を損なうことなく、安定性、限界性、コーナーでの接地感を高め、操舵フィールを大幅に向上し、ライダーの疲労軽減にも寄与しています。システムトータルの重量は 188g と非常に軽量なものとしています。

■ オーリンズ Smart EC

　スロットルセンサー、ブレーキセンサー、スピードセンサーなどさまざまなセンサーとECUを連動させ、走行条件に合わせた減衰力を瞬時に導き出すのがオーリンズの「**Smart EC**」です。ブレインとなるECUは、車体各部に設けられたセンサーから送られた信号から、ライディングスタイルに合ったサスペンションセッティングを解析し、自動的に適切な減衰力を導き出します。

　ショックアブソーバーに電子的な減衰力制御バルブ「ECバルブ」を装備することで、従来は機械的だった減衰力調整を走行中に手元で行うことが可能。路面状況もECUが判断するなど、まさに最新のサスペンションテクノロジーと言えます。

ECリアクションアブソーバー　ECステアリングダンパー　ストロークセンサー　ECフロントフォーク

ECバルブ
減衰力調整バルブを電子的に制御
するEC リアサスペンション。

EC ECU

車体各部に備わるセンサー類から情報がECUへ送られ、最適な減衰力を自動的に導き出すオーリンズの Smart EC。状況に応じて自分に合ったサスペンションセッティングが得られれば、乗りやすさ・扱いやすさも向上し、安全性も高くなる。

9
車体／サスペンション

進化する電子制御サスペンション

　サスペンションユニットに電動バルブやモーターをセットすることで、ハンドル部に設置されたスイッチの操作だけでサスペンションの調整ができる電子制御サスペンションの進化が進んでいます。

　BMWの**ESA**および**ESA Ⅱ**では、ライダーがバイクの負荷（1名、1名と荷物またはタンデム、タンデム＋荷物）をハンドルにあるボタンで入力すると、システムがリアショックユニットに装着されている電気小型モーターを駆動し、指定のプリロードにセッティングします。

　次にライダーは、ライディングスタイルに合わせて「Sport」「Normal」「Comfort」の3つのモード、いずれか1つのダンパーセッティングを選択。電子制御ユニットがセントラルエレクトロニックシステム（CES）にプリセットされているパラメーターを参照しながら、小型ステップモーターを作動させ、最適なダンピングレートにサスペンションを設定してくれます。

　つまり、3種類のプリロード設定と3種類のダンピング設定により、全部で9種類のサスペンションセッティングが予め用意されており、ライダーはこの中から最適なセッティングを選択できるのです。

▼BMW R1200GS

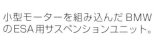

コックピットの液晶画面でセッティングが可能となった電子制御サスペンション。

小型モーターを組み込んだBMWのESA用サスペンションユニット。

■ セミアクティブサスペンション

　フルアジャスタブルと言われる高性能サスペンションは「**伸び側ダンパー**」と「**縮み側ダンパー**」（減衰力）、そしてスプリングに初期荷重を加える「**プリロード**」といった3つの調整機構を持っていますが、通常はこれを手動（工具を用いて）で調整します。

　それを電動モーターなどを用いて、ハンドルまわりのスイッチで調整できるようにしたのが、先述した電子制御サスペンションです。

　そして、さらにコンピュータ制御によって、サスペンションの動きから路面の状況を読み取り、3つの調整機構を自動的に最適化してくれるものが「**セミアクティブサスペンション**」です。

　ストロークセンサー、エンジン回転、スロットル開度、車速、バンクアングル、ABS、トラクションコントロールの情報から、より緻密にダンパーをコントロールします。

　BMWでは「ダイナミック・ダンピング・コントロール（**DDC**）」として、ドゥカティでは「ドゥカティ・スカイフック・サスペンション（**DSS**）」という名称で、市販車に導入済みです。

　刻一刻と路面状況が変化するワインディングやツーリングでは頼もしい装備となります。

▼BMW DDC

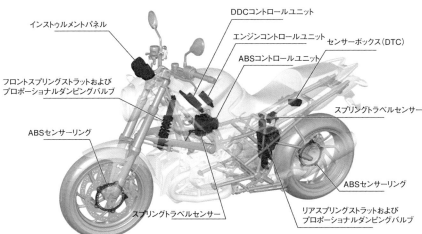

9-3 サスペンションの取り付け

通常のツインショックは、スイングアームの動きに比例してストロークします。一方、モノショックが採用するリンク式は、リンク比の効果によってスイングアームの動きに対してサスペンションの伸縮量を効果的に少なくすることができます。その取り付け方は日々進化を重ねてきました。

■ リンク式サスペンション（ボトムリンク式）

　モノショックを装備する多くのモデルでは、スイングアームとリアショックユニットはリンクを介して接続される「**リンク式**」が採用されています。

　リンク式リアサスペンションは、リアアクスル部（後輪軸）のストローク量に比較してクッションストローク量の変化割合が大きくなる特長があります。つまり、リアアクスル部の動きが少ない範囲ではクッションストローク量が少なくなり、リアアクスル部の動きが大きい範囲になるにつれてクッションストローク量が大きくなるプログレッシブ（漸増的＝だんだんに増える）な特性が得られます。

　これにより、アクスルストロークの小さい範囲（常用域）では、ダンパーピストン速度が遅く、減衰力は小さく作用。そしてアクスルストロークが大きく（全屈付近に）なるにつれ、ダンパーピストン速度が速くなり、減衰力が大きくなります。これは軽い負荷がかかったときのソフト性と、強い衝撃を受けたときの耐ボトム性を両立させたサスペンション特性といえます。

　また、リンク式サスペンションでは、ショックユニットを比較的自由に配置できるため、ダンパーユニットのストロークに比べサスペンションストロークが大きくとれ、路面追従性の向上が図れます。さらにショックユニットという重量物をコンパクトに車体中央へ集約化できることで、マスの集中化にも多大な貢献を果たします。

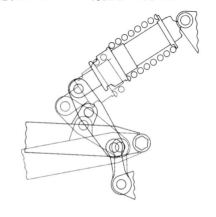

常用付近

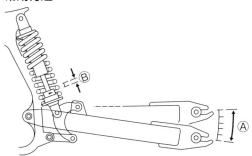

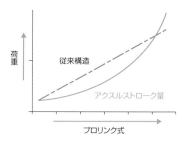

ホイールストロークが小さい範囲では、リアショックのストローク量はより小さく、リアホイールの動きが大きくなるにつれてリンクとレバー比によってリアショックのストローク量がプログレッシブに変化します。ホンダでは「PRO-LINK」と呼びます。

全屈付近

同じストローク量Ⓐでも大きなストロークになる

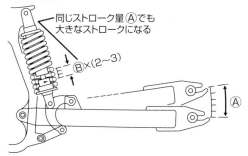

~OW53

初期のモノショックは燃料タンクの下にダンパーユニットが置かれ、三角形をつくるように組まれたアームの先端に横置きで配置されていました。リンク式が登場すると、サスペンション上部にリンク機構を設けた「トップリンク式」も開発されましたが、路面反力がショック自体にたわみを生じさせるなどのウィークポイントがあり、現在では縦置きのサスペンションボトム部にリンク機構を設けた「ボトムリンク式」が主流になっています。

OW60~OW70

Later specs of the OW70~

モトクロスで高い戦闘力を得たモノショックを、ヤマハは1970年代半ばからロードレース・ワークスマシン「YZR500」にも採用します。ショックアブソーバーを燃料タンク下に配置することにより、コンベンショナルサスに比較してホイールストロークを大きくできる点が特色でした。1982年登場の「OW60」（スクエア4エンジン搭載 YZR500の2代目）では、プログレッシブ効果を生む「ベルクランク」を介しショックアブソーバーを動かすなど新技術を導入。そして1983年シーズン中盤から「OW70」に、ついにボトムリンク式サスペンションが投入されます。

9

車体／サスペンション

■ ユニットプロリンク

　ホンダの「**ユニットプロリンク・リアサスペンション**」は、スイングアームの動きの範囲内で完全に独立した動作を行います。新たに配列されたデルタリンクに対して、アンカーの役割を果たしている下部のアームを別にすることでメインフレームとの接点がなくなり、コーナリングでの旋回加速において車体のロール挙動を安定させることが可能となります。メインフレームにサスペンション荷重をかけないことで、車体全体がサスペンションの影響を受けにくくなっているのです。

　また、サスペンション上部を支持する堅牢な強度部材がフレームに不要となり、フレーム剛性を旋回特性にベストな設定とすることができ、ロール角に依存しない高い旋回性能が得られます。

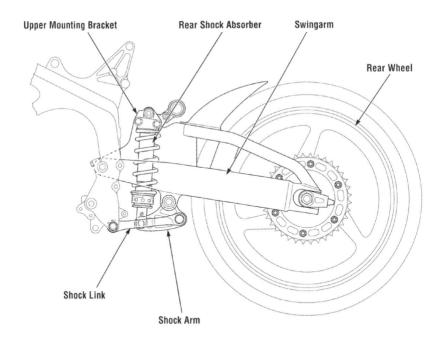

Upper Mounting Bracket　　Rear Shock Absorber　　Swingarm

Rear Wheel

Shock Link

Shock Arm

ユニットリンクサスペンション

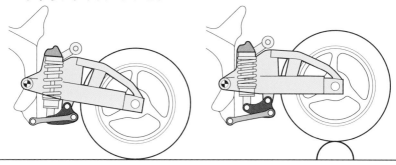

空車時　　　　　　　　　　　　　前屈時

〔写真 1〕

〔写真 2〕

9

車体／サスペンション

クッションアーム作動イメージ

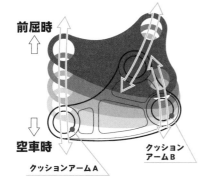

前屈時

空車時

クッションアームA

クッションアームB

クッションアームAストローク

リアアクスルストローク

ショックユニットをスイングアーム上部（写真 1）とロアリンク（写真 2）のみでマウントし、フレーム上部とは直接リンクしていない構造を持つユニットプロリンクサスペンション。スイングアームの動きの中で独立した作動を行うことで、コーナリング加速時における車体のロール挙動はより安定し、高い旋回性能を発揮します。また、一体化されたアッパーダンパーマウントの採用、アッパーブラケットとスイングアームの一体化によって軽量化を達成するとともに、優れたメンテナンス性を確保できます。

■ キャスター角とトレール

フロントフォークは地面に対して垂直ではなく、ある程度の角度を付けて寝かせるように取り付けられています。ステアリングヘッドの角度（路面からの垂線に対する）を「**キャスター角**」（**レイク**）といい、ステアリングヘッドを延長して路面に達する点とフロントタイヤの接地点の間の距離を「**トレール**」といいます。

オートバイは真っ直ぐ走っているときも、実際には左右にバランスを取りながら微妙な蛇行を続けて走ります。「キャスター角」を付けることで、車体が傾いた方向にステアリングが切れて、進行方向にフロントタイヤを向かせる働きが生じます。

キャスター角を大きくすると、ハンドルの切れ角は同じでもフロントタイヤの路面上での実舵角は減っていきます。キャスター角、オフセット量、トレール、ホイール径がそれぞれ影響し合うので一概には言えませんが、キャスター角を大きくすると直進安定性が高まり、キャスター角を立てれば旋回性が良くなると考えることができます。

例えば、真っ直ぐ走る機会の多いクルーザーやアメリカンモデル、ドラッグレーサーなどでは、30度以上ものキャスター角を付けフロントフォークを寝かせるように装着。ホイールの軸間距離も長く設定されています。また、スーパースポーツではキャスター角を25度以下まで少なくし、旋回性が重視されています。

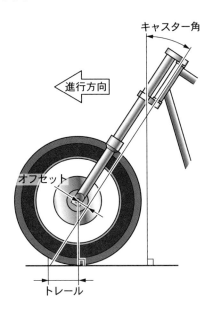

キャスター角23°20'

ホイールベース1420mm

トレール
95mm

キャスター角 23 度 20 分、トレール量 95mm。フロントフォークを立たせたキャスター角でクイックな旋回性を持つスズキ GSX-R1000R。ホイールベースも 1420mm と短く、スポーツ性能を極限まで追求しています。

キャスター角34°

ホイールベース1715mm

トレール
115mm

キャスター角 34 度、トレール量 115mm というフロントフォークを寝かせた角度で取り付けるハーレーダビッドソン VRSCAW V ロッド。ホイールベースは 1715mm と長く、ロー＆ロングのフォルムを際立たせています。

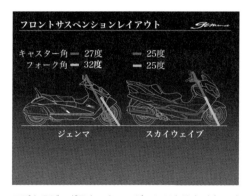

フロントサスペンションレイアウト　Gemma

キャスター角 — 27度　　　25度
フォーク角 — 32度　　　25度

ジェンマ　　　スカイウェイブ

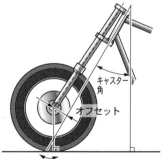

キャスター角

オフセット

トレール

スズキのビッグスクーター、ジェンマとスカイウェイブのフロントサスペンションアングル。ロー＆ロングのフォルムを突き詰めたジェンマは、フロントフォークの取り付け角をキャスター角よりも深くしています。

フロントフォークの取付け角は、ステアリングヘッドパイプの角度（キャスター角）と通常は同じですが、フロントフォークを装着するトップブリッジやアンダーブラケットで角度を変える方法もあります。これを「スランテッドアングル」といいます。

9-4 スイングアーム

リアホイールを支持する「スイングアーム」には縦横ねじり、あらゆる方向からの力がかかり、それらの力に負けない剛性が必要です。しかし、強度を上げるために重くなってしまえば、バネ下重量を増やすことになり運動性を損ねてしまいます。

さまざまなスイングアーム

　リアサスペンションの懸架装置として重要な役割を持つ「**スイングアーム**」は、あらゆる方向からの力に耐えるための高い剛性が必要ですが、軽量でなければ運動性を損ねることになってしまいます。スイングアームの高剛性と軽量化の両立は早くから重要視されており、フレームよりも先にアルミ化されてきました。

　大きく分けると「両持ち型」と「片持ち型」に分けることができますが、左右のバランスに優れ単純な構造を持つ両持ち型は、剛性が出しやすく昔から採用されてきました。片持ち型は重量的に利点があり、タイヤ交換も簡単に行えます。

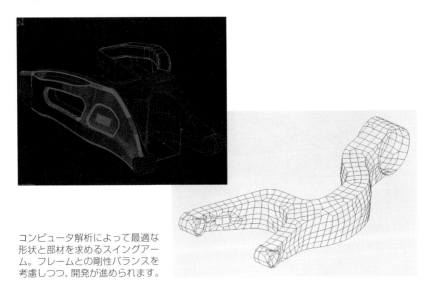

コンピュータ解析によって最適な形状と部材を求めるスイングアーム。フレームとの剛性バランスを考慮しつつ、開発が進められます。

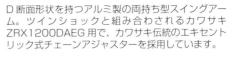

D 断面形状を持つアルミ製の両持ち型スイングアーム。ツインショックと組み合わされるカワサキ ZRX1200DAEG 用で、カワサキ伝統のエキセントリック式チェーンアジャスターを採用しています。

ベルトドライブとの組み合わせとした片持ち型スイングアームは、BMW F800ST/S。リアショックはリンクを介さずスイングアームにマウントされます。

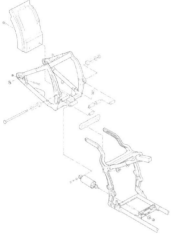

ハーレーダビッドソンのソフテイルシリーズはリアショックを車体下に装備。往年のリジッドマウントのスタイリングを現代に蘇らせました。

カワサキ 1400GTR では強大なトルクをできるだけ高い効率で確実に路面に伝達するため、高剛性デュアルサイド４リンクスイングアームを採用。カワサキが「テトラレバー」と呼ぶこのスイングアームは、シャフトドライブの特性であるスロットルの開閉に伴う上下動を抑制。２点で接続されたシャフトを使用し、パワーをスムーズに路面へ伝達。走行フィーリングと車体の特性は極めてナチュラルであり、シャフトドライブ独特のダイレクト感を保ちながら、チェーンドライブと同様のフィーリングを実現しました。

スイングアームをフレームに取り付けるのではなく、クランクケースの後端にダイレクトに取り付けるピボットレスフレーム構造。フレームを軽量化するとともに、後輪の挙動を大きな質量のあるエンジンで受けとめることで、特に高速走行時やコーナリングなどで安定感のあるハンドリングを実現します。

9

車体／サスペンション

9-5 | マス（質量）の集中化

重い物は重心に近く、よりコンパクトに。運動性向上を図るにはマスの集中は欠かせない要素です。スーパースポーツやモトクロッサーなど高性能モデルでは、前後輪の分担荷重などを徹底追求し、最適なディメンションを実現しています。

マスの集中化

　重量物を前後に分散させず、なるべく車体の中央に集中し配置することにより、運動性能を高めることができます。車体の重心から遠い所に重量物があるよりも、バイクの中心に重たいものを集めた方が、ライダーはニュートラルなレスポンスが得られ「ローリング」「ピッチング」「ヨーイング」といったオートバイのあらゆる動きが「起こりやすく」そして「収まりやすく」なるからです。

　四輪自動車で言うなら、重量物であるエンジンが車体の重心に近いミッドシップの方が高い運動性を発揮できます。マスの集中化により、ライダーの走行感覚とマシンの動きに一体感を生み出す、高次元の操縦性が獲得できるのです。

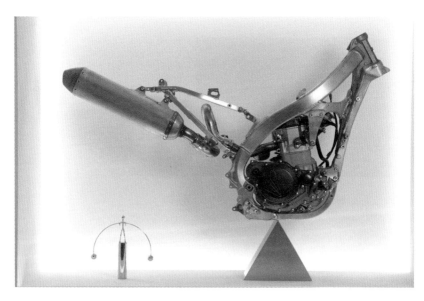

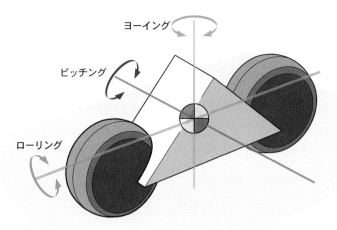

ヨーイング
車体の水平面内での回転運動

ピッチング
車体の重心回りでの回転運動

ローリング
車輪の接地線（前後輪の接地点を結ぶ線）回りの車体の回転運動

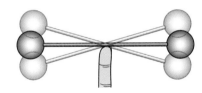

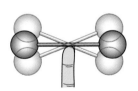

マスの集中化、バネ下重量の軽減を極限まで図ったスーパースポーツモデル。

重たいものは分散しているよりも、重心の近くに置いた方が運動しやすく、そして運動を止めやすい。

バネ下重量

　サスペンションのスプリングよりも下、つまり車輪側を「**バネ下**」と呼び、それらの重量を「**バネ下重量**」といい表すことがあります。相当するのは、タイヤ、ホイール、ブレーキ関係、テレスコピック式フォークならボトムケースやダンパー機構、そしてスイングアームの後半部分などで、これらのパーツの重量は運動性能に大きな影響を及ぼします。

9

車体／サスペンション

9-6 盗難抑止装置

オートバイの盗難が増えていることを受け、各メーカーでは盗難抑止装置を備え るなどして対応しています。スマートキーを身につけて近づくと、ID 照合により オーナーを識別。メインスイッチをワンプッシュするだけでエンジン始動ができ る「スマートカードキーシステム」はビッグスクーターなどに採用されています。

■ スマートカードキーシステム

　ユーザーが携帯するカードキーと、車体側のハンドルロックモジュールに 一体化された ECU との間で双方向電波通信を行い、ID が認証された場合に のみメインスイッチノブの解錠、シートやコンソールボックスの解錠、燃料 噴射 ECU の動作が可能となるシステムが「**スマートカードキーシステム**」 です。

ホンダのスマートカードキー。解錠範囲は、メインスイッ チノブを基点に半径 80cm 後方 180 度（高さ 70 ～ 130cm）以内。メインスイッチノブの施錠範囲は、車 両中央を基点に半径 250cm 以上としています。

二輪車のメインスイッチは外部から アクセスできるため、メインスイッ チノブ内にトルクリミッター機構を 設置。過大トルクがかかるとノブだ けが空回りし内部を保護します。写 真はホンダFORZAのイグニッショ ンスイッチ。

●乗車時（メインスイッチノブ解錠）

　スマートカードキーを携帯して車両に近付きメインスイッチノブを押す
と、ハンドルロックモジュール内のスマートECUが起動してスマートカー
ドキーと双方向通信を行う。相互認証するとメインスイッチノブが解錠（回
せる状態）になる。解錠するとメーター内に設置されたSMART表示灯とノ
ブ外周のブルー照明が点灯。さらにメインスイッチノブをONに回すと
FI-ECUに動作許可IDを送信する。ECUが動作許可IDを認証すると走行可
能状態となります。

●降車時（メインスイッチノブ施錠）

　メインスイッチをOFFすると、スマートカードキーと1秒間隔で交信を
行い、相互認証が成立しているうちはメインスイッチノブを解錠状態で維持。
ユーザーが車両から250cm以上離れると、メインスイッチノブを施錠（回
せない状態）し、ウインカーを点滅させてユーザーに知らせる（**アンサーバッ
ク機能**）。ユーザーが車両の近くにいても、20秒以上放置した場合、または
スマートカードキーのスイッチをOFFした場合には、メインスイッチの施
錠動作を行う。

ウインカーを点滅させてユーザーに施錠を
知らせるホンダFORZAのアンサーバッ
ク機能。シートロックの解除もリモコン操
作で行えるため、荷物の出し入れのたびに
キーを差し込む必要がありません。

リモコンのワンプッシュでロック解除が行え
るシート下に、大容量60リットル大型メイ
ントランクを設置するヤマハ・グランドマ
ジェスティ400。アタッシュケースも収納
できるサイズなので、XLサイズのフルフェ
イスヘルメットをふたつ収納しても、まだ余
裕があります。

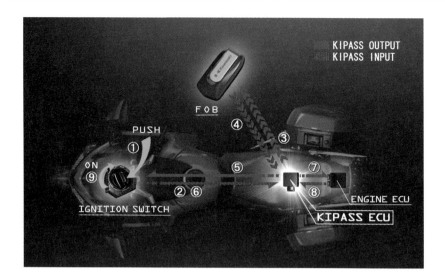

KIPASS

　電子認証システム「**KIPASS**」（カワサキ・インテリジェント・プロキシミティ・アクティベーション・スタート・システム）は、メインスイッチのリモート操作を可能とするマスターキーシステムです。キーを抜き差しすることなく始動可能な電気式キー認証システムを採用。キーを持って車両に近づくだけで、メインスイッチやステアリングロックの操作がおこなえます。

■ イモビライザー

　オリジナルキーに埋め込まれた電子チップが持つ固有の ID コードと、車両側の ID コードを電子的に照合し、一致しなければエンジンを始動させることができない盗難抑止装置が「**イモビライザー**」（Immobilizer）です。合カギなどでドアを開けても、ID コードが一致しない限りエンジンを始動させることができません。

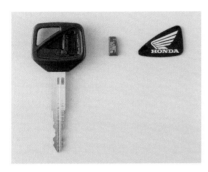

電子チップが埋め込まれたオリジナルキー以外ではエンジンが始動できない、電子制御のイモビライザー。写真はホンダの「H・I・S・S」（Honda Ignition Security System）。

後部座席の下に専用の U 字ロックが収納できるスペースを確保するモデルもあります。

キーに内蔵の IC チップによって電子照合を行うスズキの「S.A.I.S」は、キーシリンダー破壊等による不正操作時にエンジン始動を不能とし、盗難を抑止します。さらにマグネット式シャッターを備え、盗難抑止効果を高めています。

9

車体／サスペンション

9-7 安全装備

「二輪の場合は事故を起こさないことが大事で、衝突時の乗員保護を求めるのは無理だ」そんな声も聞こえるなか、ホンダではそのような意見に甘んじていてはいけないという思いから、1989年にライダー保護研究のプロジェクトがスタート。1990年に二輪車用エアバッグの研究に着手し、2006年に販売を開始しました。また、無限電光ではエアバッグを搭載したウエアを発売。海外からも注目されています。

ホンダ二輪車用エアバッグシステム

　ホンダではバイク用エアバッグの研究に1990年から着手し、2005年に量産二輪車用エアバッグを技術発表。2006年に世界初の二輪車用エアバッグを搭載したゴールドウイング〈エアバッグ〉(北米向け)を発売しました。

　バイクでの死傷事故は正面からの衝突によりライダーが前へ投げ出され、相手のクルマや路面等とぶつかって大きな傷害を負うケースが多いという事故データの分析から、「投げ出される勢いを抑える」ことを役割としています。

二輪車専用ダミーを用いた実車衝突テストで衝突実験を繰り返すとともに、衝突を再現するコンピューターシミュレーションにより、さまざまな衝突状態を解析。より安定してライダーを受け止められるV字形状の大型エアバッグを開発し、ゴールドウイング〈エアバッグ〉への搭載に至っています。

着るエアバッグ

　ライダー自身の身体に装着する二輪車用エアバッグシステムを早くから研究・開発してきた無限電光は、世界に先駆け「Hit Air」というエアバック付きウエアを製品化しています。ライダーがバイクから投げ出された際、ポケットに収まる小型ガスボンベに入れられている CO_2 がエアバッグを瞬時に膨らまし、人体への衝撃を緩和します。作動後には一時的に頭部の動きを抑制し、主たる保護目的である頸椎はもちろんのこと、頭部が過度に動くことによる脊椎への圧迫を抑制。それと同時に、ヘルメットの縁による鎖骨へのダメージも軽減することが可能となりました。

ライダーと車体にある一定の間隔があき、乗り手と車体を繋いだハーネスが引き抜けると、システム内に装着したガスがエアバッグ内に充填されるという構造。

9

車体／サスペンション

独立式エアバッグ

　ロードレース世界最高峰 MotoGP では、2018 年よりレーシングスーツにエアバッグシステムの装着を義務付けました。しかしテレビでレース観戦していて、転倒したライダーのエアバッグが作動しているシーンに気づくことはありません。というのも、二輪レース用の最新システムはレーシングスーツの中で開き、四輪車用ほど大きく膨らむことがないからです。

　テレビ画面を注視していても、ほとんど気付かないレベルの膨らみであり、さらに開いたエアバッグはすぐに元に戻り、身体の動きを妨げません。

　アルパインスターズは 2009 年から独自開発した TECH-AIR（テックエア）システムを MotoGP に実戦投入し、現在ではレース用、一般公道用、それぞれを製品化しています。テックエアは車体との接続を不要としたワイヤレス完全独立式エアバッグシステムで、ライダーとマシンをコードなどで連結しないだけではなく、車体側にもジャケットと通信する装置を一切必要とせず、ジャケット内にセットしたエアバッグ・コントロール・ユニット（ACU）だけで作動させることを可能としました。

▼TECH-AIR 5

ACU のセンサーは 1000 分の 2 秒毎に情報を更新し、転倒を検知したら 1000 分の 45 という人間の瞬きより速いスピードでエアバッグを完全膨張させることができます。290km/h 以上の速度で転倒しても、ライダーが路面に落ちる寸前にエアバッグを開いて衝撃に備えることができます。

車体とエアバッグをコードで繋ぐ必要がないテックエア。制御不能なクラッシュを瞬時に検出し、ライダーが対象物と衝突する前にエアバッグを開きライダーを守ります。サーキット用、一般公道向け、それぞれ製品化されています。

▼TECH-AIR RACE

システムの作動状況は LED インジケーターで確認。すでに実戦で稼働していることが示すとおり、誤作動をしないことがこのシステムの信頼度を高めており、転倒前のバランスを崩したときなど、ライダーがマシンを立て直そうとしているような状態では決して ACU は作動せず、完全にコントロールを失って転倒するときにのみ瞬時にエアバッグへガスが充填され開くというところまで完成度を高めています。

1977年 ハーレーダビッドソン FXS ローライダー

　ハーレーダビッドソンのフルラインナップを見渡せば、すぐ目に止まるであろうクールなネーミング「ローライダー」。ハーレー乗りじゃなくても、一度は聞いたことがあるモデル名ではなかろうか。そして、そのロー＆ロングのスタイリングは誰もがイメージするカスタムハーレーそのものだと言えよう。

　そんなローライダーが属しているのが「ダイナ・ファミリー」。ルーツを辿れば、大排気量エンジン搭載の「FL」と、軽快な走りが特徴のスポーツスター「XL」をプラスして新たな流れを生み出すべく発表されたモデル 1971 年の「FX スーパーグライド」まで遡る。FL ＋ XL ＝ FX というわけである。

　FX シリーズの名を一躍有名にしたのが 1977 年に登場した「FXS ローライダー」。フロントフォークが引き延ばされ、シート高は 685.5mm にまでダウン。2in1 マフラーを装備し、そのロー＆ロングのスタイルは世界中で称賛された。

第10章

制動装置と車輪

オートバイの運動エネルギーを摩擦によって熱エネルギーに変換し、車輪の動きを止めるのがブレーキです。四輪自動車のハイブリッドカーなどでは減速時にモーターで発電させるというシステム（回生ブレーキ）も採用されていますが、オートバイの市販モデルにはそのようなシステムはまだ登場していません。ABSの普及率は年々高まり、前後連動ブレーキと併用されることが多くなっています。

10-1 ディスクブレーキ

オートバイの制動装置（ブレーキ）は「ディスクブレーキ」あるいは「ドラムブレーキ」が使われていますが、現在主流になっているのはディスクブレーキです。回転するディスクローターに摩擦パッドを押し当てて回転を止めます。ブレーキキャリパーは「片押し式」と「対向式」の2種類です。

■ ディスクブレーキのしくみ

ホイールに平行してディスク（円盤）を中央に配置し、これを左右から「**ブレーキパッド**」と呼ばれる摩擦パッドで圧着するよう挟み込み、車輪の回転を減速・停止させるのが「**ディスクブレーキ**」です。

ブレーキレバーを握る、あるいはブレーキペダルを踏むことで「**マスターシリンダー**」（ブレーキフルードのタンク）内のピストンがフルードを加圧し、その圧力を受けた「キャリパーピストン」がパッドを押し、ディスクを挟み込みます。

キャリパーピストンは「**ブレーキキャリパー**」内に収まり、油圧を受けてブレーキディスク（ローター）を両側からパッドで挟み込みますが、その方法は「片押し式」と「対向式」の2種類です。片押し式は片側にだけピストンを備え、片方だけのパッドを押し込みディスクを2枚のパッドで両側から挟み込みます。一方、対向式はローターを挟む両方のパッドをそれぞれのピストンが押し込む仕組みです。

キャリパーに収められるピストンの数は、片押し式の1ピストンから対向式の8ピストンまでさまざまで、4つのピストンで2枚のパッドを抑えたり、6つのピストンで6枚のパッドを抑えるという具合に、あらゆるタイプが使われています。

ピストンを増やすことのメリットは、個々のピストン径を小さくすることで、ディスクのより外側を挟むことができるからです。円盤の回転を抑えるとき、内側を挟んで抑えるよりも外側を挟んだ方が、より小さな力で済みます。

　また、片側に2個以上のピストンを備えるキャリパーでは、ピストンを同径に揃えるのではなく異径にする場合もあります。これは回転方向の後ろ側の方がパッドの消耗が増えることを防ぐためで、異径ピストンを用いる場合は後方のピストンが小径になります。

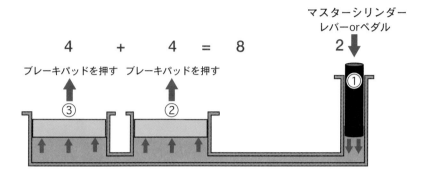

ディスクブレーキの原理

　「閉じこめられた液体や気体の一部に圧力を加えると、その圧力の増加分は同じ強さで流体のすべての方向に伝わる」これは中学生のときに学校で教わる「パスカルの原理」ですが、油圧式ディスクブレーキにはこの原理が活用されています。

　例えば、押す側（マスターシリンダー側）のピストン①の面積が2で、押される側（キャリパー）のピストンの総面積が8なら、4倍の力が得られることになります。

　つまり、ブレーキレバーあるいはブレーキペダルによる小さな入力であってもキャリパーピストンには大きな力がかかり、ブレーキパッドを力強くディスクに圧着させることができるというわけです。

オートバイに採用されるディスクブレーキは、初期にはケーブルによる機械式でしたが、現在は油圧式が主流です。

10

制動装置と車輪

片押し式

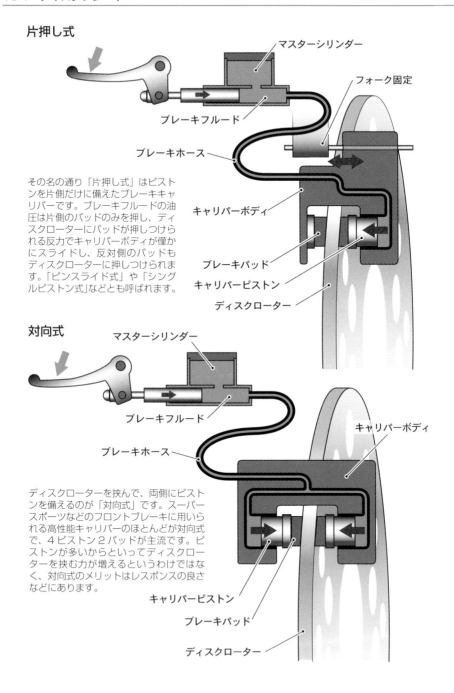

マスターシリンダー

フォーク固定

ブレーキフルード

ブレーキホース

キャリパーボディ

ブレーキパッド

キャリパーピストン

ディスクローター

その名の通り「片押し式」はピストンを片側だけに備えたブレーキキャリパーです。ブレーキフルードの油圧は片側のパッドのみを押し、ディスクローターにパッドが押しつけられる反力でキャリパーボディが僅かにスライドし、反対側のパッドもディスクローターに押しつけられます。「ピンスライド式」や「シングルピストン式」などとも呼ばれます。

対向式

マスターシリンダー

ブレーキフルード

ブレーキホース

キャリパーボディ

ディスクローターを挟んで、両側にピストンを備えるのが「対向式」です。スーパースポーツなどのフロントブレーキに用いられる高性能キャリパーのほとんどが対向式で、4ピストン2パッドが主流です。ピストンが多いからといってディスクローターを挟む力が増えるというわけではなく、対向式のメリットはレスポンスの良さなどにあります。

キャリパーピストン

ブレーキパッド

ディスクローター

■ピストンの数とディスクパッドの数■

片押し式1ピストン

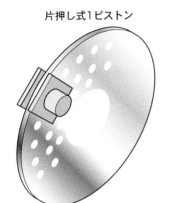

片押し式2ピストン

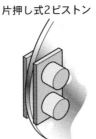

対向式2ピストン

対向式4ピストン/2パッド

対向式6ピストン/2パッド

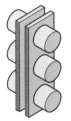

対向式6ピストン/6パッド

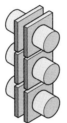

対向式4ピストン/4パッド

10

制動装置と車輪

■ピストンの有効径■

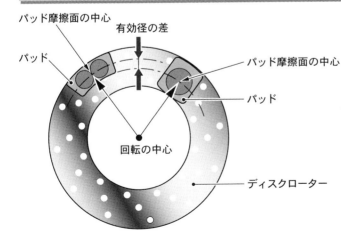

パッド摩擦面の中心

有効径の差

パッド

パッド摩擦面の中心

パッド

回転の中心

ディスクローター

ピストンの数を増やす利点は、ピストンを小径化することでブレーキパッドがディスクローターに当たる面（パッド摩擦面の中心）をより外側にできることです。ディスクローターの回転を止める力は、テコの原理で回転の中心からより遠いところを押さえた方が大きくなります。

10-2 ドラム式ブレーキ

車輪の中央で回転する円筒（Drum）に、内側から摩擦材を押しつけることで回転を止めるのが「ドラム式ブレーキ」です。円筒はホイールハブと一体になっており、これを「ブレーキドラム」といい、摩擦材を「ブレーキシュー」あるいは「ブレーキライニング」と呼びます。

■ ドラム式ブレーキの構造

半円状のブレーキシューが2つ、背中合わせにブレーキドラム内に置かれ、それぞれ片方の下端はアンカーピンで留められています。ブレーキシューの反対側の端はカムにそれぞれ当たっていて、ワイヤーやロッドによりカムが回転すると、2つのブレーキシューがアンカーピンを支点に押し広げられます。

両側に開いた2つのブレーキシューがドラムに押しつけられ、摩擦によって制動力を生み出しますが、ドラムとともに回転しようとする進行方向側のシューを「**リーディングシュー**」、反対側を「**トレーリングシュー**」といいます。

リーディングシューはドラムとともに回ろうとしますが、アンカーピンで留められているため回転できず、さらに強くドラムに密着しようとする力が働きます。

そして、トレーリングシューには、ドラムから離れようとする力がかかりますが、カムがシューを突っ張っているので摩擦力が下がることなく、全体として大きな制動力を生み出します。

しかし、密閉されたドラム内で摩擦によって生じる熱により、摩擦力が低下するフェード現象が起きやすいのが「**ドラム式ブレーキ**」です。さらに、ドラムの中に水が入ったときに乾燥しづらいなどの弱点もあります。

その一方、ディスクブレーキは、ディスクローターを剥き出しにしているので放熱性が良く、濡れた場合も遠心力によって水をすぐに飛ばしてしまうことができます。コントロール性が良いことなども含め、ディスクブレーキがほとんどのオートバイに使われていますが、コストを考えればドラムブレーキに軍配が上がります。

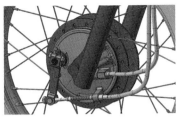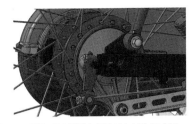

オーソドックスなドラム式ブレーキは、現行のスポーツモデルでは採用されることが少なくなっていますが、ホンダ SUPER CUB などでは前後ともドラムブレーキが使われています。また、フロントはディスクブレーキ、リアのみドラムブレーキというモデルも珍しくありません。

■リーディング・トレーディング式■

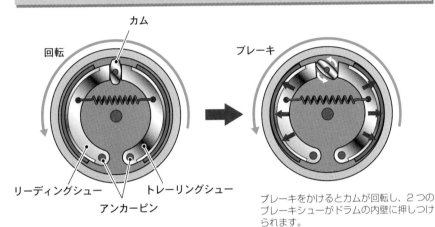

ブレーキをかけるとカムが回転し、2つの
ブレーキシューがドラムの内壁に押しつけ
られます。

■ツーリーディング式（ツインカム式）■

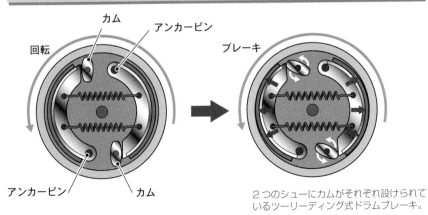

2つのシューにカムがそれぞれ設けられて
いるツーリーディング式ドラムブレーキ。

10

制動装置と車輪

制動力はもちろん操作性を向上するために、ディスクブレーキシステムを構成するパーツたちはさまざまな進化を遂げてきました。最新のスーパースポーツモデルでは、ラジアルマウントキャリパー＋ラジアルポンプの組み合わせが主流です。各部の役割を見てみましょう。

シングルディスクとダブルディスク

ブレーキディスクを 1 枚だけ備えるものを「**シングルディスク**」といい、左右に合計 2 枚配置したものを「**ダブルディスク**」といいます。当然軽さはシングル、制動力はダブルディスクに軍配が上がります。

シングルディスク
ホイールの片側にのみディスクローターを備え、ダブルディスクに比べ軽量であることとコストがかからないことがメリットです。

ダブルディスク
ホイールの両側にディスクローターを備え、制動力を強化したのがダブルディスクブレーキです。ABS を搭載するタイプもあります。

■ フローティングローター

　ホイールのハブに固定される「**インナーローター**」と、ブレーキパッドに挟まれ制動力を生み出す「**アウターローター**」といった具合に、ディスクローターを2分割構造にしたのが「**フローティングローター**」です。インナーローターとアウターローターはフローティングピンによって固定されていますが、熱による膨張に備えて前後左右に少しだけ動けるようになっています。

　ブレーキパッドとローターにズレが生じにくいので安定した制動力が得られるのが特徴です。また、インナーローターをアルミなどの軽い素材にできるので、バネ下重量の軽減にも貢献します。

アウターローター
（ウェーブディスクタイプ）

ブレーキキャリパー

インナーローター

フローティングピン

ウェーブディスク／ペタルディスク

登場した頃のディスクローターはただの円盤でしたが、放熱性が上げられることや軽量化が図れること、そしてパッド面のクリーニング効果が得られることなどからディスクローターに穴が開けられるのが一般的となりました。最近では、外周を波状にした「**ウェーブディスク**」が登場。同径のディスクと比較して軽量で、波状のエッジはパッドの汚れや雨などで付着した水を掻き出す効果があります。

花びら形状に見えることから「**ペタルディスク**」とも呼ばれています。

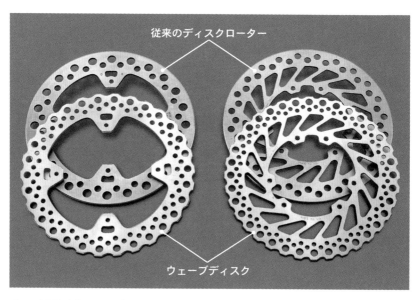

ディスク面に穴を開けたり外周を波状にするのは、軽量化やパッドのクリーニング効果向上に加え、外気に触れる部分を増やすことで放熱性を向上させています。

ブレーキパッド

ブレーキは「摩擦」を利用して速度エネルギーを熱エネルギーに置き換えることで減速を行っています。この「摩擦」を発生させる部分が「**ブレーキパッド**」と呼ばれる部分で、ディスクローターを両側から挟み込みます。

制動時には、ローターに焼きつくことなく少しずつ摩耗することで制動力を発揮。つまり使えば使うほど摩耗する消耗品です。

ブレーキパッドは、ベースプレートに摩擦材（パッド）が貼り付けられた単純な構造。パッドの素材は、金属粉や繊維材を結合材で固めた「**セミメタルパッド**」が主流でしたが、最近では結合材を使わず高温高圧で焼結させた「**シンタードパッド**」と呼ばれるメタルパッドが高性能ブレーキユニットに使われています。耐熱温度が高く、耐摩耗性、コントロール性などに優れますが、鋳鉄製のディスクローターには使用できず、ステンレス製ローターとの組み合わせに限られます。

0.7μという強力な制動力とコントロール性を合わせ持つデイトナの「ゴールデンパッド」は、シンタードメタル系のパッド。なお、表面（ローターに当たる面）に溝が掘られているのは、鳴き対策や熱によるバックプレートの反りを防止するためのもので、制動力には関係ありません。

■ ワンピースキャリパー

シリンダーが片方にしかない片押し式の場合、キャリパーボディは一体鋳造で生産されるのが一般的ですが、対向式では2分割構造（2ピースキャリパー）で生産されるのがほとんどです。しかし分割式のキャリパーボディは、ピストンがディスクローターを挟み込む際、ボディを開こうとする力が働きます。これを1ピース構造にすることで剛性が上がり、制動力や操作性が向上。「**モノブロックキャリパー**」とも呼ばれます。

２ピースキャリパー　　　　　**ワンピースキャリパー**

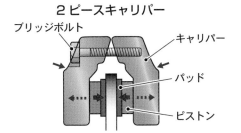
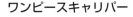
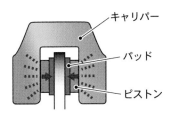

ブリッジボルト　　キャリパー　　　　　　キャリパー

パッド　　　　　　　　　パッド

ピストン　　　　　　　　ピストン

ラジアルマウントキャリパー

　ブレーキキャリパーはフロントフォークに取り付けられていますが、その装着方法に「**ラジアルマウントキャリパー**」があります。従来のキャリパーはアクスルシャフトと平行するようアクスル方向にボルト留めされますが、ラジアルマウントキャリパーはホイールに対して放射状（ラジアル）に取り付けられます。

　アクスル方向にキャリパーをマウントする従来の方法では、ハードなブレーキング時に高速回転するディスクローターにキャリパーが引きずられ、ねじれやズレが生じることがありますが、ラジアルにキャリパーをマウントすることでこれを防ぎ、ブレーキキャリパーおよびフロントフォーク取り付け部の剛性が大幅に向上します。

従来のキャリパー

従来のキャリパーは、アクスルシャフトに平行するよう横方向に取り付けられますが、ラジアルマウントキャリパーは縦方向に装着されています。

ラジアルマウント

スズキ GSX-R1000 は、2003 モデルでラジアルマウントキャリパーを市販量産車世界初採用。レバーフィーリングに優れ、剛性アップと軽量化を実現。現在では各メーカーのスーパースポーツモデルに採用されています。

■ ラジアルポンプ ブレーキマスターシリンダー

　従来のマスターシリンダーは「**スラストポンプ**」といい、ハンドルに沿った横方向にピストンをスライドさせていましたが、「**ラジアルポンプ**」ではハンドルに対して垂直（縦方向）にピストンを押します。レバーを握る方向とピストンが動く方向を同じにし、フリクション（作動抵抗）を減少。ピストンの移動量が少なくても大量のフルードが圧送でき、シリンダー径も大きくしやすい。ダイレクトなタッチ感が得られるなどコントロール性を上げました。なお、ホンダではこれを「**バーチカルピストンマスターシリンダー**」と呼んでいます。

スラストポンプ　　　　　　　ラジアルポンプ

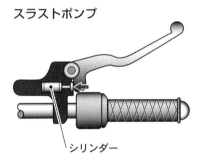

シリンダー　　　　　　　　　シリンダー

■ ブレーキフルード

　ブレーキフルードの性能を表す規格が「**DOT**」であり、メーカーで指定されたものを使用する必要があります。ドライ沸点とは製造された直後の水分がまったく含まれていないときの状態での沸点。ウエット沸点は、水分を3%吸収した状態を想定した沸点を表します。

規格	ドライ沸点	ウエット沸点
DOT3	205℃以上	140℃以上
DOT4	230℃以上	155℃以上
DOT5	260℃以上	180℃以上

10-4 進化するブレーキシステム

乗り手の操作によってバランスを保たなければならない二輪車は、前・後輪のブレーキを別々に操作することが要求されます。そんな難易度の高いブレーキ操作を簡略化し、安全性を高めようと近年ではABS（アンチロック・ブレーキシステム）を導入するモデルが増えています。

ABS（Anti-Lock Brake System）

急制動時や滑りやすい路面などでブレーキをかけ過ぎると、車輪がロックし車体のコントロールを失ったり、転倒してしまう場合があります。この車輪ロックを回避するのが「**ABS**」（Anti-Lock Brake System）です。前後ホイールに設置されたセンサーからホイールロックを感知し、ブレーキ液圧を自動的に減圧・保持・加圧してロックを抑制します。

BMWでは1988年のK100にABSを市販車初搭載。以来、進化と熟成を重ね、前・後輪連動ブレーキと組み合わせた「**インテグラルABS**」へと進化。リアの駆動輪が空転するのを抑制する「**オートマチック・スタビリティ・コントロール**」（ASC）も追加され、ブレーキだけに作用する単独作動型からネットワークされた統合型システムへと発展しています。

前・後輪連動ブレーキシステム

スクーターを除く二輪車では、右手のハンドレバーで前輪ブレーキを操作し、フットペダルで後輪ブレーキを操作するのが一般的です。

通常、フロントには制動力の高いダブルディスクや高性能キャリパーが与えられ、リアにはコントロール性を重視したシングルブレーキといった具合に前後のブレーキ特性は異なっており、ライダーはレバーとペダルで路面状況や走り方に合わせて入力配分し、コントロールしなければなりません。

減速度の増加に伴って前輪と後輪の分布荷重は変化しますが、理想的制動力配分に近づけるようレバーとペダルの操作をより簡便にすることを目的としたものが「**前・後輪連動ブレーキシステム**」（Dual Combined Brake System）です。

■インテグラル ABS ■

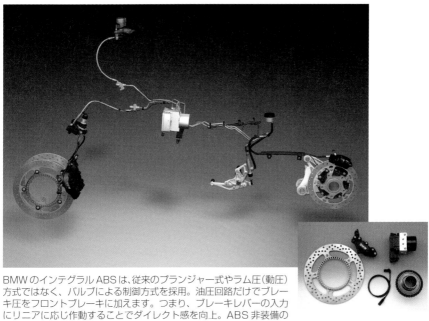

BMW のインテグラル ABS は、従来のプランジャー式やラム圧（動圧）方式ではなく、バルブによる制御方式を採用。油圧回路だけでブレーキ圧をフロントブレーキに加えます。つまり、ブレーキレバーの入力にリニアに応じ作動することでダイレクト感を向上。ABS 非装備のオートバイから乗り換えた場合でも、ライダーがブレーキ操作の変化に戸惑うことがありません。

10

制動装置と車輪

■前・後連動ブレーキシステム■

フォルツァ Z ブレーキシステム概念図

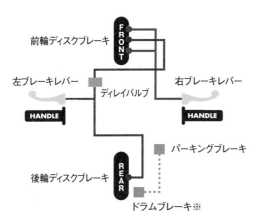

右ブレーキレバー操作では、前輪のトリプルピストンキャリパーの両端のみが作動。左ブレーキレバー操作では、前輪のトリプルピストンキャリパーの中央と後輪ブレーキが連動して作動します。
※ドラムブレーキは専用のワイヤーにより作動します。

電子制御式コンバインド ABS

ホンダCBR1000RR ／ 600RR が 2008 年に世界初採用した「**電子制御式コンバインド ABS**」は、ブレーキの入力状態を ECU が検知・演算し、前輪側と後輪側に配置されたパワーユニット内のモーターを作動。前後キャリパーにそれぞれ独立したブレーキ液圧を発生させることで、さまざまなシチュエーションに最適な制動力を与えます。

そして、ハンドレバーとフットペダルを操作した液圧を信号に変換し、ワイヤ（電線）を通じてパワーユニットで液圧を発生させブレーキをかける「**ブレーキ・バイ・ワイヤ**」方式を採用。従来の機械制御式コンバインドブレーキシステムと比較して、よりスムーズな液圧制御が可能となり、ブレーキング時における車体のピッチング発生を効果的に抑えることができ、ABS 作動時に発生する振動も少なくなっています。

また機械制御式では、レバー解放時に後輪制動力が増加することで、後輪のホッピングやリリースの遅れが発生する場合がありましたが、電子制御式ではハンドレバーの入力側／解放側で制動力の配分特性を可変し、解消しています。

従来の**機械制御式コンバインドブレーキシステム**は、ブレーキに近い位置に多くの部品を配置する必要があるうえ、スタンダードモデルに比較して足まわりの搭載部品が多く、サスペンションの可動部分の重量増加は避けられませんでした。

システム構成部品は可能な限り軽量化し、車体重心の周辺に配置。足まわりには軽量なセンサー類を加えるだけで、バネ下重量の増加も最低限に抑えており、ブレーキキャリパーもスタンダードと共用となっています。

■電子制御式コンバインド ABS システム図■

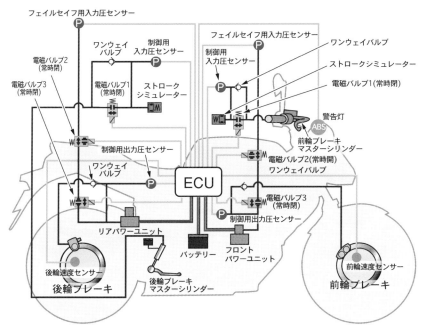

ブレーキ液圧は途中で電気信号に変換されますが、ストロークシミュレーターの採用により、従来と変わらぬレバー／ペダルフィーリングを実現しています。

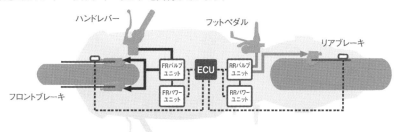

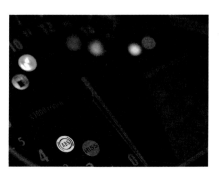

システムの異常が発生した場合などに点灯する ABS 警告灯を装備したホンダ CBR1000RR。

▓電子制御式コンバインド ABS システム配置図▓

▼ホンダ CBR1000RR

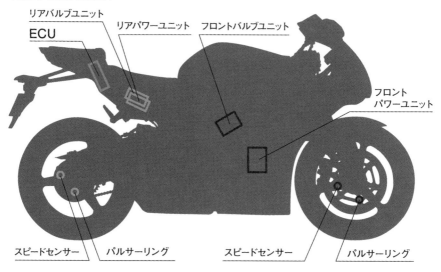

リアバルブユニット
ECU
リアパワーユニット
フロントバルブユニット
フロント
パワーユニット
スピードセンサー
パルサーリング
スピードセンサー
パルサーリング

▼ホンダ CBR600RR

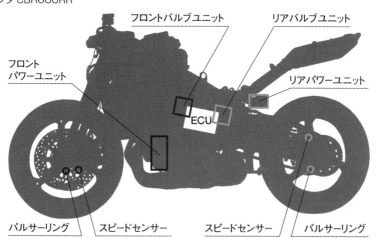

フロントバルブユニット
リアバルブユニット
フロント
パワーユニット
リアパワーユニット
ECU
パルサーリング
スピードセンサー
スピードセンサー
パルサーリング

軽量でホイールベースが短いスーパースポーツモデルは、加減速時のピッチングモーメントが大きく、ABSの制御システムは見送られてきましたが、ホンダでは CBR1000RR/600RR の両モデルに導入。10kgの重量増がありますが、構成部品を可能な限り車体中央付近に配置することで対策しました。

K-ACT ABS

　カワサキ 1400GTR に搭載される「**カワサキ・アドバンスド・コアクティ ブブレーキング・テクノロジー・ABS**」は、従来の ABS 機能に加え、ブレー キへの入力を感知し、前後ブレーキに理想的な制動力配分を行うシステムで す。前後ブレーキの連動率を「ハイコンバインモード」と「スタンダードモー ド」の 2 種類から乗り手が選び、渋滞時や U ターン時は自動的に連動機能 がオフになるなど、日常での使い勝手も考慮されています。

先進的な K-ACT ABS に加え、フロントブレー キにはラジアルマウントキャリパーを搭載し、強 力で安定感のあるブレーキング性能を実現するカ ワサキ 1400GTR。

ますます進化するブレーキシステム

　20 ～ 30 年前までは制動力をどのようにして向上させるかという時代で したが、進化と熟成を重ねて現代のディスクブレーキでは車輪を止める制動 力は十分に備わりました。しかし、ブレーキの性能が上がっても二輪車であ るオートバイの場合は、ライダーの操作テクニックに頼る部分が大きく、コ ントロールに失敗すればバランスを崩したり転倒する恐れがあります。そこ で各メーカーでは ABS や前後連動ブレーキシステムを導入。どんな技量の ライダーでも十分な制動力を発揮する、よりコントロールしやすく安全性の 高いブレーキシステムを開発し、日々進歩しながら発展を続けています。

進化するスズキの ABS

　ABS は、前・後輪に取り付けられた「**ホイールスピードセンサー**」により各車輪速度を検知し、ブレーキの効きを自動的にコントロールして車輪のロックを防ぐ機構です。車体速度に対して車輪速度が落ちた状態を検知すると、ABS ユニットでブレーキ圧の保持と減圧を自動的に繰り返し車輪のロックを回避し、車輪速度が車体速度に近づくと徐々にブレーキ圧の増圧を行ないます。これを繰り返し制御することにより、車輪をロックさせず効率良く減速することを可能にしました。

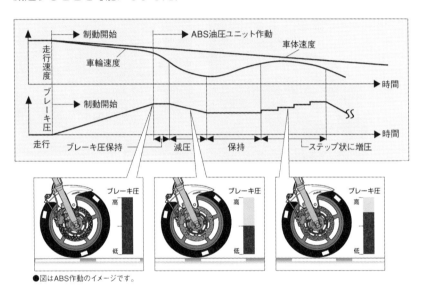

●図はABS作動のイメージです。

スズキ・グラディウス 400 ABS。スズキでは 1996 年の GSF1200S ABS より ABS を搭載。当初、油圧制御ユニット＋コントロールユニット（8bit）で約 4kg あったが、現行の ABS ユニット（16bit）では一体式になって約 1.5kg。ホイールスピードセンサーもパッシブタイプからアクティブタイプへ進化し、安定した車輪速度の検出を実現しています。

■ スズキの ABS ■

ABSのシステムイメージ図

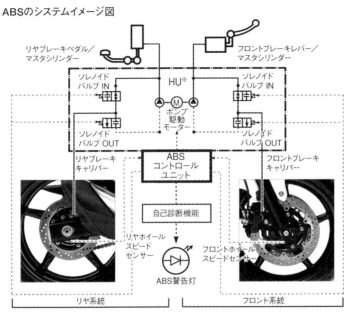

リヤブレーキペダル／
マスタシリンダー

フロントブレーキレバー／
マスタシリンダー

ソレノイド
バルブ IN

HU※

ソレノイド
バルブ IN

ポンプ
駆動
モーター

ソレノイド
バルブ OUT

ソレノイド
バルブ OUT

リヤブレーキ
キャリパー

ABS
コントロール
ユニット

フロントブレーキ
キャリパー

自己診断機能

リヤホイール
スピード
センサー

フロントホイール
スピードセンサー

ABS警告灯

リヤ系統

フロント系統

※HU：ハイドロユニット

ABS ユニットは前後輪別系統で制御を行います。ABS コントロールユニットは、ホイールスピードセンサーからの信号を演算し、ポンプ駆動モーターとソレノイドバルブ（IN 側、OUT 側）の作動をコントロールすることでブレーキ圧力を調整します。

スズキ・グラディウス 400 ABS の ABS ユニットは「ECU」と「HU」（ハイドロユニット）が一体化されています。16bit マイコンの ECU は、1 秒間に約 100 回車輪速度を演算し、数百にもおよぶパラメーターの制御を行なうことが可能です。専用のコントロールロジックにより、高い制動性能と車体安定性を確保しました。車輪速度を検知するホイールスピードセンサーには、アクティブセンサーを採用し、低速から高速にいたるまで安定した車輪速度の計測を行ないます。

10

制動装置と車輪

急制動時の後輪浮き上がり（リアリフト）を抑制する制御

　2017年に登場したCBR1000RRのABSは、急減速時の**後輪浮き上が
り（リアリフト）**を効果的に抑えることを可能としています。ブレーキング
時に発生する「**IMU**（Inertial Measurement Unit）」からの加速度信号を、
ABSモジュレーター内の「**ECU**」が演算することで車体挙動を検知し、ブレー
キ圧を緻密に制御。これにより高い制動力を発揮しながらリアリフトを抑え、
ハードなブレーキングでの安心感を向上させました。

▼CBR1000RR ABSイメージ図

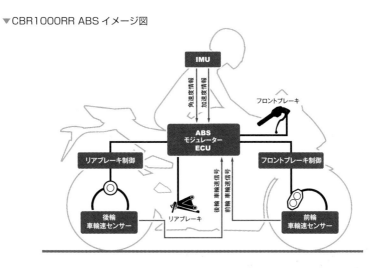

▼リアリフト抑制制御イメージ図

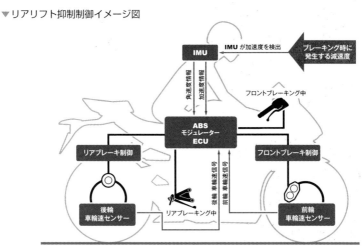

車体バンク角に応じたブレーキ圧制御

　「IMU」の情報から ABS モジュレーター内の ECU が算出した車体バンク角と、前後車輪速センサーからの車体減速度と前後輪スリップ率から、コーナリング中にブレーキをかけた時の**車体バンク角**に応じ、制動力を ABS がコントロールします。これにより、コーナリング中の思いがけない状況でのブレーキ操作による車体挙動を抑制し、自然な減速フィーリングを実現することで安心感を向上させました。

▼車体バンク時のブレーキ制御イメージ図

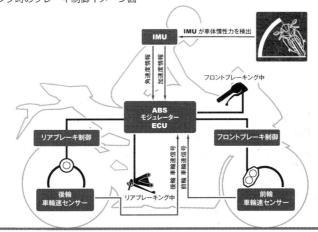

▼モーターサイクル用スタビリティコントロール

バイクが上下前後左右に対し、どう動いているかを把握する慣性計測装置「IMU」を搭載することで、コーナリング中のバンク角に応じて ABS やトラクションコントロール、ウイリー角度をコントロール。BOSCH（ボッシュ）では車輪速センサーや油圧制御ユニット、ECU（エンジンコントロールユニット）をひとつのシステムとして進化させ、「モーターサイクル用スタビリティコントロール」（MSC）と名付けています。

10

制動装置と車輪

ヒルスタートアシスト / ビークルホールドアシスト

　一般のモーターサイクルでは、坂道発進時にブレーキレバー / ペダルを離す、スロットルを開ける、クラッチを繋ぐという操作を勾配に応じて同時に行う必要があります。このとき、過度な緊張や負担を軽減するために開発されたのが「**ヒルスタートアシスト**」「**ビークルホールドアシスト**」です。

　坂道で停車した後に、さらにブレーキレバーを素早く握り込むと ABS モジュレーターがリアブレーキキャリパーに液圧を発生させます。その後、坂道発進の際にブレーキレバーをリリースしても、その液圧により制動力を一時的（数秒間）に保持するため、スロットルとクラッチレバー操作だけで坂道発進を可能としました。ヒルスタートアシスト作業中はメーター内のインジケーターが点灯するなどし、ライダーに知らせます。

▼ビークルホールドアシスト作動イメージ図

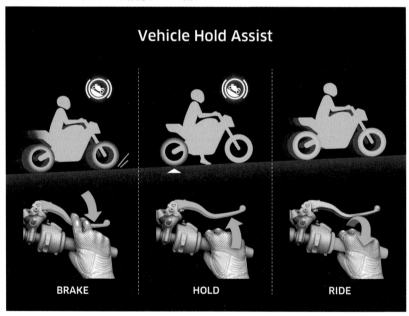

エマージェンシーストップシグナル

　四輪車にも導入される「エマージェンシーストップシグナル」（ESS）は、オートバイにも有効です。自車が急ブレーキをかけたことをハザードランプが自動的に高速点滅して後続車に知らせ、追突される可能性を低減するシステム。60km/h 以上で走行しているときに急ブレーキをかける（減速度が 6m/s^2 を回るか ABS が作動した場合）と作動します。

　発光体は LED のみならず電球にも対応。上級モデルから原付スクーターまで幅広く装備することができます。

▼エマージェンシーストップシグナル作動イメージ図

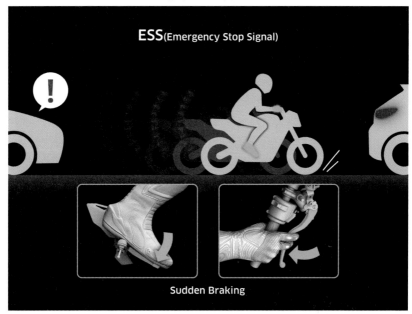

ハザードランプを高速点滅することで急ブレーキをいち早く後続車に伝えるエマージェンシーストップシグナル。安全性を向上することから、採用車が増えつつあります。

10-5 | ホイール

オートバイに使われるホイールは、オーソドックスな「スポークホイール」とロードモデルに使われる「キャストホイール」があります。バネ下重量に大きな影響を及ぼすパーツだけに、強度を保ちつつ軽量化することで運動性能が上がります。

スポークホイール

　車輪の「**センターハブ**」と「**リム**」を金属製のスポークでつなぎ合わせて組み立てるのが「**スポークホイール**」です。たわむことで路面からの衝撃を吸収する働きを持ち、軽量化と衝撃吸収力が求められるオフロードモデルでは、最新のモトクロッサーやトライアラーにも採用されています。また、前時代的な美しいルックスも魅力で、クラシックテイストを盛り込んだロードバイクにも欠かせない装備となっています。

　リムにスポークを取り付ける穴が開いているため、通常のスポークホイールは「**チューブタイヤ**」しか使用できませんが、スポークニップルをリムからハブに移すなどし、チューブレスタイヤを履ける気密構造にしている場合もあります。

▼スズキ RM-Z250

リムにあるニップルをハブ側に移すことでタイヤとリムを気密にし、スポークホイールでありながらチューブレスタイヤが履けるBMW R1200GS Adventure。

キャストホイール

　キャストホイールは「**チューブレスタイヤ**」を使うことができ、現代ではほとんどのロードバイクに採用されています。ハブ、スポーク、リムを一体鋳造で製造する場合のほか、組み立て構造にして衝撃吸収力を持たせるものもあります。

　強度アップやデザイン、軽量化を図ってさまざまな形状・パターンが用いられ、アルミ合金を鋳造成型したアルミキャスト製が主流です。レース用やリプレイスホイールでは、コスト高なマグネシウム鍛造やカーボンも使われています。

▼CB750FOUR-Ⅱ コムスターホイール（1977年）

スポークの増し締めといったメンテナンスが不要なうえに、チューブレスタイヤを履くことで釘など異物が刺さった際も急激な空気漏れを起こさないため安全性も向上。パンク修理も容易です。

10-6 タイヤ

オートバイが走るとき、唯一路面と接している重要なパートが「タイヤ」です。車体やライダーの重さを支えつつ路面からの衝撃を和らげ、駆動力や制動力を路面に伝えます。さらに車体を進みたい方向に導くなど数多くの役割を果たし、その性能の良し悪しで走行性能に大きな影響を及ぼします。

二輪車の旋回特性に適した専用設計のタイヤ

ハンドルを切ってコーナリングする四輪自動車と違い、二輪車では車体を傾けることによって旋回します。タイヤに求められる特性や形状も四輪車とは異なり、二輪車専用設計のタイヤがつくられています。

トレッド面は四輪車用のようなフラット形状ではなく、サイドに回り込むように弧を描きます。そして車体を傾ける角度「**キャンバーアングル**」が大きくなれば旋回力「**キャンバースラスト**」も増しますが、タイヤのショルダー部にかかる負担も大きなものになります。ショルダー部は二輪車用特有の高強度が必要です。

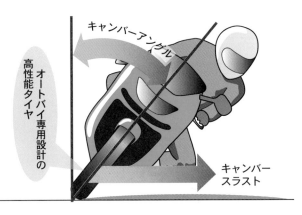

例えば、二輪車が左コーナーを曲がる際、ライダーは意識していなくても実際には曲がりたい方向とは逆（右）にいったんハンドルが微妙に切れ、それをキッカケにバイクが傾いていきます。ライダーが意識するのは左へバイクを倒し込んでいくことだけで、特殊なレーシングテクニックを除けばハンドル操作は無意識に行っていることがほとんどです。

■ タイヤの構造と各部の役割

　一見、ゴムのかたまりのように見えるタイヤですが、その内部には化学繊維などが使われており、日々めざましい進歩を果たしています。

　タイヤの骨格となる部分を「**カーカス**」といい、内部の空気圧を維持し、タイヤが受ける荷重や衝撃に耐えます。路面と接する部分を「**トレッド**」といい、タイヤの側面を「**サイドウォール**」と呼びます。トレッドは厚いゴムで内部のカーカスを保護し、トレッド面にはタイヤが滑らないようにさまざまな模様の溝が掘られています。サイドウォールは走行時に最もたわむ部分で、屈伸運動がスムーズに行えるよう設計されています。タイヤをホイールのリムと確実に固定する部分は「**ビード**」です。リムとの摩擦損傷を防ぐために、しっかりと補強する必要があります。

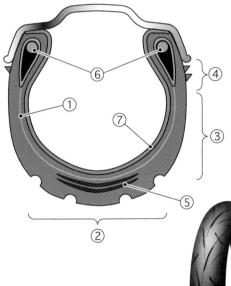
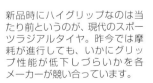

① カーカス
② トレッド
③ サイドウォール
④ ビード
⑤ ベルト
⑥ ビードワイヤー
⑦ インナーライナー

10
制動装置と車輪

新品時にハイグリップなのは当たり前というのが、現代のスポーツラジアルタイヤ。昨今では摩耗が進行しても、いかにグリップ性能が低下しづらいかを各メーカーが競い合っています。

FRONT　　　REAR

チューブタイヤとチューブレスタイヤ

　ホイールのリムにスポークを取り付けるための穴が開いている「**スポークホイール**」では、タイヤとリムだけでは気密性が保てないため、リムとタイヤの間にチューブを入れて空気圧を維持する「**チューブタイヤ**」が用いられます。

　そしてチューブを使わず、タイヤとリムの間に直接空気を入れ空気圧を保てるタイヤを「**チューブレスタイヤ**」といいます。タイヤに釘などの異物が刺さった場合、チューブタイヤはすぐに空気が抜けてしまいますが、チューブレスタイヤは急激に空気が抜けることが少なく、修理もチューブを取り出す手間がないので容易に行えるというメリットがあります。

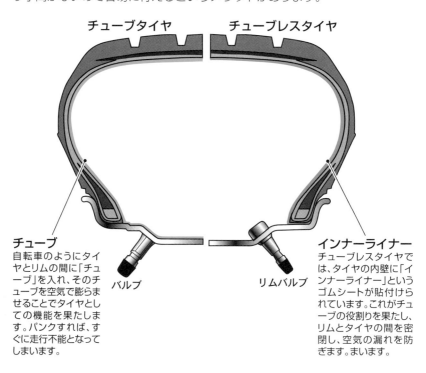

チューブタイヤ　　　　**チューブレスタイヤ**

チューブ
自転車のようにタイヤとリムの間に「チューブ」を入れ、そのチューブを空気で膨らませることでタイヤとしての機能を果たします。パンクすれば、すぐに走行不能となってしまいます。

バルブ　　　　**リムバルブ**

インナーライナー
チューブレスタイヤでは、タイヤの内壁に「インナーライナー」というゴムシートが貼付けられています。これがチューブの役割りを果たし、リムとタイヤの間を密閉し、空気の漏れを防ぎます。まいます。

バイアスタイヤとラジアルタイヤ

　化学繊維を使った「カーカス」がタイヤの骨格となりますが、そのカーカスの巻き方によって「**バイアスタイヤ**」と「**ラジアルタイヤ**」に分けることができます。

　バイアスタイヤは、カーカスを中心に対し 30 〜 40 度の角度（バイアス）で互い違いに巻き、その角度によってタイヤの剛性が決定づけられます。タイヤ全体で路面からの衝撃を吸収するため乗り心地が良く、クルーザーやスクーターなどに用いられています。

　ラジアルタイヤは放射線状（ラジアル）にカーカスを並べ、それをケブラーやスチールを素材にした高強度な「ベルト」で締め付けています。剛性はベルトで決めることができ、トレッドとサイドウォールをそれぞれ分けて設計・最適化することにより、バイアスタイヤよりも柔らかくグリップ力のあるゴム（コンパウンド）を採用できるなどのメリットがあります。

バイアスタイヤ

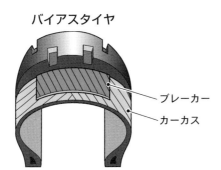

ブレーカー
カーカス

ラジアルタイヤ

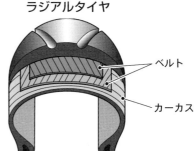

ベルト

カーカス

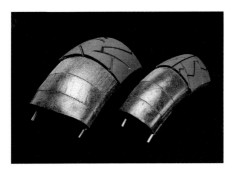

高強度なベルトを内部構造に持つラジアルタイヤ。高速耐久性に優れ、スポーツバイクに採用されています。

タイヤサイズ

　「190/50ZR17」という具合に、タイヤの情報を数値とアルファベットで表しているのがタイヤサイズです。「190」はタイヤの幅（mm）、「50」は**扁平率**（%）を示す数値で、「Z」は速度レンジ、「R」はラジアルタイヤ（バイアスは表記なし）、「17」はホイールサイズ（インチ）を意味します。

　「扁平率」とは、タイヤの幅に対する高さの比率です。扁平率＝タイヤの高さ／タイヤ幅× 100 ですので、タイヤ幅が 190mm、扁平率が 50%ならば、タイヤの高さ（ホイールから接地面までの距離）を 95mm と求めることができます。

　速度レンジは、タイヤが耐えられる速度域のことで、「P」「S」「H」「V」「W」「Z」の順でハイスピードにも耐えられる剛性を持つことを示します。

　また、バイアスタイヤではインチ表示も使われて「2.75-21 45L TT」とあれば、タイヤ幅 2.75 インチで、ホイールサイズは 21 インチ。「45」は「**ロードインデックス**」というタイヤメーカーが規定する最大荷重指数で、45 の場合は 165kg となります。そして最後の「TT」はチューブタイヤを意味し、チューブレスタイヤであれば「TL」と表記します。

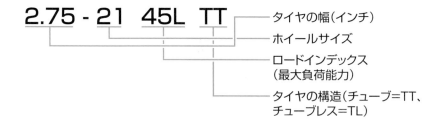

■最大荷重指数（ロードインデックス）■

荷重指数	荷重(kg)	荷重指数	荷重(kg)	荷重指数	荷重(kg)	荷重指数	荷重(kg)	荷重指数	荷重(kg)	荷重指数	荷重(kg)	荷重指数	荷重(kg)
		30	106	40	140	50	190	60	250	70	335		
21	82.5	31	109	41	145	51	195	61	257	71	345		
22	85	32	112	42	150	52	200	62	265	72	355		
23	87.5	33	115	43	155	53	206	63	272	73	365		
24	90	34	118	44	160	54	212	64	280	74	375		
25	92.5	35	121	45	165	55	218	65	290	75	387		
26	95	36	125	46	170	56	224	66	300	76	400		
27	97.5	37	128	47	175	57	230	67	307	77	412		
28	100	38	132	48	180	58	236	68	315	78	425		
29	103	39	136	49	185	59	243	69	325	79	437		

■速度表示■

U	H	V	Z	W	(W)
200 km/h	210 km/h	240 km/h	240 km/h超	270 km/h	270 km/h超

■ タイヤの製造時期

　タイヤの側面には製造された時期が必ず記載されています。「1210」とあれば、2010年の12週目に製造されたという意味。タイヤは消耗品で、たとえ溝が残っていたとしても年数が経てば日射や水分などでグリップ力が落ちるので交換が必要です。

空気圧の単位

　タイヤの空気圧を示すとき、日本でよく使われている単位は「kgf/cm²」ですが、アメリカやヨーロッパでは「PSI」「kPa」「bar」が用いられます。

　「PSI」は「ポンド・スクエア・インチ」と読み、1平方インチあたりに何ポンドの圧力がかかるかを表します。そして「kPa」は最近日本でもよく使われる「キロパスカル」で、「bar」はかつて天気予報で使われていた「ミリバール」あの「バール」です。それぞれを換算すると「1kgf/cm² = 14.2233PSI = 98.0665kPa = 0.9807bar」となります。※小数点以下5ケタ四捨五入

重要な空気圧の点検

　空気圧を適正に保つことにより、タイヤは本来持つ性能を発揮することができます。タイヤメーカーが推奨する空気圧を守って走行することにより、寿命も延ばすことができます。少なくとも2週間に一度、長距離運転の前には必ず点検しましょうと、タイヤメーカーは推奨します。

　点検は走行前のタイヤが冷えている状態、走行後は少なくとも2時間後、走り出した場合は低速で距離3km以内に、エアゲージにより計測。空気圧は機種や銘柄によって異なります。空気圧に過不足があると、偏摩耗などの損傷やパンクにつながる恐れがあります。

　空気より透過係数が小さく、空気圧が下がりにくいことから窒素ガスを充填するケースも増えています。温度による体積変化が少なく、水素と反応せず水も発生しないことから、ホイールやタイヤ内の金属ワイヤーを劣化させることも抑制できます。ただし、窒素ガスを入れた場合も定期的な空気圧の点検は欠かすことはできません。

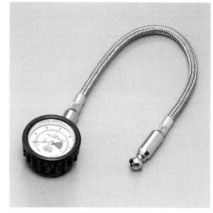

空気圧の管理は重要。精度の高いタイヤエアゲージを持っておきたい。

タイヤプレッシャーモニタリングシステム

　タイヤの空気圧は乗り心地やタイヤの性能を発揮するのに重要なポイントで、高すぎても低すぎてもいけません。空気圧不足は発熱による損傷や偏減り、空気圧過多はセンター摩耗やグリップ力低下、キズを受けやすくなるなど不具合の原因になります。空気圧はこまめに点検し、各モデルにあった最適な空気圧に調整する必要があります。

　一部上級モデルでは「**タイヤプレッシャーモニタリングシステム**」を導入

しています。メーターにタイヤ空気圧を表示し、数値が一定以下になるとワーニングランプが点灯。タイヤ内の温度を 20 度とした場合の空気圧を計算して表示するため、温度変化による数値誤差を最小限に抑えています。

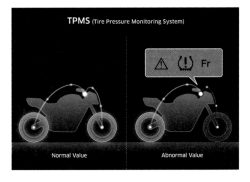

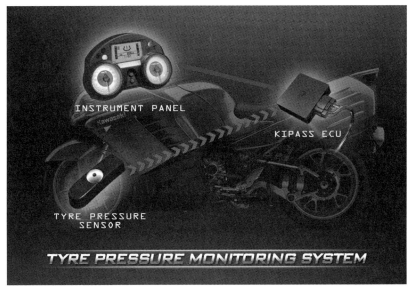

タイヤ空気圧センサーからの信号を ECU で受け、メーターにエア圧を表示。空気圧低下時にはワーニングランプで警告し、エア圧減少によるトラブルを未然に防いでくれます。

10

制動装置と車輪

10-7 スリーホイーラー

ヤマハやピアッジオなどが発売する3輪バイクは、都市部での高い利便性、軽快でスポーティなハンドリングと安定感の両立による新しい楽しさ、そしてさまざまな路面状況で快適な乗り心地を実現したシティコミューターとして注目を浴びています。

LMW（リーニング・マルチ・ホイール）

ヤマハがリリースするナイケンやトリシティの大きな特徴は、**LMW（リーニング・マルチ・ホイール）** テクノロジーによるフロント2輪を採用していることです。LMWは"車体を傾けて曲がる"という2輪車と同じコーナリング特性を持っているのが特徴で、2輪の機動性にマルチホイールによる安心性と高い操縦性を融合させ、スポーティな走行も楽しめる乗り物になっています。

左右の前輪が独立して動くサスペンション機構を備え、石畳のような荒れた路面やウェット路面、横風、Uターンなど、従来の2輪車が苦手としてきたシチュエーションで優れた安定感を発揮します。

▼ヤマハ TRICITY125

パラレログラムリンク

片持ちテレスコピックサスペンション

▼ヤマハ NIKEN GT

ヤマハ独自のパラレログ
ラムリンクを用いたサス
ペンション／ステアリン
グ機構「LMW アッカー
マン・ジオメトリ」。バ
ンク角を45度に設定し、
外側片持ちサスペンショ
ン、410mm トレッド、
2軸ステアリング機構を
装備することでスポーツ
バイクに匹敵する旋回性
を確保しました。

▼ハーレーダビッドソン トライグライドウルトラ

ナイケンやトリシティで
は、二輪免許が必要であ
るのに対し、こちらは普
通MT4輪免許で乗れる
トライク。

10

制動装置と車輪

▼ホンダ ストリーム（1981 年）

▼ホンダ ロードフォックス（1984 年）

ホンダは 1981 年、「スリーホイールで、ス
イング機構を持ち2輪車の軽快性と4輪車
の快適性を合わせもつ乗りもの」という意味
あいで定義した「スリーター」というカテゴ
リーを提案。その第1弾として登場したの
が、ストリームでした。

3輪ならではの安心感と、2輪車のような軽
快さが味わえ、コーナリング時に強い復元力
を与えるスイング機構や低重心設計などがあ
いまって、スポーティで軽快な走行が楽しめ
るとした、1984 年のロードフォックス。
当時、ホンダの3輪バイクは5機種もあった。

1976 年 BMW R100RS

　一度見たら忘れることのできない独特なフロントマスクは、アウトバーンを高速移動することを想定した大型フェアリングがもたらすものだ。BMW のフラッグシップモデルとして 1976 年〜 1984 年、そして 1986 年〜 1992 年に君臨。量産市販車としては初採用となったフルカウルは、風洞実験を繰り返し開発されたものだが、取り付けステーを入れても重量はわずか 9.5kg に抑えられている。

　1976 年のデビュー当時は、スポークホイールにシングルシートという装備であったが、すぐにキャストホイール化され、1979 年にはダブルシートを採用。フロント 19 インチ、リア 18 インチでサスペンションはツインショックとしており、1984 年に姿を消してしまう。ところが、ディーラーとファンからの熱いリクエストを受け、1986 年に再デビュー。スタイリングに大きな変更はなく、後期型も大人気。足まわりは前後 18 インチに変更され、モノショックに進化している。

第11章

電動バイク

近年、原付クラスにようやく電動バイクが登場し、スポットが当たるようになってきています。現時点では1度の充電で可能な走行距離は30km程度とまだ短く、中国や台湾製にいたっては充分なパフォーマンスを発揮するとは、言いづらいものが多いのが実情です。しかしながら、バッテリーの小型化と低価格化が進み、低コストで環境にもやさしいエレクトロニック・モーターサイクルの将来は、可能性に満ちあふれていると思います。

市販済み電動スクーター

環境への負荷軽減が期待されるほか、静音化はかえって静かすぎると言われるほどに解決してしまう電動バイク。モーターの高出力化やバッテリーの性能向上、充電環境の整備など普及にはまだまだ解決すべき問題が山積していますが、すでに市販モデルの発売がスタートしています。

先陣を切った原付 1 種モデルたち

電動アシスト自転車を生み出したヤマハから「パッソル」というネーミングで電動バイクが発売されたのは 2002 年のことでした。時期尚早だったのでしょうか、ブレイクすることはなかったのですが、2010 年、ヤマハは再び「EC-03」という名の電動スクーターを発売。それに続くようにして、ホンダからは「EV-neo」が、スズキは「e-Let's」を市場に投入し、いよいよ電動バイクの時代を予感させました。

走行中の排出 CO_2 ゼロはいうまでもなく、性能が向上し、小型化されたリチウムイオンバッテリーの搭載により、低速域でのゆとりある出力と、街乗りに必要最低限な走行距離を確保しています。

また、車載充電器による**プラグイン充電方式**を採用し、自宅や外出先の家庭用コンセントでの手軽な充電が可能です。

パワーユニットは、後輪ハブ内に**ブラシレス DC モーター**、超小型コントローラー、遊星減速機、ブレーキなどをユニット化。リアアームと一体設計することで、コンパクト化を実現しました。

▼ヤマハ パッソル（2002 年）

国産二輪メーカーの中で、いち早く EV を市販化したのはヤマハでした。

▼ヤマハ EC-03（2010 年）

電動ならではの排出ガスゼロ、静粛かつ滑らかな走りに加え、従来型原付 1 種とは一線を画すスリムさ、軽快さなどが楽しめる。

▼ホンダ EV-neo（2010 年）

急速充電器を使用すればわずか 20 分で約
80%、約 30 分で満充電が可能。シート下に収
納可能な普通充電器なら約 3.5 時間で満充電。

▼スズキ e-Let's（2010 年）

原付一種スクーター「レッツ 4 バスケット」
の車体をベースに、回生充電が可能な高性能
インホイールモーターとリチウムイオン電池
を採用。

▼ホンダ GYRO e:（2021 年、法人向け）

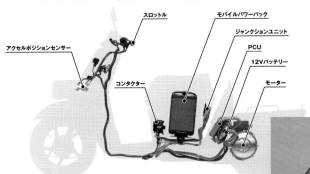

リチウムイオンバッテ
リー 2 個を直列接続さ
せた 96V 系 EV システ
ムを採用。30kg の荷
物を積載時に 15 度の
登坂性能を持ち、一充
電あたりの走行距離
85km を実現しました。

▼ヤマハ E01（2022 年、実証実験用）

車両固定型リチウムイオン
バッテリーを採用し、満充電
での航続距離は 104km。新
開発の空冷永久磁石埋込型同
期モーターは出力 8.1kW
（11PS）を発揮し、原付 2 種
クラスに相当します。

11
電動バイク

電動バイクの免許区分と道路交通法

　もちろん公道を走る以上、電動バイクにも免許や登録、税金、保険の加入が必要です。道路交通法による従来の二輪免許の考え方では、エンジンの排気量で必要な免許が区分けされていますが、電動バイクではモーターが発生させることのできる定格出力（kW）によって分けています。

　モーターの出力が0.6kW未満を原付一種（〜50cc）、0.6〜1.0kWを原付二種（51〜125cc）、1.0kW超を軽二輪（126cc〜）とします。

　ちなみに「最高出力」が瞬間的に出せるパワーであるのに対し、「定格出力」はモーターが安定して連続で使用できる出力を意味します。

　また、2019年12月より電動バイクの免許制度が一部改正され、定格出力20kWを境に大型2輪免許が必要となりました。

▼BMW CE04（2022年）

空冷式の動力用バッテリーを長い車体のフロアボード下に効率良く配置。ラジエターを介して冷却される液冷式モーターは同社4輪EV技術を活用し、最高出力31kW（42PS）、定格出力15kW（20PS）を発生します。

■ ハイブリッド

　モーターとエンジンを併用するハイブリッドシステム。四輪車ではモーターだけで走ることができるストロングタイプと、エンジンを主体に走行し、モーター駆動は発進加速などをアシストするマイルドタイプが存在しますが、オートバイで発売されているのは後者のみ。2018年、国内向けにホンダがPCXハイブリッドの販売をスタートしています。

　エネルギー源として、電源電圧を48V系としたリチウムイオンバッテリーを新たに搭載。アシスト制御やバッテリーの監視機能を持つPDU（パワードライブユニット）を介し、始動・発電を担っていたACGスターターが駆動をアシストします。エンジンへのモーターによるアシストは、スロットル操作に伴うアシスト開始から約4秒間作動するように設定。4000回転で約33%、5000回転で約22%のトルク向上を実現し、優れた加速性能を獲得しています。

▼PCX ハイブリッド（2018年）

■ハイブリッドシステム構成部品配置 イメージ図

■ハイブリッドシステム イメージ図

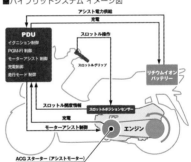

■ PCX HYBRID アシストトルクイメージ

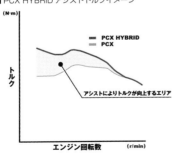

11-2 最先端の EV レーサー

100年以上の歴史を持つマン島 TT レース（1907年〜）に、CO_2 を排出しない電動モーターなどのパワーユニットを搭載するマシンでタイムを競う「TT-Zero Challenge」クラスがスタートしたのは 2009年。日本の EV レーサー「MUGEN 神電」は、2014年に初優勝を果たしています。

■ 世界最高峰に立った日本の EV レーサー

　チーム無限の EV レーサーは、1000cc クラスのスーパースポーツモデルとほぼ同サイズで、ハンドル左側にあるレバーはクラッチのためのものではなく、スクーターや自転車と同じようにリアブレーキ用。モーターがゆえにシフトチェンジの必要がないからです。

　2014年のマン島 TT レースで優勝した「神電 参」は、最高出力 134ps 以上を発揮。車重は 240kg 程度とエンジン車より重く、そのほとんどを出力電力 370V 以上のラミネート形リチウムイオンバッテリーが占めていました。つまり、バッテリーの性能が上がって小型化されることが、今後の軽量化には欠かせない課題となります。

　ライダーによると「モーター車はものすごくスムーズで、車体は重いがレシプロエンジンのような回転部分がないから、コーナリング中に車体を寝かせても慣性により起き上がろうとするジャイロ効果がなく曲がりやすい」といいます。また、6速トランスミッションを忙しなく駆使しなければならないエンジン車より、疲れにくいというメリットもあるそうです。

　神電 参が決勝レースでマークした平均速度 187.79km ／ h の記録は、

ガソリン車の 650cc レーサーに匹敵する好タイム。かつてのホンダが、世界選手権ロードレースに挑み栄冠を勝ち取ったように「チーム無限」もまた日本の技術力の高さを世界の晴れ舞台で証明してみせたのでした。

電動トライアルバイク

　ヤマハはトライアル世界選手権の EV クラスに 2018 年から参戦。進化した最新型「TY-E 2.0」（2022 年）は CFRP（炭素繊維強化プラスチック）を使用したモノコックフレームに、前モデル比で約 2.5 倍の容量を達成しながら重量は約 20％増に抑えた高出力密度の大容量リチウムイオンバッテリーを搭載し、クラッチやフライホイールなどのメカニズムと微妙なグリップの変化を読み取る電動モーター制御の組み合わせでトラクション性能を向上しました。

▼ヤマハ TY-E 2.0（2022 年）

▼新型バッテリーユニット

開発コンセプトに「FUN × EV」を掲げ、カーボンニュートラルの実現に「楽しさ」でアプローチ。EV ならではの力強い低速トルクや加速性能などの魅力を活かし、内燃機関を上回る楽しさを目指しています。

11

電動バイク

脱炭素・循環型社会の実現へ

　電動バイク用の交換式バッテリーが相互利用できるように、ホンダ、カワサキ、スズキ、ヤマハの 4 社が技術的検証（規格化）を進めています。

　また、ENEOS を加えた 5 社で、共通仕様のバッテリー・シェアリングサービス提供と、インフラ整備を目的とした「Gachaco」（ガチャコ）が 2022 年 4 月に設立されました。ユーザーはバッテリー交換ステーション（駅前など利便性の高い場所や ENEOS のサービスステーションなど）で充電済みのバッテリーと交換でき、充電の待ち時間をなくせるほか、外出先でのバッテリー切れの心配を解決できます。

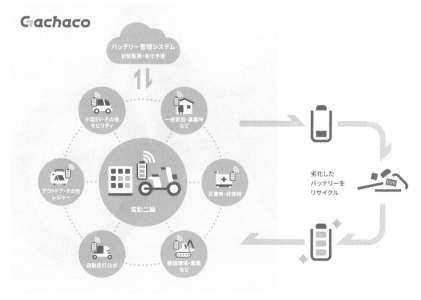

将来的にガチャコは電動二輪車用だけでなく、商業施設や住宅等に設置する蓄電池などの様々な製品においても、共通仕様のバッテリー利用促進を目指します。

索 引

I N D E X

索
引

な行

は行

ま行

索引

●参考文献

『バイクのメカ入門』 つじ つかさ 著　グランプリ出版

『図説バイク工学入門』 和歌山利宏 著　グランプリ出版

『新・図解でわかるバイクのメカニズム』小川直紀 著　新建新聞社

『図解雑学バイクのしくみ』 神谷 忠 監修　ナツメ社

『図解雑学バイクの不思議』 バイク技術研究会 著　ナツメ社

『オートバイのサスペンション』 カヤバ工業株式会社 編　山海堂

『Honda モーターサイクル技術アーカイブ』 本田技研工業

『月刊オートバイ』 モーターマガジン社

『月刊バイカーズステーション』 モーターマガジン社

『月刊ヤングマシン』 内外出版社

○ Honda
https://www.honda.co.jp/motor/

○ヤマハ
https://www.yamaha-motor.co.jp/mc/

○スズキ
https://www1.suzuki.co.jp/motor/

○カワサキモータースジャパン
https://www.kawasaki-motors.com/mc/

○ハーレーダビッドソンジャパン
https://www.harley-davidson.com/

○ BMW　モトラッドジャパン
https://www.bmw-motorrad.jp/

○ドゥカティジャパン
https://www.ducati.co.jp/

○トライアンフジャパン
https://www.triumphmotorcycles.jp/

○ KTM ジャパン
https://www.ktm.com/

○ピアッジオグループジャパン

http://www.piaggio.co.jp/

○ハスクバーナ

https://www.husqvarna-motorcycles.com/

○インディアンモーターサイクル

https://www.indianmotorcycle.co.jp/

○ MV アグスタ

https://www.mv-agusta.jp/

○ロイヤルエンフィールド

https://www.royalenfield.com/

○キムコジャパン

https://kymcojp.com/

○ GASGAS

https://www.gasgas.com/

○モータリスト合同会社

https://motorists.jp/

●イラスト

小野寺良明（おのでら　よしあき）

マトリックスデザインスタジオ

●写真・図版提供・取材協力

アライヘルメット、アールエスタイチ、アルパインスターズ、M-TEC、カロッツェリア　ジャパン、カワサキモータースジャパン、KTM　JAPAN、ジーエス・ユアサ　コーポレーション、SHOEI、スズキ二輪、デイトナ、大同工業（D.I.D）、ダンロップタイヤ、ドゥカティジャパン、トライアンフジャパン、日本特殊陶業、日本無線、ハーレーダビッドソンジャパン、ピアッジオグループ　ジャパン、BMW　JAPAN、ボッシュ、本田技研工業、ホンダモーターサイクルジャパン、ミツバサンコーワ、無限電光、ヤマハ発動機、磯部孝夫、ka-c

●取材協力

アポロモータース、佐々木オート工業、シンズモーターサイクル、ミッドナイトバイクショップ　ラサ、モリヒデオート、ロードショップヒロセ

●筆者プロフィール

青木　タカオ（あおき　たかお）

1973年生まれ(東京都出身)。法政大学卒業。

バイク専門誌編集部員を経て、二輪ジャーナリストに転身。多くの二輪専門誌で記事を執筆し、ニューモデルの試乗インプレッションも担当。休日にバイクを楽しむ等身大のライダーそのものの感覚が幅広く支持され、現在多数のバイク専門誌、総合一般誌、メーカー会報誌／カタログ、WEBメディアにて執筆中。ハーレー専門誌「WITHHARLEY／ウィズハーレー」では編集長を務め、YouTubeチャンネル「バイクライター青木タカオ【～取材現場から】」では、国内外での取材の模様を動画で伝えている。

■ https://www.youtube.com/c/MotorcycleJournalistTakaoAoki

図解入門 よくわかる
最新バイクの基本と仕組み [第4版]

発行日	2022年　6月　1日	第1版第1刷
	2024年　6月18日	第1版第4刷

著　者　青木　タカオ

発行者　斉藤　和邦
発行所　株式会社　秀和システム
　　　　〒135-0016
　　　　東京都江東区東陽2-4-2　新宮ビル2F
　　　　Tel 03-6264-3105（販売）Fax 03-6264-3094
印刷所　三松堂印刷株式会社　　　　　　Printed in Japan

ISBN978-4-7980-6728-5 C0053